1000MW
超超临界机组调试技术丛书
环保

江苏方天电力技术有限公司　编

中国电力出版社
CHINA ELECTRIC POWER PRESS

内 容 提 要

《1000MW 超超临界机组调试技术丛书》是一套全面介绍我国目前发电机组调试和运行技术的著作，由江苏方天电力技术有限公司长期从事电源基建调试和技术服务的专家和技术人员，根据多台 1000MW 机组的调试经验汇集精心编撰而成。

《1000MW 超超临界机组调试技术丛书 环保》分册共分十章，对湿法脱硫及 SCR 脱硝工艺在调试过程中应遵循的基本原则、试运组织、调试程序、质量控制、安健环管理、分部试运、整套启动试运、168h 满负荷试运等进行全面阐述。本书还对 1000MW 机组脱硫、脱硝系统的典型调试案例，调试中常见的问题及处理方法以及脱硫、脱硝的性能试验进行了介绍。

本书可供从事 1000MW 超（超）临界机组脱硫、脱硝系统调试、运行、维修的工程技术人员及管理人员学习阅读，为同类型机组脱硫、脱硝系统的调试、运行、维修提供借鉴及参考。

图书在版编目（CIP）数据

环保/江苏方天电力技术有限公司编 . —北京：中国电力出版社，2016.10（2018.7 重印）

（1000MW 超超临界机组调试技术丛书）

ISBN 978-7-5123-9228-1

Ⅰ.①环… Ⅱ.①江… Ⅲ.①超临界机组-调试 Ⅳ.①TM621.3

中国版本图书馆 CIP 数据核字（2016）第 080781 号

中国电力出版社出版、发行

（北京市东城区北京站西街 19 号 100005 http://www.cepp.sgcc.com.cn）

北京九州迅驰传媒文化有限公司印刷

各地新华书店经售

*

2016 年 10 月第一版 2018 年 7 月北京第三次印刷

787 毫米×1092 毫米 16 开本 15.25 印张 369 千字

印数 3001—3500 册 定价 **68.00** 元

编 委 会

序

电力是现代化的基础和动力，是最重要的二次能源。电力的安全生产和供应事关我国现代化建设全局。近年来，大容量、高参数燃煤发电技术日益得到国家的重视。2014 年国务院发布《能源发展战略行动计划（2014～2020 年）》，明确将"高参数节能环保燃煤发电"作为 20 个能源重点创新方向之一。2016 年是"十三五"规划的开局之年，国家能源局发布了《2016 年能源工作指导意见》，在"推进能源科技创新"中明确了"超超临界机组二次再热、大容量超超临界循环流化床锅炉"的示范应用。2016 年发布的《十三五规划纲要》中，在"能源关键技术装备"里提出"700℃超超临界燃煤发电"等技术的研发应用。因此，在今后一段时间内发展超超临界发电技术将会是我国燃煤发电的主旋律。

近年来，高参数、大容量超超临界燃煤发电技术作为一项先进、高效、洁净的发电技术，在我国得到广泛推广与应用。2006 年 11 月，华能玉环发电厂 1000MW 超超临界燃煤发电机组的投产，标志着我国发展超超临界火力发电机组正式扬帆起航，2015 年 9 月，中国国电集团公司泰州电厂世界首台超超临界二次再热燃煤机组的顺利投产，标志着我国超超临界火力发电技术的发展进入了一个崭新的阶段。

发电机组的调试是全面检验主机及其配套系统的设备制造、设计、施工、调试和生产准备的重要环节，是保证机组能安全、可靠、经济、文明地投入生产，形成生产能力，发挥投资效益的关键性程序。在电力技术发展的长河中，我国培养了一批专业门类齐全、技术精湛、科技研发能力强、乐于奉献的调试专业人才队伍。他们努力钻研国内外电力工程调试前沿新技术，在长期调试工作中积累了丰富的调试经验，为我国电力技术发展作出了巨大贡献。

江苏方天电力技术有限公司在国内较早开展 1000MW 超超临界火电机组整体调试，迄今为止已顺利实施了 16 台 1000MW 机组的调试工作，并于 2015 年圆满完成了世界首台 1000MW 超超临界二次再热燃煤机组的调试，积累了较为丰富的技术经验，也得到了业界的一致好评。秉承解惑育人传承创新、共襄电力事业盛举的良好愿望，为了让火电行业技术人员和生产人员更快更好地了解和掌握超超临界火电机组的结构、系统、调试和运行等知识，江苏方天电力技术有限公司组织长期从事电源基建调试和技术服务的专家及技术人员编写了这套《1000MW 超超临界机组调试技术丛书》。本丛书包括《1000MW 超超临界机组调试技术丛书　锅炉》、《1000MW 超超临界机组调试技术丛书　汽轮机》、《1000MW 超超临界机组调试技术丛书　热控》、《1000MW 超超临界机组调试技术丛书　电气》、《1000MW

超超临界机组调试技术丛书 化学》、《1000MW 超超临界机组调试技术丛书 环保》六个分册，涵盖了 1000MW 超超临界机组主辅机、热控、电气、化学及环保等方方面面的调试知识。

本丛书兼顾 1000MW 超超临界火电机组的基础知识和工程实践，是一套实用的工程技术类图书。本丛书是从事 1000MW 超超临界火电机组工程设计、安装、调试、运行、维护的技术人员及生产人员使用的重要参考文献，是 1000MW 超超临界火电机组专业上岗培训、在岗培训、转岗培训、技术鉴定和技术教育等方面的理想培训教材，也可供高等院校相关专业师生阅读参考。

编者
2016 年 5 月

前　言

　　自 20 世纪 80 年代以来，我国电力工业得到了飞速的发展，发电机组的单机容量已经达到 1000MW，机组参数也由亚临界提高到超（超）临界。目前我国已经是世界上拥有超（超）临界机组最多的国家，600MW 及以上超（超）临界机组已经成为我国火力发电的主力机组，超（超）临界机组的安全、经济、稳定运行对国民经济的发展有着重要的意义。

　　随着超（超）临界火电机组的成功运行，我国取得了一些重要的调试和运行经验。近几年来，国内在脱硫、脱硝系统设计、制造、调试、运行方面的技术、经验、能力等都有了很大的进步和发展。所有这些，都为加速我国大型超（超）临界汽轮机组的发展提供了必要的条件和基础。

　　超（超）临界机组调试过程中能否安全、经济、稳定运行，对机组投入商业运行后的状态起着至关重要的决定性作用。脱硫、脱硝系统从单体调试开始就必须执行完善、严谨的调试工作程序，分系统调试及整套启动调试工作更要秉持"精细化"调试工作思路，这对提高超（超）临界汽轮机组投运水平，提高汽轮机组的运行稳定性、经济性具有事半功倍的效果。

　　为了提高超（超）临界汽轮机组脱硫、脱硝系统的调试和运行技术水平，我们组织了一批长期从事电源基建调试和技术服务的专家及技术人员，立足工程建设实际，总结超（超）临界 1000MW 汽轮机组调试工程中的经验与案例，编写了《1000MW 超超临界机组调试技术　环保》。本书对指导今后超（超）临界汽轮机组脱硫、脱硝系统的调试、运行工作和提升现场调试、运行人员的综合素质和技术水平，具有重要的意义。

　　本书共分十章，第一章由张友卫编写；第二章由张磊编写；第三章由陈建明、傅高健编写；第四章由黄治军编写；第五章由孙虹编写；第六章由祁建民编写；第七章由华伟编写；第八章由李国奇编写；第九章由王卫群编写；第十章由全先梅编写。全书由陈建明统稿。

　　本书在编写过程中，参阅了书中所列的参考文献以及相关电厂、制造厂、设计院和高等院校的技术资料、说明书、图纸等，得到这些单位的大力支持和帮助；中国电力出版社编辑不辞辛劳，多次指导编审工作，在此一并表示衷心感谢！

　　由于编者水平所限，时间仓促，谬误欠妥之处在所难免，敬请读者批评指正。

编者

2016 年 9 月

目　录

第一章

绪　　论

第一节　火力发电污染现状及排放控制政策

一、火力发电污染现状

电力是世界范围内最为清洁高效的能源转换利用形式，同时也是世界上最重要的二次能源。利用煤、石油和天然气等一次能源所含能量发电的方式统称为火力发电。而在各种一次能源的使用中，煤炭始终占据着主导地位。表 1-1 是 2004～2013 年，我国主要一次能源消费构成情况。

表 1-1　　　　　　　　　　　**2004～2013 年中国主要一次能源消费构成**

年份	煤炭 （万吨标准煤）	石油 （万吨标准煤）	天然气 （万吨标准煤）	水电、核能、风电 （万吨标准煤）
2004	148 352	45 466	5336	14 302
2005	167 086	46 727	6136	16 048
2006	183 919	49 924	7502	17 331
2007	199 441	52 736	9257	19 075
2008	204 888	53 335	10 784	22 441
2009	215 879	54 890	11 959	23 918
2010	220 959	61 738	14 297	27 945
2011	238 033	64 728	17 400	27 840
2012	240 914	68 006	18 810	34 003
2013	247 500	69 000	21 750	36 750

电力工业统计数据显示，截至 2014 年底，全国电力总装机容量达到 13.602 亿 kW。其中，火电装机容量 9.157 亿 kW（含煤电 8.252 亿 kW、气电 0.557 亿 kW），占装机总量的67.4%；水电装机容量 3.018 亿千瓦 kW，占全部装机容量的 22.2%；核电装机容量 1988万 kW，占全部装机容量的 1.5%；风电装机容量 9581 万 kW，占全部装机容量的 7.0%；太阳能发电装机容量为 2652 万 kW，占全部装机容量的 1.9%。预计到 2020 年，火电装机容量将达到 11.6 亿 kW，在所有电力类型中仍将占据最大的比例。

进入 21 世纪以来，我国的大气环境形势日益严峻，烟尘、粉尘、二氧化硫、氮氧化物以及由此而产生的酸雨等，对大气环境造成了极大的危害。据悉，2014 年，酸雨污染主要分布在长江以南-青藏高原以东地区，主要包括浙江、江西、福建、湖南、重庆的大部分地区，以及长三角、珠三角地区。470 个监测降水的城市（区、县）中，酸雨频率均值为

17.4％。出现酸雨的城市比例为 44.3％，酸雨频率在 25％以上的城市比例为 26.6％，酸雨频率在 75％以上的城市比例为 9.1％。2014 年，降水 pH 年均值低于 5.6（酸雨）、低于 5.0（较重酸雨）和低于 4.5（重酸雨）的城市比例分别为 29.8％、14.9％和 1.9％。酸雨、较重酸雨和重酸雨的城市比例同比均基本持平。

　　就大气而言，其主要的污染物就是二氧化硫和氮氧化物，燃煤电厂由于其排放量大、排放浓度高、辐射范围广，成为当前最主要的污染排放源。据《2014 年中国环境状况公报》统计结果显示，2014 年，全国废气中二氧化硫排放量为 1974.4 万 t，比 2013 年下降 3.4％。其中火电厂排放的二氧化硫约占排放总量的 85％。2014 年，全国废气中氮氧化物排放量为 2078 万 t，比 2013 年下降 6.7％，其中火电厂排放的氮氧化物约占排放总量的 70％。近年来，虽然在相关政策和相应措施对环境的共同作用下，二氧化硫和氮氧化物排放量呈现逐年下降的态势，但总体而言，火电厂排放对环境污染严重的事实仍然存在，持续制约着电力工业的发展。鉴于此，坚持走一条既要发展电力工业，又要保持环境的可持续发展道路是十分重要的。

二、火力发电污染排放控制及电价政策

1. 污染排放控制政策

　　对于火电厂的污染物排放问题，我国政府给予了高度的重视。

　　1992 年 8 月 1 日，我国首次发布实施了 GB 13223—1991《燃煤电厂大气污染物排放标准》，规定了二氧化硫的排放浓度由烟囱的有效高度确定，对氮氧化物的排放未作规定。

　　1992 年，国家物价局、国家环保总局等有关部门颁布了《关于开展征收工业燃煤二氧化硫排污费试点工作的通知》。该通知指出，受工业燃煤排放二氧化硫的影响，我国酸雨污染地区不断扩大，对农业、林业及建筑物等的危害日益严重，控制酸雨发展已迫在眉睫。为促进对二氧化硫的治理，筹集治理资金，对工业燃煤二氧化硫排污收费是必要的。

　　1995 年，有关部门修订了《中华人民共和国大气污染防治法》，规定了在"两控区"不能采用低硫煤的新建项目必须配套建设脱硫装置；对于已建企业不用低硫煤的，应当采用控制二氧化硫排放的措施，并规定企业采取先进的脱硫技术。

　　1996 年，我国发布了 GB 13223—1996《火电厂大气污染物排放标准》，提出了二氧化硫排放量和排放浓度的双重控制，排放浓度为 1200mg/m³（标准状态下），只在"两控区"内执行；仅对大于或等于 1000t/h 的锅炉提出了氮氧化物的控制要求，排放浓度为 650mg/m³。

　　1997 年，国家环保总局发布了《"九五"期间全国主要污染物排放总量控制实施方案》，确定了"九五"期间对包括二氧化硫在内的 12 种污染物的总量控制原则；国家环保总局在贯彻《国务院关于酸雨控制区和二氧化硫污染控制区有关问题的批复》的执行方案中，建议有关部门应将脱硫技术的研究、开发、推广应用工作列入环保工作计划，引进适合我国国情的二氧化硫控制技术，大力发展相关产业，在有关项目和资金安排上，应向"两控区"倾斜。1997 年 8 月，国家科学技术委员会将脱硫装置列入《国家高新技术产品目录》。1997 年，国家环保总局将脱硫脱硝列入《国家环境保护科技发展"九五"计划和 2010 年长远规划》。1997 年，国家发展计划委员会还发布了《中国洁净煤技术"九五"计划和 2010 年发展纲要》，建议对脱硫技术等进行工程试验示范；提出了能源利用和资源节约的"十五"规划重大示范工程，包括洗选脱硫、燃烧中固硫及烟气脱硫等以污染技术治理为主的二氧化硫减排示范工程；机械工业"十五"规划要求攻克高温脱硫技术，重点发展火电厂烟气脱硫等成套设备。

1998 年，发布了《关于在酸雨控制区和二氧化硫污染控制区开展征收二氧化硫排污费扩大试点的通知》，该通知规定了二氧化硫排污费的征收范围和征收标准。

1999 年，国家发展计划委员会和科技部联合发布了《当前国家优先发展的高新技术产业重点领域指南》，包括烟气脱硫工艺和设备；国经贸技术〔1999〕749 号文将火电厂脱硫技术、低氮氧化物燃烧器技术及烟气脱硫设备列入《近期行业技术发展重点》。

2000 年 2 月，国家经济贸易委员会、国家税务总局将脱硫设备列入《当前国家鼓励发展的环保产业设备（产品）目录》第一批、第二批。同时，国家经济贸易委员会印发了《火电厂烟气脱硫关键技术与设备国产化规划要点》，对脱硫工艺的设计及脱硫设备的生产规定了目标。

2000 年，修订了《中华人民共和国大气污染防治法》，对于超过排放标准或总量控制指标的新建、扩建项目，必须配套建设脱硫装置；在酸雨控制区和二氧化硫污染控制区内，已建企业超过排放标准的，必须规定限期治理；要求企业对燃烧过程中产生的氮氧化物也采取措施。2003 年，国家发展计划委员会发布了《排污费征收标准管理办法》，其中的二氧化硫排污费 2003 年 7 月 1 日起按 0.2 元/当量收取，2004 年 7 月 1 日起按 0.4 元/当量收取，2005 年 7 月 1 日起按 0.6 元/当量收取；氮氧化物排污费 2004 年 7 月 1 日前不收费，2004 年 7 月 1 日起按 0.6 元/当量收取。

2004 年 3 月 7 日，颁布了 GB 13223—2003《火电厂大气污染物排放标准》，通过排放量和排放浓度的双重控制，II、III 时段燃煤二氧化硫排放量为 400mg/m³。I 时段燃煤氮氧化物排放量为 650mg/m³，II 时段燃煤氮氧化物排放量为 450mg/m³（标准状况下）。2010 年 1 月 27 日，国家环保部发布了《火电厂氮氧化物防治技术政策》（环发〔2010〕10 号）。提出以下防治技术路线：①倡导合理使用燃料与污染控制技术相结合、燃烧控制技术和烟气脱硝技术相结合的综合防治措施，以减少燃煤电厂氮氧化物的排放。②燃煤电厂氮氧化物控制技术的选择应因地制宜、因煤制宜、因炉制宜，依据技术上成熟、经济上合理及便于操作来确定。③低氮燃烧技术应作为燃煤电厂氮氧化物控制的首选技术，当采用低氮燃烧技术后，氮氧化物排放浓度不达标或不满足总量控制要求时，应建设烟气脱硝设施。

2011 年 7 月 29 日，国家环保部和国家质量监督检验检疫总局发布了 GB 13223—2011《火电厂大气污染物排放标准》。该标准规定自 2012 年 1 月 1 日起，对于新建火力发电锅炉及燃气轮机机组执行 100mg/m³ 的氮氧化物限值；自 2014 年 7 月 1 日起，现有的火力发电锅炉和燃气轮机机组执行 100mg/m³ 的氮氧化物限值。重点地区的火力发电锅炉和燃气轮机机组执行 100mg/m³ 的氮氧化物限值；只是对 W 型火焰炉、循环流化床锅炉及 2003 年 12 月 31 日之前建成投产或通过项目环境影响报告审批的锅炉，执行 200mg/m³ 的氮氧化物限值。

2015 年，再次修订了《中华人民共和国大气污染防治法》，国家大气污染防治重点区域内新建、改建、扩建用煤项目的，应当实行煤炭的等量或者减量替代；燃煤电厂和其他燃煤单位应当采用清洁生产工艺，配套建设脱硫、脱硝等装置，或者采取技术改造等其他控制大气污染物排放的措施；国家鼓励燃煤单位采用先进的脱硫、脱硝等大气污染物协同控制的技术和装置，减少大气污染物的排放。

2. 电价补偿政策

2007 年 5 月 29 日，国家发展和改革委员会联合国家环保部发布了《燃煤发电机组脱硫电价及脱硫设施运行管理办法（试行）》（发改价格〔2007〕1176 号）。规定现有燃煤机组应按照国家发展和改革委员会、国家环保总局印发的《现有燃煤电厂二氧化硫治理"十一五"规划》要求完成脱硫改造。脱硫设施通过环保"三同时"验收并经省级价格主管部门核准以后，执行脱硫电价，电价标准按照 0.015 元/kW·h 执行。

2011 年 11 月 29 日，国家发展和改革委员会发布了《关于调整华东电网电价的通知》（发改价格〔2011〕2622 号）。该通知明确指出，为鼓励燃煤发电企业落实脱硝要求，上海、浙江、江苏、福建省（直辖市）安装并运行脱硝装置的燃煤发电企业，经国家或省级环保部门验收合格的，报省级价格主管部门审核后，试行脱硝电价，电价标准暂按每千瓦时 0.8 分钱执行。

2013 年 8 月 27 日，国家发展和改革委员会发布了《关于调整可再生能源电价附加标准与环保电价有关事项的通知》（发改价格〔2013〕1651 号）。该通知指出，将燃煤发电企业脱硝电价补偿标准由 0.008 元/kW·h 提高至 0.010 元/kW·h。

第二节　燃煤机组脱硫脱硝控制技术

一、脱硫控制技术

1. 二氧化硫的危害

二氧化硫（SO_2）的存在对自然生态环境、人类健康、工业生产、建筑物及材料等方面造成一定程度的危害。

SO_2 对人类健康的危害主要是进入呼吸道后，因其易溶于水，故大部分被阻滞在上呼吸道，在湿润的黏膜上生成具有腐蚀性的亚硫酸、硫酸和硫酸盐，使刺激作用增强。上呼吸道的平滑肌因有末梢神经感受器，遇刺激就会产生窄缩反应，使气管和支气管的管腔缩小，气道阻力增加。SO_2 可被吸收进入血液，对全身产生毒副作用，它能破坏酶的活力，从而明显地影响碳水化合物及蛋白质的代谢，对肝脏有一定的损害。动物试验证明，SO_2 慢性中毒后，机体的免疫受到明显抑制。

SO_2 对植物的危害主要是通过叶面气孔进入植物体的，如果其浓度过高和持续时间过长，本体无法发挥自解机能，植物的正常生理机能将被破坏，使抵抗力严重下降。严重时，大量叶片会枯萎，导致植物死亡。

SO_2 也是酸雨的重要来源，这是全球性问题。酸雨对环境最为突出的危害是使河流、湖泊等各种水体变为酸性，导致水生物死亡。酸雨对生态系统的影响及破坏主要表现在使土壤酸化和贫瘠化，农作物及森林生长减缓。酸雨还加速了许多用于建筑结构、桥梁、水坝、工业装备、供水管网、地下储罐、水轮发电机组、动力和通信设备等材料的腐蚀，对文物古迹、历史建筑、雕刻等重要文物设施造成严重损坏。

2. 燃煤二氧化硫生成机理

煤在燃烧过程中，其中的硫分生成的产物主要有 SO_2、SO_3（三氧化硫）、H_2SO_4（硫酸蒸汽）等，统称为"硫的氧化物"，通常用 SO_x 表示，其中以 SO_2 为主。

可燃烧硫及其化合物在高温下与氧发生反应，生成 SO_2，其反应式为

$$S + O_2 \longrightarrow SO_2 \tag{1-1}$$

$$3FeS_2 + 8O_2 \longrightarrow Fe_3O_4 + 6SO_2 \tag{1-2}$$

在空气过剩系数 $\leqslant 1.15$ 时，燃用含硫量为 1%～4%的煤，标准状态（101.325kPa，

0℃）下烟气中 SO_2 含量约为 $1100×10^{-6}$～$3500×10^{-6}$（3143～$10\,000mg/m^3$）。

在煤粉火焰中，煤中硫所生成的硫氧化物主要是气相成分 SO_2，有 0.5%～2.0%的 SO_2 会进一步氧化生成 SO_3，即

$$2SO_2 + O_2 \longrightarrow 2SO_3 \tag{1-3}$$

烟气中的 SO_3 与水蒸气化合生成硫酸蒸汽，即

$$SO_3 + H_2O \longrightarrow H_2SO_4 \tag{1-4}$$

在富燃料状态下，除生成 SO_2 外，还会生成一些其他硫的化合物，如 SO（一氧化硫）、S_2O（一氧化二硫），但由于它们的化学反应能力强，所以在各种氧化反应中仅以中间体形式出现。

残留在焦炭中的无机硫与灰分中的碱金属氧化物反应生成硫酸盐，并在灰中固定下来。因此，在根据煤的含硫量计算烟气中 SO_2 的浓度时，要求给出硫的排放系数。一般认为，硫的排放系数为 85%～90%。但是，煤种不同、燃烧工况不同，硫的排放系数相差较大。比如，褐煤的排放系数明显低于无烟煤。

3. 脱硫控制技术

20 世纪中期，部分工业化国家针对限制煤炭燃烧过程中 SO_2 等污染物的排放，相继制定了严格的法规和标准，这一措施开启了 SO_2 控制技术的发展之路。进入 20 世纪 70 年代以后，SO_2 控制技术逐渐由实验室阶段转向应用性阶段。据美国环保署（EPA）统计，世界各国开发、研制、使用的 SO_2 控制技术已超过 200 种。这些技术概括起来可分为燃烧前脱硫、燃烧中脱硫及燃烧后脱硫 3 大类。

（1）燃烧前脱硫技术，主要是指煤炭洗选技术，应用物理方法、化学方法或者微生物方法去除或减少原煤中所含的硫分和灰分等杂质，从而达到脱硫的目的。目前，化学洗选技术尽管有数十种之多，但因普遍存在操作过程复杂、化学添加剂成本高等缺点而仍停留在小试或中试阶段，尚无法与其他脱硫技术竞争。物理洗选因投资少、运行费用低而成为广泛采用的煤炭洗选技术。然而，物理洗选仅能去除煤中无机硫的 80%，占煤中硫总含量的 15%～30%，无法满足燃煤 SO_2 污染控制要求，故只能作为燃煤脱硫的一种辅助手段。

（2）燃烧中脱硫，主要是指当煤在炉内燃烧的同时，向炉内喷入脱硫剂（常用的有石灰石、白云石等），脱硫剂一般利用炉内较高温度进行自身煅烧，煅烧产物（主要有 CaO、MgO 等）与煤燃烧过程中产生的 SO_2、SO_3 反应，生成硫酸盐和亚硫酸盐，以灰的形式排出炉外，减少 SO_2、SO_3 向大气的排放，达到脱硫的目的。燃烧过程中脱硫反应温度较高，一般在 800～$1250℃$ 的范围内。煤燃烧中，脱硫技术主要有型煤固硫技术、煤粉炉直接喷钙脱硫技术、流化床燃烧脱硫技术 3 种。

（3）燃烧后脱硫，即烟气脱硫（Flue Gas Desulfurization，FGD），是在烟道处加装脱硫设备，对烟气中硫氧化物进行脱除的方法。就目前的技术能力和实施效果而言，通过烟气净化技术控制硫氧化物的排放已取得共识。FGD 是降低常规燃煤电厂硫氧化物排放以及控制酸雨的比较经济且最为有效和主要的技术手段，也是目前世界上唯一大规模商业化应用的一种控制 SO_2 排放的技术。

近年来，烟气脱硫受到世界各国愈来愈多的重视，其技术发展迅速，开发了数十种行之有效的 FGD 技术，但究其原理，都是以一种碱性物质作为 SO_2 的吸收剂。吸收剂的性能从根本上决定了脱除 SO_2 的效率，因而对吸收剂的选择对整个脱硫工程具有重要意义。一般情

况下，吸收剂可按下列原则进行选择：

1）吸收能力高。要求对 SO_2 具有较高的吸收能力，以提高吸收速率，减少吸收剂的用量，减少设备体积和降低能耗。

2）选择性能好。要求对 SO_2 吸收具有良好的选择性能，对其他组分不吸收或吸收能力很低，确保不影响对 SO_2 的吸收能力。

3）挥发性低，无毒，不易燃烧，化学稳定性好，凝固点低，不发泡，易再生，黏度小，比热容小。

4）不腐蚀或腐蚀性小，以减少设备投资及维护费用。

5）来源丰富，容易得到，价格便宜。

6）操作时不易产生二次污染，产物或废弃原料便于处理。

现实中，没有任何一种吸收剂能够完全具备上述所有要求，因此在实际使用时，只能根据具体情况，权衡多方面的因素，有所侧重地选择。石灰（CaO）、氢氧化钙［Ca（OH）$_2$］、碳酸钙（$CaCO_3$）是烟气脱硫较为理想的吸收剂，因而在国内外烟气脱硫技术中获得最广泛的应用。

一些常用吸收剂的性能列于表 1-2 中。

表 1-2　　　　　　　　　　　　　　　烟气脱硫常用吸收剂的性能

序号	吸收剂名称	性能描述
1	石灰（CaO）	白色立方晶体或粉末，石灰的主要成分；相对密度为 3.35，熔点为 2580℃，能与水化合成氢氧化钙
2	氢氧化钙［Ca(OH)$_2$］	白色粉末；相对密度为 2.24，在 580℃时失水，吸湿性很强，放置在空气中能逐渐吸收二氧化碳而生成碳酸钙，几乎不溶于水，具有中强碱性，对皮肤、织物等有腐蚀作用
3	碳酸钙（$CaCO_3$）	白色晶体或粉末；相对密度为 2.70～2.95，溶于酸而放出二氧化碳，极难溶于水，在以二氧化碳饱和的水中溶解而生成碳酸氢钙，加热至 825℃左右分解成氧化钙和二氧化碳
4	碳酸钠（Na_2CO_3）	白色粉末或细粒固体；相对密度为 2.532，熔点为 851℃，易溶于水，水溶性呈强碱性，不溶于乙醇、乙醚，吸湿性强，在空气中吸收水分和二氧化碳而生成碳酸氢钠
5	氧化铜（CuO）	黑色；相对密度：立方晶体为 6.4，三斜晶体为 6.45；在 1026℃时分解，不溶于水和乙醇，溶于稀酸、氰化钾溶液和碳酸铵溶液
6	氨（NH_3）	密度为 0.771，相对密度为 0.597 1，熔点为 −77.74℃，沸点为 −33.42℃，溶解热为 1352kcal/mol，蒸发热为 5581kcal/mol，常温下加压即可液化成无色液体，也可固化成雪状的固体，能溶于水、乙醇和乙醚
7	氢氧化氨（NH_4OH）	相对密度小于 1，最浓的氨水含氨 35.28%，相对密度为 0.88，氨易从氨水中挥发

4. 石灰石/石膏湿法脱硫技术

在电力行业中，根据吸收剂及脱硫产物在脱硫过程中的干湿状态不同，可将 FGD 技术分为干法、半干法和湿法。其中，湿法 FGD 技术的主要原理是将含有吸收剂的溶液或浆液与烟气中 SO_2 进行反应，达到脱硫目的，并在湿状态下进行产物脱离处理。由于是气液反应，有效地降低了溶液表面上被吸收气体的分压，增加了吸收过程的推动力，因此，其具备脱硫反应速度快、效率高、脱硫吸收剂利用率高等优点，适合大型燃煤电站的烟气脱硫。目前，湿法 FGD 技术逐步发展成为了当今世界上燃煤发电厂采用的脱硫主导技术，占总烟气脱硫的 85% 左右，并有逐年增加的趋势。

湿法 FGD 工艺根据吸收剂的不同又有多种不同工艺，常见的有石灰石/石膏法、海水法、氨（NH_3）法、双碱法、氢氧化镁 [$Mg(OH)_2$] 或 MgO 法、氢氧化钠（NaOH）法、Wellman-Lord（威尔曼-洛德法）等。其中，石灰石/石膏法脱硫技术经过几十年的改进，已被证明是一种高脱硫率、高可靠性、高性价比的先进脱硫工艺，脱硫效率在 95% 以上，最高可达 99%，对于高硫煤也可达 97%，并且具有吸收剂资源丰富、成本低廉等优点。目前，该技术已成为世界上应用最多的一种烟气脱硫工艺。

石灰石/石膏湿法 FGD 技术采用价廉易得的石灰石作为脱硫吸收剂，石灰石经破碎磨细成粉状，与水混合搅拌成浆液或直接与水混磨成浆液。在吸收塔内，吸收浆液与烟气接触混合，烟气中的 SO_2 与浆液中的碳酸钙及鼓入的氧化空气进行化学反应被脱除，最终反应生成石膏。脱硫后的烟气经除雾器除去夹带出的细小液滴，经换热器（Gas Gas Heater，GGH）加热升温后排入烟囱，脱硫石膏经脱水装置脱水后回收并综合利用。典型的石灰石/石膏湿法 FGD 系统如图 1-1 所示。其主要组成有烟气系统、SO_2 吸收系统、石灰石浆液制备系统、石膏脱水系统、废水排放和处理系统、公用系统（工艺水、压缩空气、事故浆液罐系统等）、热工控制和电气系统等。

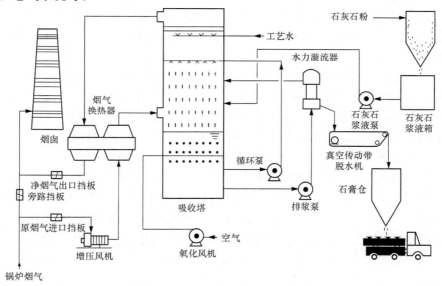

图 1-1 典型的石灰石/石膏湿法 FGD 系统图

烟气系统为 FGD 装置提供烟气通道，来自锅炉引风机出口的烟气从 FGD 原烟气进口挡板门进入 FGD 系统，经 FGD 增压风机送至烟气再热器，如回转式烟气-烟气换热器（GGH）。在 GGH 中，原烟气（未经过处理）与来自吸收塔的洁净烟气进行热交换后被冷却，被冷却的原烟气进入吸收塔与喷淋的吸收剂浆液接触反应以除去 SO_2。脱硫后的饱和烟气（50℃左右），经除雾器后进入 GGH 的升温侧被加热至 80℃以上，然后从 FGD 净烟气出口挡板进入烟囱排入大气。其主要设备包括烟道挡板、烟气换热器及其附属设备、密封风机、脱硫增压风机及其附属设备，以及烟气连续排放监测系统（CEMS）等。从目前的发展趋势看，对于新建的机组尤其是百万级别机组，为了减少投资成本和后期运行维护费用，脱硫系统中已逐步取消增压风机和 GGH 的配置。

吸收塔系统是 FGD 系统的核心部分，有填料塔、液柱塔、鼓泡塔、喷淋塔等多种类型。吸收塔是脱硫工艺中脱除 SO_2 等有害物质的反应装置，SO_2 在塔内完成吸收反应并产生石膏晶体。对于目前国内主力机组尤其是新建百万机组而言，使用的大多是喷淋塔，其流程为：来自 GGH 的烟气自吸收塔侧面进入塔内，烟气从下往上流经吸收塔时，与来自吸收塔循环泵喷淋的浆液接触反应，浆液含有 10% ~ 20% 的固体颗粒，主要由石灰石、石膏及水中的其他惰性固体物质组成。浆液将烟气冷却至约 50℃，同时吸收烟气中的 SO_2，与石灰石发生反应生成亚硫酸钙。反应产物被收集在吸收塔底部，由氧化风机鼓入的空气氧化成石膏（$CaSO_4 \cdot 2H_2O$），并再次被循环泵循环至喷淋层。吸收塔内浆液被机械搅拌器或脉冲悬浮泵适当地搅拌，使石膏晶体悬浮。吸收塔系统的主要组成部分有循环泵及喷淋层、氧化空气系统、浆液搅拌系统、除雾器及其冲洗水系统等。

石灰石浆液制备系统的主要功能是制备并为吸收塔提供合格的吸收剂浆液，并根据吸收塔系统的需要，由石灰石浆液泵直接打入吸收塔内，经喷嘴充分雾化而吸收烟气中的 SO_2。石灰石浆液的制备一般有两种模式：湿式球磨机制浆、石灰石粉加水制浆。

石膏脱水系统的主要功能是将吸收塔内石膏浆液脱水成含水量小于 10% 的石膏，这些石膏可作为商用副产品，也可抛弃不用。脱水系统的主要组成部分有石膏水力旋流器（一级脱水）、脱水机（二级脱水）及附属设备，如真空泵、滤液箱、废水旋流器及废水箱、石膏仓或石膏库等。

废水排放和处理系统处理 FGD 装置产生的废水，以满足有关污水排放标准，其主要设备有各废水箱（如中和箱、沉降箱、絮凝箱、出水箱、澄清/浓缩池）、各废水泵及污泥泵、废水处理用药储箱、制备箱、计量箱及各加药泵、搅拌器、污泥压滤机等。

公用系统为 FGD 装置提供各类用水、用气/汽，临时储存各种排放浆液、冲洗污水等，其主要设备包括工艺水箱、仪用/杂用空气压缩机、事故浆液箱等。

热工控制和电气系统。目前大型火电厂 FGD 系统热工自动化水平与机组的自动化水平是一致的，采用分散控制系统（DCS），其功能包括数据采集和处理、模拟量控制、顺序控制及连锁保护、异常情况报警和紧急事故处理、脱硫变压器和脱硫厂用电源系统监控。FGD 电气系统为 FGD 设备的正常运行提供动力，目前厂用电电压等级与发电厂主体工程是一致的，厂用电系统的中性点接地方式也与发电厂主体工程一致。FGD 高压工作电源设脱硫高压变压器，从发电机出口引接，或从高压厂用工作变压器下的母线引接。

二、脱硝控制技术

1. 氮氧化物的危害

NO_2 是一种红棕色有毒的恶臭气体。空气中只要有 0.1×10^{-6} 浓度就可闻到，$(1 \sim 4) \times 10^{-6}$ 即有恶臭，而 25×10^{-6} 就恶臭难闻了。NO_2 对人类和动植物的危害很大，见表 1-3。

表 1-3　　　　　　　　　　　　　　不同浓度下 NO_2 危害

序号	NO_2 浓度（$\times 10^{-6}$）	影　响
1	0.5	连续 4h 暴露，肺细胞病理组织发生变化； 连续 3 ~ 12 个月，在支气管部位有肺气肿感染，抵抗力减弱

序号	NO$_2$浓度（×10^{-6})	影　响
2	0.5～1	闻到臭味
3	2.5	超过7h，豆类、西红柿等农作物的叶变白
4	3.5	超过2h，动物细菌感染增大
5	5	闻到强烈恶臭
6	10～15	眼、鼻、呼吸道受到刺激
7	25	人只能短时暴露才安全
8	50	1min内就会感到呼吸道异常，鼻受刺激
9	80	3min内感到胸痛
10	100～150	0.5～1h就会因肺水肿而死亡
11	200以上	人立即死亡

大气被NO$_2$污染后，还会使得机器设备和金属建筑物过早损坏，妨碍和破坏植物的生长，降低大气的可见度，阻碍热力设备出力的提高，甚至使设备的效率降低。

NO会使人的中枢神经麻痹并导致窒息死亡；NO$_2$会造成哮喘和肺气肿，导致人的心肺、肝、肾及造血组织的功能丧失，其毒性比NO更强。无论是NO、NO$_2$，还是N$_2$O$_4$、N$_2$O，在空气中的最高允许浓度均为5mg/m^3（以NO$_2$计）。

NO$_x$与SO$_2$一样，在大气中，会通过干沉降和湿沉降两种方式降落到地面，最终的归宿是硝酸盐或硝酸。硝酸型酸雨的危害程度比硫酸型酸雨的更强，它在对水体的酸化、对土壤的淋溶贫化、对作物和森林的灼伤毁坏、对建筑物和文物的腐蚀损伤等方面丝毫不逊于硫酸型酸雨；所不同的是，它给土壤带来一定的有益氮分，但这种"利"远小于其"弊"，因为它可能带来地表水富营养化，并对水生和陆地的生态系统造成破坏。

大气中的NO$_x$有一部分进入同温层，对臭氧层造成破坏，使臭氧层减薄甚至形成空洞，对人类生活带来不利影响。同时，NO$_x$中的N$_2$O也是引起全球气候变暖的因素之一，虽然其数量极少，但其温室效应的能力是CO$_2$的200～300倍。

2. 燃煤氮氧化物生成机理

煤燃烧过程中，NO$_x$的生成机理比SO$_2$要复杂得多，NO$_x$的产生量与燃烧方式，特别是燃烧温度、过量空气系数和烟气在炉内停留时间等因素密切相关。NO$_x$浓度无法像SO$_2$一样可以通过煤中的含硫量估算得出，但可以由煤的含氮量计算得出，因此，研究燃烧过程的NO$_x$生成机理对有效抑制它的产生具有重要意义。目前，燃煤电站按常规燃烧方式产生的NO$_x$主要包括NO、NO$_2$及少量N$_2$O等，其中NO占90％以上，NO$_2$占5％～10％。因此，NO$_x$的生成量与排放量主要取决于NO。

根据NO$_x$的生成机理，煤炭燃烧产生NO$_x$的主要机理有以下三个方面：

（1）燃料型NO$_x$的生成机理。

燃料型的NO$_x$的生成机理非常复杂，虽然多年来世界各国许多学者为此做了大量的理论和实验研究工作，但对于这一问题至今仍不是完全清楚。根据大量试验研究表明，其形成机理可解释为：燃料进入炉膛后，由于高温分解释放出N、NH或CN等各种可能形式的自由基，根据不同燃烧区域的氧浓度分布情况，这些自由基随即被氧化成NO或再结合成N$_2$。

一般来说，燃料中氮含量越高或炉膛中氧浓度越大，则形成燃料 NO_x 就越多。

日本有学者对某些煤种进行试验研究，得出经验公式，表达氮转化率与煤的氮分、挥发分、过量空气系数、燃烧最高温度、氧的浓度之间的关系，即

$$转化率 = 0.407 - 0.128W_{N,ad} + 3.34 \times 10^{-4}V_{ad}(\alpha - 1) + 5.55 \times 10^{-4}t_{max} + 3.5 \times 10^{-3}\varphi_{O_2}$$

$$(1-5)$$

式中　　$W_{N,ad}$——燃料中氮的质量分数（干燥无灰基），%；

　　　　V_{ad}——燃料中挥发分的质量分数（干燥无灰基），%；

　　　　t_{max}——燃烧最高温度，℃；

　　　　φ_{O_2}——氧浓度（体积分数），%；

　　　　α——过量空气系数。

（2）快速型 NO_x 的生成机理。

1971 年，Fenimore 根据碳氢燃料预混火焰的轴向 NO 分布的实验结果，认为在反应附近会快速生成 NO_x，其转化率取决于过程中空气过量条件和温度水平。快速型 NO_x 生成强度在通常炉温下是微不足道的，尤其是对于大型锅炉燃料的燃烧更是如此。

一般认为，快速型 NO_x 的产生过程与以下三个因素有关：

1）燃烧过程中，CH 基团的形成及其浓度。

2）CH 基团与 N_2 分子反应生成氮化物的速率。

3）氮化物之间的相互转化率。

其中，CH 基团与 N_2 的反应是决定全过程反应速率的控制环节，反应式为

$$CH + N_2 \longrightarrow HCN + N \qquad (1-6)$$

为了确定 NO_x 的生成浓度，理论计算通常可用泽利多维奇公式，表达式为

$$C_{NOx} = K(C_{N_2}C_{O_2})^{1/2}\exp\frac{-21\,500}{RT_T} \qquad (1-7)$$

式中　　C_{NOx}、C_{N_2}、C_{O_2}——NO_x、N_2、O_2 的浓度，g/m^3；

　　　　　R——气体常数；

　　　　　T_T——温度，K；

　　　　　K——系数，在 $0.023 \sim 0.069$ 内。

（3）热力型 NO_x 的生成机理。

热力型 NO_x 是煤粉燃烧时空气中的 N_2 在高温下氧化生成的 NO_x。它的生成机理是苏联科学家捷里道维奇首先提出的，因此称为捷里道维奇机理。该机理认为，空气中的 N_2 在高温下氧化是通过如下一组不分支连锁反应进行的。

热力型 NO_x 生成机理为

$$O_2 + N \longrightarrow 2O + N \qquad (1-8)$$

$$O + N_2 \longrightarrow NO + N \qquad (1-9)$$

$$N + O_2 \longrightarrow NO + O \qquad (1-10)$$

在高温下生成机理为

$$N_2 + O_2 \longrightarrow 2NO \qquad (1-11)$$

$$2NO + O_2 \longrightarrow 2NO_2 \qquad (1-12)$$

影响热力型 NO_x 生成速度的两大关键因素是燃烧温度和氧浓度。当温度低于 1500℃

时，热力型 NO_x 生成量很少，而当温度高于 1500℃ 时，温度每增加 100℃，反应速率增大 6～7 倍，当温度为 1600℃ 时，煤粉燃烧时生成的热力型 NO_x 占 25％～30％。在燃料过量（过量空气系数小于 1）的情况下，随着氧浓度的升高，热力型 NO_x 生成量增大，在过量空气系数等于或大于 1 时，达到最大值。随着过量空气系数的增大，O_2 浓度过高时，由于存在过量氧对火焰的冷却作用，NO_x 生成量有所降低。因此，有效控制燃烧过程中的温度峰值和 O_2 浓度，是降低热力型 NO_x 的有效措施。

3. 脱硝控制技术

从工程应用的角度，可将控制火电厂 NO_x 排放的措施分为两大类：一类是通过燃烧技术的改进（包括采用先进的低 NO_x 燃烧器）；另一类是烟道处加装烟气脱硝装置。

（1）低 NO_x 燃烧技术。

低 NO_x 燃烧技术的特点是工艺成熟，投资和运行费用低。在对 NO_x 排放要求非常严格的国家（如德国和日本），均是先采用低 NO_x 燃烧器减少 1/2 以上的 NO_x 后，再进行烟气脱硝，以降低脱硝装置入口的 NO_x 浓度，减少投资和运行费用。目前，已经使用的低 NO_x 燃烧技术如表 1-4 所示，降低 NO_x 的燃烧方法往往是两个或三个方法联合使用，联合使用比单独使用的效果好。

表 1-4 低 NO_x 燃烧技术要点

燃烧方法		技术要点	存在问题
二段燃烧法（空气分级燃烧）		燃烧器的空气为燃烧所需空气的 85％，其余空气通过布置在燃烧器上部的喷口送入炉内，使燃烧分阶段完成，从而降低 NO_x 的产生量	二段空气量过大，会使不完全燃烧损失增大，一般二段空气为空气总量的 15％～20％；煤粉炉由于还原性气氛易结渣，或引起腐蚀
再燃法（燃料分级燃烧）		将 80％～85％ 的燃料送入主燃区，在 $\alpha \geqslant 1$ 的条件下燃烧；其余 15％～20％ 的燃料在主燃烧器上部送入再燃区，在 $\alpha < 1$ 的条件下形成还原性气氛，将主燃区生成的 NO_x 为 N_2，可减少 80％ 的 NO_x	为减少不完全燃烧损失，须加空气对再燃区的烟气进行三段燃烧
排烟再循环法		让一部分温度较低的烟气与燃烧用空气混合，增大烟气体积和降低氧气的分压，使燃烧温度降低，从而降低 NO_x 的排放浓度	由于受燃烧稳定性的限制，一般再循环烟气率为 15％～20％；投资和运行费用较大；占地面积大
乳油燃料燃烧		在油中混入一定量的水，制成乳油燃料燃烧，由此可降低燃烧温度，使 NO_x 降低，并可改善燃烧效率	注意乳油燃料的分离和凝固问题
浓淡燃烧法		装有两个或两个以上燃烧器的锅炉，部分燃烧器供给所需空气量的 85％，其余部分供给较多的空气，由于都偏离理论空气比，使 NO_x 降低	注意乳油燃料的分离和凝固问题
低 NO_x 燃烧器	混合促进型	改善燃料与空气的混合，缩短在高温区的停留时间，同时可降低氧气剩余浓度	需要精心设计
	自身再循环型	利用空气抽力，将部分炉内烟气引入燃烧器，进行再循环	燃烧器结构复杂
	多股燃烧型	用多股小火焰代替大火焰，增大火焰散热面积，降低火焰温度，控制 NO_x 的生成量	

续表

燃烧方法		技术要点	存在问题
低 NO_x 燃烧器	阶段燃烧型	让燃料先进行浓燃烧，然后送入余下的空气，由于燃烧偏离理论当量比，故可降低 NO_x 的浓度	容易引起烟尘浓度的增加
	喷水燃烧型	让油、水从同一喷嘴喷入燃烧区，降低火焰中心高温区温度，以降低 NO_x 浓度	喷水量过多时，将造成燃烧不稳定
低 NO_x 炉膛	燃烧室大型化	采用较低的热负荷，增大炉膛尺寸，降低火焰温度，控制热力型 NO_x	炉膛体积增大
	分割燃烧室	用双面露光水冷壁，把大炉膛分割成小炉膛，提高炉膛冷却能力，控制火焰温度，从而降低 NO_x 浓度	炉膛结构复杂，操作要求高
	切向燃烧室	火焰靠近炉膛流动，冷却条件好，再加上燃料与空气混合较慢，火焰温度水平低，而且较为均匀，对控制热力型 NO_x 十分有利	

（2）烟气脱硝技术。

1）选择性催化还原烟气脱硝技术。

选择性催化还原（Selective Catalytic Reduction，SCR）原理首先由 Engelhard 公司发现并于 1957 年申请专利，后来日本在该国环保政策的驱动下，成功研制出了现今被广泛使用的 V_2O_5/TiO_2 催化剂，并分别于 1977 年和 1979 年在燃油和燃煤锅炉上成功投入商业运用。该方法是在烟道处设置脱硝反应器，将 NH_3（氨气）喷入烟道中，与烟气充分混合后，在催化剂的作用下，将烟气中的 NO_x 还原生成无毒无污染的 N_2 和 H_2O。SCR 工艺的 NO_x 脱除效率主要取决于反应温度、NH_3 与 NO_x 的化学计量比、催化剂性能等，催化剂使用寿命期内反应效率一般可达 75% 以上。SCR 目前已成为世界上应用最多、最为成熟且最有成效的一种烟气脱硝技术。但由于 SCR 技术需要消耗 NH_3 和催化剂，存在运行费用高、设备投资大等缺点。

2）选择性非催化还原烟气脱硝技术。

选择性非催化氧化还原（Selective Non-Catalytic Reduction，SNCR），也被称为热力 De-NO_x 工艺，最初由美国的 Exxon 公司发明并于 1974 年在日本成功投入工业应用。SNCR 技术是把含有 NH_x 基的还原剂（如氨、尿素），喷入炉膛温度为 800~1100℃ 的区域，该还原剂迅速热分解成 NH_3，并与烟气中的 NO_x 进行 SNCR 反应生成 N_2。该方法以炉膛为反应器，可通过对锅炉进行改造而实现。SNCR 工艺的 NO_x 脱除效率主要取决于反应温度、NH_3 与 NO_x 的化学计量比、混合程度、反应时间等，通常设计合理的 SNCR 工艺能达到 30%~70% 的脱除效率。SNCR 与 SCR 相比运行费用低，旧设备改造少，尤其适合于改造机组，仅需要氨水储槽和喷射装置，投资较 SCR 小，但存在还原剂消耗量大、NO_x 脱除效率低等缺点，温度窗口的选择和控制也比较困难，同时，不同的锅炉形式和负荷状态需要采用不同的工艺设计和控制策略，设计难度较大。

3）其他烟气脱硝技术。

a. 液体吸收法。液体吸收法烟气脱硝，又称湿法烟气脱硝，主要包括水吸收法、酸性吸收法、碱中和吸收法、氧化吸收法、液相还原吸收法等。液体吸收法烟气脱硝方法消耗大量吸收剂，吸收产物会造成二次污染，我国化工行业废气处理常采用这些方法，对于 NO_x 中以 NO 为主的燃煤烟气不太适合。与烟气脱硫不同，烟气脱硝采用的主要手段是干法，其原因是 NO_x 与 SO_2 相比，缺乏化学活性，难以被水溶液溶解吸收；而 NO_x 经还原后成为无毒的 N_2 和 H_2O，脱硝的副产物易于处理。

b. 微生物吸收法。用微生物净化 NO_x 废气的思路是建立在用微生物净化有机废气、臭气及用微生物进行废水反硝化脱氮获得成功的基础上的。微生物处理 NO_x，与微生物处理有机挥发物及臭气有较大的不同，由于 NO_x 是无机气体，其构成不含有碳元素，因此微生物净化 NO_x 是适宜的脱氮菌在有外加碳源的情况下，利用 NO_x 作为氮源，将 NO_x 还原成无害的 N_2，而脱氮菌本身获得生长和繁殖。

微生物吸收法具有工艺设备简单、能耗和处理费用低、效率高、无二次污染等优点。但其目前还处于研究阶段，未实现真正意义上的工业应用。

c. 活性炭吸附法。活性炭具有发达的微孔结构和较大的比表面积，对烟气中的 NO_x 和 SO_2 有较强的吸附能力。因此，活性炭吸附法不仅能脱硝，而且能同时脱硫。

d. 电子束法。电子束法（EBA）是一种脱硫脱硝新工艺，经过 20 多年的研究开发，已从小试、中试和工业示范逐步走向工业化。其工艺过程为，燃煤锅炉排出的烟气经除尘后，进入冷却塔，在塔中由喷雾水冷却到 $65\sim70℃$。在烟气进入反应器之前，注入接近化学计量的氨气，然后进入反应器，受高能电子束照射，烟气中的 N_2、O_2 和水蒸气等发生辐射反应，生成大量的离子、自由基、原子、电子和各种激发态的原子、分子等活性物质，它们将烟气中的 SO_2 和 NO_x 氧化为 SO_3 和 NO_2。这些高价的硫氧化物和氮氧化物与水蒸气反应生成雾状的硫酸和硝酸，这些酸再与事先注入反应器的氨反应，生成硫酸铵和硝酸铵。最后，用静电除尘器收集气溶胶形式的硫酸铵和硝酸铵，净化后的烟气经烟囱排放。副产品经造粒处理后，可作为化肥销售。

该工艺的主要特点：干法处理过程，不产生废水废渣；能同时脱硫脱硝，并可达到 90% 以上的脱硫率和 80% 以上的脱硝率；不足之处在于建设费用高，电子加速器不易运行及维护，副产品硫酸铵和硝酸铵混合物作为化肥使用的市场不够好。

4. SCR 脱硝技术

鉴于 SCR 脱硝技术占地面积小、技术成熟、易于操作、NO_x 控制效果明显等特点，已逐步发展为世界范围内应用最多的一种降低氮氧化物排放的主导技术。液氨从液氨槽车由卸料压缩机送入液氨储罐，再经过蒸发槽蒸发为氨气后，通过氨缓冲槽和输送管道进入设置于空气预热器上游的 SCR 反应器，氨气进入 SCR 反应器的上方，通过喷氨隔栅和烟气均匀分布混合。混合后，烟气通过反应器内催化剂进行还原反应，并完成脱硝过程。脱硝后的烟气通过空气预热器、电除尘器、引风机和脱硫装置，最后进入烟囱排向大气。图 1-2 是典型的 SCR 脱硝工艺流程图。其主要包括的子系统有液氨储存/制备系统、SCR 催化反应系统。

液氨储存/制备系统分为液氨储存和氨气制备子系统。液氨储存系统的主要功能为对液氨采用专用的设备进行储存，在考虑安全性的同时，保证脱硝反应的氨量供应。液氨由液氨槽车运送到氨区，槽车与氨储存系统之间用软管连接，打开液氨储罐进口门，利用氮气对管道进行吹扫，利用氨压缩机抽取液氨储罐中的氨气，经压缩后，将槽车的液氨推挤进液氨储

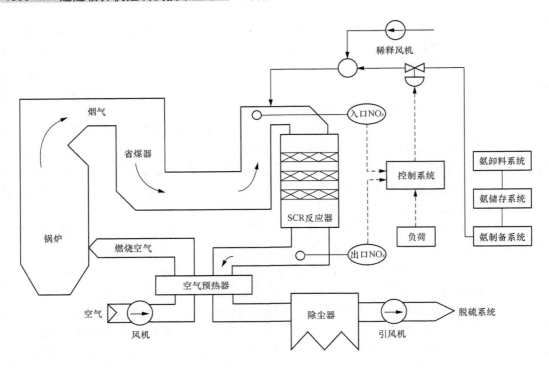

图 1-2 典型的 SCR 脱硝工艺流程图

罐。储罐四周安装有工业水喷淋管线及喷嘴,当储罐槽体温度过高时,自动淋水装置启动,对槽体自动喷淋降温。其主要设备包括液氨储罐、氨压缩机、氨气泄漏检测器等。氨气制备系统主要功能为对液氨进行蒸发处理,使其转化为氨气,并供应至 SCR 反应器。液氨通过液氨储罐出口门、液氨蒸发槽进口门与液氨蒸发槽进口调门进入液氨蒸发槽内,过热蒸汽将液氨蒸发槽内的液氨加热,蒸发为氨气。蒸气流量受蒸发槽本身水浴温度控制调节。当水的温度高时,则切断蒸汽来源,并在控制室 DCS 上报警显示。蒸发槽上装有压力控制阀,将氨气的压力控制在规定值内。当出口压力高时,则切断液氨进料。在氨气出口管线上装有温度检测器,当温度低时,切断液氨进料,使氨气至缓冲槽维持适当温度及压力。蒸发槽也装有安全阀,可防止设备压力异常过高。氨气通过气氨罐出口门,与稀释风机送来的空气混合,配置成一定浓度的混合气体作为脱硝剂。其主要设备包括液氨蒸发槽、氨气缓冲罐、氨气泄漏检测器等。

　　SCR 催化反应系统是脱除氮氧化物的装置,在催化剂的作用下,对从氨区输送过来氨气进行稀释后喷入烟道中,与 NO_x 进行反应,以降低 NO_x 的排放量。氨和空气在混合器和管路内借流体动力原理将二者充分混合,混合气体进入位于烟道内的氨喷射格栅,喷入烟道后,或再通过静态混合器与烟气充分混合,然后进入 SCR 反应器,SCR 反应器操作温度可达 $300\sim400℃$。温度测量点位于 SCR 反应器进口,当烟气温度在 $300\sim400℃$ 以外时,温度信号将自动关闭氨进入氨/空气混合器的快速切断阀。氨与 NO_x 在反应器内,在催化剂的作用下反应生成 N_2 和 H_2O。N_2 和 H_2O 随烟气进入空气预热器。为了维持反应器内的反应效率,SCR 反应器内设置蒸汽(耙式)吹灰器或声波吹灰器,一般根据 SCR 反应器进出口压差来决定是否吹扫,部分电厂也采用定时吹扫方式。

第三节 我国脱硫脱硝产业发展

一、脱硫产业信息

据中国电力企业联合会发布的数据，2014 年当年投运火电厂烟气脱硫机组容量约 3600 万 kW。截至 2014 年底，已投运火电厂烟气脱硫机组容量约 7.6 亿 kW，占全国火电机组容量的 83%，占全国煤电机组容量的 92.1%。

参加 2014 年度火电厂环保产业登记的环保公司中，2014 年投运的新建烟气脱硫工程机组容量情况见表 1-5，截至 2014 年底累计投运的烟气脱硫工程机组容量情况见表 1-6。

表 1-5 　　　　　　　　2014 年投运的新建烟气脱硫工程机组容量情况

序号	脱硫公司名称	2014 年当年投运容量（MW）	采用的脱硫方法及所占比例（%）
1	浙江浙大网新机电工程有限公司	6660	石灰石-石膏湿法 100
2	山东三融环保工程有限公司	4020	石灰石-石膏湿法 100
3	江苏新世纪江南环保股份有限公司	3855	氨法 100
4	北京博奇电力科技有限公司	3790	石灰石-石膏湿法 100
5	中国华电工程（集团）有限公司	2230	石灰石-石膏湿法 100
6	浙江菲达环保科技股份有限公司	2120	石灰石-石膏湿法 92.45 半干法 7.55
7	浙江天地环保工程有限公司	2060	石灰石-石膏湿法 100
8	中电投远达环保工程有限公司	1450	石灰石-石膏湿法 100
9	福建龙净环保股份有限公司	1250	石灰石-石膏湿法 52 循环半干法 48
10	浙江蓝天求是环保股份有限公司	1000	石灰石-石膏湿法 100
11	大唐科技产业集团有限公司	660	石灰石-石膏湿法 100
12	江苏科行环保科技有限公司	605	石灰石-石膏湿法 90.08 半干法 8.26 干法 1.66
13	北京国能中电节能环保技术有限责任公司	430	石灰石-石膏湿法 100
14	湖南麓南脱硫脱硝科技有限公司	285	石灰石-石膏湿法 100
15	浙江德创环保科技股份有限公司	135	石灰石-石膏湿法 100
16	永清环保股份有限公司	100	石灰石-石膏湿法 100
17	中钢集团天澄环保科技股份有限公司	15	石灰石-石膏湿法 100

表 1-6 　　　　　　　　2014 年底累计投运的烟气脱硫工程机组容量情况

序号	脱硫公司名称	2014 年底前累计投运容量（MW）	采用的脱硫方法及所占比例（%）
1	北京国电龙源环保工程有限公司	99 930	石灰石-石膏湿法 88.32 海水法 10.69 有机胺法 0.60 氨法 0.27 烟气循环流化床 0.12

序号	脱硫公司名称	2014 年底前累计投运容量（MW）	采用的脱硫方法及所占比例（%）
2	北京博奇电力科技有限公司	56 236	石灰石-石膏湿法 100
3	福建龙净环保股份有限公司	52 034	石灰石-石膏湿法 81.18 烟气循环流化床 18.82
4	中电投远达环保工程有限公司	47 838	石灰石-石膏湿法 97.70 烟气循环流化床 0.96 干法 1.34
5	浙江浙大网新机电工程有限公司	47 005	石灰石-石膏湿法 100
6	武汉凯迪电力环保有限公司	43 970	石灰石-石膏湿法 90.36 氨法 0.94 半干法 0.94 循环流化床法 7.76
7	中国华电工程（集团）有限公司	38 382	石灰石-石膏湿法 100
8	山东三融环保工程有限公司	31 470	石灰石-石膏湿法 97.00 烟气循环流化床 3.00
9	浙江天地环保工程有限公司	27 070	石灰石-石膏湿法 99.40 海水法 0.60
10	同方环境股份有限公司	26 512	石灰石-石膏湿法 100
11	大唐科技产业集团有限公司	17 720	石灰石-石膏湿法 100
12	北京清新环境技术股份有限公司（原北京国电清新环保技术股份有限公司）	13 330	石灰石-石膏湿法 100
13	浙江菲达环保科技股份有限公司	11 618	石灰石-石膏湿法 75.43 半干法 24.57 烟气循环流化床 0.44
14	浙江蓝天求是环保股份有限公司	8905	石灰石-石膏湿法 87.42 烟气循环流化床 12.58
15	永清环保股份有限公司	7585	石灰石-石膏湿法 100
16	江苏新世纪江南环保股份有限公司	6631	氨法 100
17	广州市天赐三和环保工程有限公司	5228	石灰石-石膏湿法 47.93 双碱法 26.40 喷雾干燥法 22.36 氧化镁法 3.31
18	湖南麓南脱硫脱硝科技有限公司	2251	石灰石-石膏湿法 94.31 双碱法 5.69
19	中钢集团天澄环保科技股份有限公司	1285	石灰石-石膏湿法 100
20	江苏新中环保股份有限公司	1012	石灰石-石膏湿法 76.29 烟气循环流化床 12.25 氧化镁法 11.46

序号	脱硫公司名称	2014 年底前 累计投运容量 （MW）	采用的脱硫方法 及所占比例 （%）
21	江苏科行环保科技有限公司	605	石灰石-石膏湿法 90.08 烟气循环流化床 9.92
22	浙江德创环保科技股份有限公司	135	石灰石-石膏湿法 100

二、脱硝产业信息

据中国电力企业联合会发布的数据，2014 年当年投运火电厂烟气脱硝机组容量约 2.57 亿 kW。截至 2014 年底，已投运火电厂烟气脱硝机组容量约 6.87 亿 kW，占全国火电机组容量的 75.0%，占全国煤电机组容量的 83.2%。

2014 年投运的火电厂烟气脱硝机组容量情况见表 1-7。截至 2014 年底累计投运的火电厂烟气脱硝机组容量情况见表 1-8。

表 1-7   **2014 年投运的火电厂烟气脱硝机组容量情况**

序号	脱硝公司名称	投运容量 （MW）	采用的脱硝方法 及所占比例 （%）
1	中国华电工程（集团）有限公司	23 720	SCR 94.22 SNCR 2.95 SNCR+SCR 2.83
2	大唐科技产业集团有限公司	18 265	SCR 97.66 SNCR 2.34
3	中电投远达环保工程有限公司	17 130	SCR 95.91 SNCR 4.09
4	西安西热锅炉环保工程有限公司	12 260	SCR 97.55 SNCR 2.45
5	江苏科行环保科技有限公司	8715	SCR 77.62 SNCR+SCR 22.38
6	浙江天地环保工程有限公司	8240	SCR 100
7	同方环境股份有限公司	5588.5	SCR 92.40 SNCR 7.60
8	北京国电龙源环保工程有限公司	5130	SCR 99.25 SNCR 0.75
9	山东三融环保工程有限公司	3900	SCR 100
10	北京博奇电力科技有限公司	3690	SCR 100
11	北京国能中电节能环保技术有限责任公司	3655	SCR 98.50 SNCR 0.82 SNCR+SCR 0.68

续表

序号	脱硝公司名称	投运容量 （MW）	采用的脱硝方法 及所占比例 （%）
12	浙江菲达环保科技股份有限公司	2704	SCR 90.08 SNCR 9.92
13	福建龙净环保股份有限公司	2440	SCR 96.47 SNCR 1.36 COA 0.09 SNCR+COA 2.08
14	永清环保股份有限公司	2350	SCR 100
15	浙江蓝天求是环保股份有限公司	2290	SCR 100
16	浙江浙大网新机电工程有限公司	1250	SCR 100
17	江苏峰业科技环保集团股份有限公司	700	SCR 100
18	东方电气集团东方锅炉股份有限公司	650	SCR 100
19	江苏新世纪江南环保股份有限公司	345	SCR 14.36 SNCR 79.90 SNCR+SCR 5.74
20	浙江德创环保科技股份有限公司	330	SCR 100
21	北京龙电宏泰环保科技有限公司	250	SNCR 80 SNCR+SCR 20
22	江苏新中环保股份有限公司	150	SNCR 66.67 SNCR+SCR 33.33
23	中钢集团天澄环保科技股份有限公司	100	SCR100
24	广州市天赐三和环保工程有限公司	100	SNCR+SCR 100

表 1-8　　　　2014 年底累计投运的火电厂烟气脱硝机组容量情况

序号	脱硝公司名称	2014 年底前 累计投运容量 （MW）	采用的脱硝方法 及所占比例 （%）
1	北京国电龙源环保工程有限公司	94 102.5	SCR 96.26 SNCR 3.42 SNCR+SCR 0.32
2	中国华电工程（集团）有限公司	59 800	SCR 97.04 SNCR 1.84 SNCR+SCR 1.12
3	大唐科技产业集团有限公司	48 415	SCR 96.21 SNCR 3.79
4	中电投远达环保工程有限公司	37 180	SCR 97.12 SNCR 2.88
5	浙江天地环保工程有限公司	29 545	SCR 100

序号	脱硝公司名称	2014 年底前累计投运容量（MW）	采用的脱硝方法及所占比例（%）
6	东方电气集团东方锅炉股份有限公司	26 258	SCR 97.71 SNCR 2.29
7	江苏科行环保科技有限公司	22 135	SCR 86.17 SNCR 3.05 SNCR＋SCR 10.78
8	福建龙净环保股份有限公司	20 670	SCR 100
9	同方环境股份有限公司	20 294.5	SCR 95.72 SNCR 4.16 SNCR＋SCR 0.12
10	西安西热锅炉环保工程有限公司	12 260	SCR 97.55 SNCR 2.45
11	北京博奇电力科技有限公司	11 520	SCR 100
12	山东三融环保工程有限公司	9330	SCR 100
13	浙江浙大网新机电工程有限公司	7725	SCR 100
14	浙江蓝天求是环保股份有限公司	6590	SCR 100
15	浙江菲达环保科技股份有限公司	3837	SCR 90.83 SNCR 9.17
16	北京国能中电节能环保技术有限责任公司	3655	SCR98.50 SNCR 0.82 SNCR＋SCR 0.68
17	北京清新环境技术股份有限公司 （原北京国电清新环保技术股份有限公司）	3300	SCR 69.70 SNCR 30.30
18	北京龙电宏泰环保科技有限公司	1280	SCR 49.22 SNCR 46.88 SNCR＋SCR 3.90
19	江苏峰业科技环保集团股份有限公司	700	SCR 100
20	广州市天赐三和环保工程有限公司	700	SCR 85.71 SNCR＋SCR 14.29
21	武汉凯迪电力环保有限公司	600	SCR 100
22	中钢集团天澄环保科技股份有限公司	540	SCR 100
23	江苏新世纪江南环保股份有限公司	345	SCR 52.17 SNCR 47.83
24	浙江德创环保科技股份有限公司	330	SCR 100
25	湖南麓南脱硫脱硝科技有限公司	250	SNCR 100
26	江苏新中环保股份有限公司	200	SNCR 100

议试运指挥部有关机组整套启动试运情况和移交生产条件的汇报，协调整套启动试运后的未完成事项，决定机组移交生产后的有关事宜，主持办理机组移交生产交接签字手续。

二、试运指挥部

1. 试运指挥部的组成

试运指挥部一般应由一名总指挥和若干名副总指挥及成员组成。总指挥宜由建设工程项目公司的总经理担任，并由工程主管单位任命。副总指挥和成员若干名，具体人选由总指挥与工程各参建单位协商，提出任职人员名单，上报工程主管单位批准。

2. 试运指挥部的职责

全面组织和协调机组的试运工作。对试运中的安全、质量、进度和效益全面负责。审批重要项目的调试方案或措施（如调试大纲、升压站及厂用电受电措施、化学清洗措施、蒸汽管道吹管措施、锅炉整套启动措施、汽轮机整套启动措施、电气整套启动措施、甩负荷试验措施等）和单机试运计划、分系统试运计划及整套启动试运计划。启委会成立后，在主任委员的领导下，筹备启委会全体会议。启委会闭会期间，试运指挥部代表启委会主持整套启动试运的常务指挥工作，协调解决试运中的重大问题，组织和协调试运指挥部各组及各阶段的验收签证工作。

3. 试运指挥部下设机构

试运指挥部下设分部试运组、整套试运组、验收检查组、生产运行组、综合管理组。根据工作需要，各组可下设若干个专业组，专业组的成员一般由总指挥与工程各参建单位协商任命，并报工程主管单位备案，如图 2-1 所示。

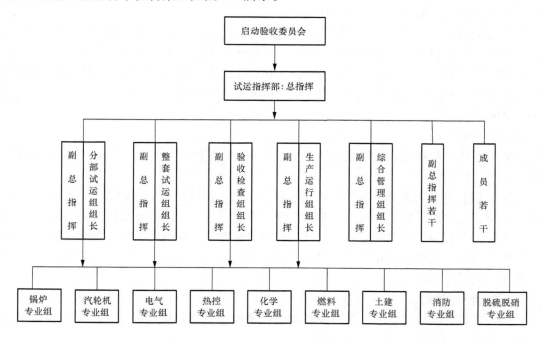

图 2-1　机组试运组织机构示意图

（1）分部试运组。

一般应由施工、调试、建设、生产、监理、设计、主要设备供货商等有关单位的代表组成。该组设组长一名，应由主体施工单位出任的副总指挥兼任；副组长若干名，应由调试、建设、监理和生产单位出任的副总指挥或成员兼任。

其主要职责是：①负责提出单机试运计划和分系统试运计划，上报总指挥批准。②负责分部试运阶段的组织领导、统筹安排和指挥协调工作。③按照试运计划，合理组织土建、安装、单体调试工作，为单机试运和分系统试运创造条件。④在单机和系统首次试运前，组织核查单机试运和系统试运应具备的条件，应使用试运条件检查确认表进行五方签证。⑤组织研究和解决分部试运中发现的问题。⑥组织办理单机试运验收签证和分系统试运验收签证工作。

（2）整套试运组。

一般应由调试、施工、生产、建设、监理、设计、主要设备供货商等有关单位的代表组成。该组设组长一名，应由主体调试单位出任的副总指挥兼任；副组长若干名，应由施工、生产、建设和监理单位出任的副总指挥兼任。

其主要职责是：①负责提出整套启动试运计划，上报总指挥批准。②组织核查机组整套启动试运前和进入满负荷试运的条件，应使用整套启动试运条件检查确认表进行多方检查确认签证。③组织实施启动调试方案或措施，全面负责整套启动试运的现场指挥和具体协调工作。④严格控制整套启动试运的各项技术经济指标，组织办理整套启动试运后的调试质量验收签证工作和各项试运指标统计汇总工作。

（3）验收检查组。

一般应由建设、监理、施工、生产、设计等有关单位的代表组成。该组设组长一名、副组长若干名。组长一般由建设单位出任的副总指挥兼任。

其主要职责是：①负责组织对厂区外与市政、公交、航运等有关工程的验收或核查其验收评定结果。②负责组织验收由设备供货商或其他承包商负责的调试项目。③负责组织机组全部归档资料和技术文件的核查和归档交接工作。④负责协调设备材料、备品配件、专用仪器和专用工具的清点移交工作。⑤负责组织建筑及安装工程施工质量验收评定及整套启动试运质量总评。

（4）生产运行组。

一般应由生产单位的代表组成。该组设组长一名、副组长若干名。组长一般由生产单位出任的副总指挥兼任。

其主要职责是：①负责核查生产运行的准备情况，包括运行和维护人员的配备、培训、考核和上岗情况，所需的运行规程、管理制度、系统图表、运行记录本和表格、各类工作票和操作票、设备铭牌、阀门编号牌、管道介质流向标志、安全用具和化验、检测仪器、维护工具等配备情况，生产标准化配置情况等。②负责机组试运中的运行操作、系统检查和事故处理等生产运行工作。

（5）综合管理组。

一般应由建设、施工、生产等有关单位的代表组成。该组设组长一名、副组长若干名。组长应由建设单位出任的副总指挥兼任。

其主要职责是：①负责试运指挥部的文秘、资料和后勤服务等综合管理工作。②发布试运信息。③核查和协调试运现场的安全、消防和治安保卫工作。

（6）各专业组。

　　一般可在分部试运组、整套试运组、验收检查组和生产运行组下，分别设置锅炉、汽轮机、电气、热控、化学、燃料、土建、消防、脱硫（硝）等专业组，各组设组长1名，副组长和组员若干名。

　　在分部试运阶段，组长由主体施工单位的人员担任，副组长由调试、监理、建设、生产、设计、设备供应商单位的人员担任；在整套启动试运阶段，组长由主体调试单位的人员担任，副组长由施工、生产、监理、建设、设计、设备供应商单位的人员担任。

　　燃料、土建、消防和脱硫（硝）专业组的组长和副组长，由承担该项目施工、调试的单位和监理、建设单位派人出任。

　　验收检查组中，各专业组的组长和副组长由建设、监理、生产和施工单位的人员担任。

　　各专业组的主要职责是：①在试运指挥部各相应组的统一领导下，按照试运计划，组织本专业各项试运条件的检查和完善，实施和完成本专业试运工作。②研究和解决本专业在试运中发现的问题，对重大问题提出处理方案，上报试运指挥部审查批准。③组织完成本专业组各试运阶段的验收检查工作，办理验收签证。④按照机组试运计划的要求，组织完成与机组试运相关的厂区外与市政、公交、航运等有关工程和由设备供货商或其他承包商负责的调试项目的验收。

第二节　脱硫、脱硝系统试运各单位的职责

一、建设单位的主要职责

　　建设单位应充分发挥工程建设的主导作用，全面协助试运指挥部，负责编制和发布各项试运管理制度和规定，对工程的安全、质量、进度、环境和健康等工作进行控制。负责为各参建单位提供设计和设备文件及资料。协调设备供货商供货和提供现场服务、解决合同执行中的问题和外部关系。负责组织相关单位对机组联锁保护定值和逻辑的讨论和确定，组织完善脱硫脱硝系统性能试验或特殊试验测点的设计和安装。负责组织由设备供货商或其他承包商承担的调试项目的实施及验收。负责试运现场的消防和安全保卫管理工作，做好建设区域与生产区域的隔离措施。参加试运日常工作的检查和协调，参加试运后的质量验收签证。

二、监理单位的主要职责

　　监理单位应做好工程项目科学组织、规范运作的咨询和监理工作，负责对试运过程中的安全、质量、进度和造价进行监理和控制。按照质量控制监检点的计划和监理工作的要求，做好机组设备和系统安装的监理工作，严格控制安装质量。负责组织对调试计划及单机试运、分系统试运和整套启动试运调试措施的审核。负责试运过程的监理，参加试运条件的检查确认和试运结果的确认，组织分部试运和整套启动试运后的质量验收签证。负责试运过程中的缺陷管理，建立台账，确定缺陷性质和消缺责任单位，组织消缺后的验收，实行闭环管理。协调办理设备和系统代保管的有关事宜。组织或参加重大技术问题解决方案的讨论。

三、施工单位的主要职责

　　施工单位负责完成试运所需要的建筑和安装工程，以及试运中临时设施的制作、安装和系统恢复工作。负责编制、报审和批准单机试运措施，编制和报批单体调试和单机试运计划。主持分部试运阶段的试运调度会，全面组织协调分部试运工作。负责组织完成单体调试、单机试运条件检查确认、单机试运指挥工作，提交单体调试报告和单机试运记录，参加

单机试运后的质量验收签证。负责单机试运期间工作票中安全措施的落实和许可签发。负责向生产单位办理设备及系统代保管手续。参与和配合分系统试运和整套启动试运工作，参加试运后的质量验收签证。负责试运阶段设备与系统的就地监视、检查、维护、消缺和完善，使与安装相关的各项指标满足达标要求。机组移交生产前，负责试运现场的安全、保卫、文明试运工作，做好试运设备与施工设备的安全隔离措施。在考核期阶段，配合生产单位负责完成施工尾工和消除施工遗留的缺陷。单独承包分项工程的施工单位，其职责与主体安装单位相同。同时，应保证该独立项目按时、完整、可靠地投入，不得影响机组的试运工作，在工作质量和进度上必须满足工程整体的要求。

四、调试单位的主要职责

调试单位负责编制、报审、报批或批准分系统调试和整套启动调试方案或措施，分系统试运和整套启动试运计划。参与脱硫脱硝联锁保护定值和逻辑的讨论，提出建议。参加相关单机试运条件的检查确认和单体调试及单机试运结果的确认，参加单机试运后的质量验收签证。机组整套启动试运期间，全面主持指挥试运工作，主持试运调度会。负责分系统试运和整套启动试运调试前的技术及安全交底，并做好交底记录。负责全面检查试运机组各系统的完整性和合理性，组织分系统试运和整套启动试运条件的检查确认。按合同规定组织完成分系统试运和整套启动试运中的调试项目和试验工作，参加分系统试运和整套启动试运质量验收签证，使与调试有关的各项指标满足达标要求。负责对试运中的重大技术问题提出解决方案或建议。在分系统试运和整套启动试运中，监督和指导运行操作。在分系统试运和整套启动试运期间，协助相关单位审核和签发工作票，并对消缺时间做出安排。考核期阶段，在生产单位的安排下，继续完成合同中未完成的调试或试验项目。

五、生产单位的主要职责

生产单位负责完成各项生产运行的准备工作，包括燃料、水、汽、气、酸、碱、化学药品等物资的供应和生产必备的检测、试验工器具及备品备件等的配备，生产运行规程、系统图册、各项规章制度和各种工作票、操作票、运行和生产报表、台账的编制、审批和试行，运行及维护人员的配备、上岗培训和考核、运行人员正式上岗操作，设备和阀门、开关和保护压板、管道介质流向和色标等各种正式标志牌的定制和安置，生产标准化配置等。根据调试进度，在设备、系统试运前一个月，以正式文件的形式将设备的电气和热控保护整定值提供给安装和调试单位。负责与电网调度部门有关机组运行的联系及与相关运行机组的协调，确保试运工作按计划进行。负责试运全过程的运行操作工作，运行人员应分工明确、认真监盘、精心操作，防止发生误操作。对运行中发现的各种问题提出处理意见或建议，参加试运后的质量验收签证。单机试运时，在施工单位试运人员的指挥下，负责设备的启停操作和运行参数检查及事故处理；分系统试运和整套启动试运调试中，在调试单位人员的监督指导下，负责设备启动前的检查及启停操作、运行调整、巡回检查和事故处理。分系统试运和整套启动试运期间，负责工作票的管理、工作票中安全措施的实施及工作票和操作票的许可签发及消缺后的系统恢复。负责试运机组与运行机组的安全隔离。负责已经代保管设备和区域的管理及文明生产。机组移交生产后，全面负责机组的安全运行和维护管理工作，负责协调和安排机组施工尾工、调试未完成项目的实施和施工遗留缺陷的消除，负责机组各项涉网试验和性能试验的组织协调工作，加强生产管理，使与生产有关的各项指标满足达标要求。

六、设计单位的主要职责

设备供货商实际供货的设备与设计图样不符时，设计单位负责对设计接口进行确认，并对设备及系统的功能进行技术把关。为现场提供技术服务，负责处理机组试运过程中发生的设计问题，提出必要的设计修改或处理意见。负责完成试运指挥部或启委会提出的完善设计工作，按期完成并提交完整的竣工图。

七、设备供货商的主要职责

设备供货商按供货合同提供现场技术服务和指导，保证设备性能。参与重大试验方案的讨论和实施。参加设备首次试运条件的检查和确认，参加首次受电和试运。按时完成合同中规定的调试工作。负责处理设备供货商应负责解决的问题，消除设备缺陷，协助处理非责任性的设备问题及零部件的订货。参与设备性能的考核试验。

第三节 调 试 依 据

1000MW 机组的石灰石-石膏湿法烟气脱硫系统及选择性催化还原（SCR）烟气脱硝系统的调试工作，应至少遵循以下标准、规范、规程及相关文件的要求：

一、公用部分

（1）GB 26164.1—2010《电业安全工作规程 第 1 部分：热力和机械》。

（2）GB 13223—2011《火电厂大气污染物排放标准》。

（3）GB 8978—1996《污水综合排放标准》。

（4）GB/T 12348—2008《工业企业厂界噪声标准》。

（5）GB/T 16157—1996《固定污染源排气中颗粒物测定与气态污染物采样方法》。

（6）HJ/T 75《固定污染源烟气排放连续监测技术规范（试行）》。

（7）DL/T 5294《火力发电建设工程机组调试技术规范》。

（8）DL/T 5437《火力发电建设工程启动试运及验收规程》。

（9）DL/T 5295《火力发电建设工程机组调试质量验收及评价规程》。

（10）DL 5009.1《电力建设安全工作规程（火力发电厂部分）》。

（11）DL 5277《火电工程达标投产验收规程》。

（12）DL/T 938《火电厂排水水质分析方法》。

（13）相关电力企业编制的发电厂重大反事故措施。

（14）调试单位与建设单位签订的调试合同。

（15）设计单位提供的工程系统图样、设计说明书等技术资料。

（16）设备供货商提供的图样、质量保证书、安装和使用说明书及有关试验文件等。

（17）建设单位发布的有关文件和会议纪要。

（18）国家电力行业、电力企业发布的、有效的相关法规、标准、规程、规范、导则等（作为调试依据的标准、规程、规范、导则等均以最新版本为准）。

二、脱硫部分

（1）GB/T 5484《石膏化学分析方法》。

（2）GB/T 15057.1《化工用石灰石采样与样品制备方法》。

（3）GB/T 15057.11《化工用石灰石粒度的测定》。

（4）DL/T 998《石灰石-石膏湿法烟气脱硫装置性能验收试验规范》。

（5）DL/T 997《火力发电厂石灰石-石膏湿法脱硫废水水质控制标准》。

（6）DL/T 5403《火电厂烟气脱硫工程调整试运及质量验收评定规程》。

（7）电建质监（2007）26 号《脱硫整套启动前监检大纲》。

三、脱硝部分

（1）GB 13690《常用危险化学品的分类及标志》。

（2）GB 18218《危险化学品重大危险源辨识标准》。

（3）GB 150《钢制压力容器》。

（4）GB 50160《石油化工企业设计防火规范》。

（5）GB/T 21509《燃煤烟气脱硝技术装备》。

（6）HJ 562《火电厂烟气脱硝工程技术规范选择性催化还原法》。

（7）DL/T 335《火电厂烟气脱硝（SCR）系统运行技术规范》。

（8）DL/T 296《火电厂烟气脱硝技术导则》。

（9）DL/T 260《燃煤电厂烟气脱硝装置性能验收试验规范》。

第四节　调试基本原则及程序

一、基本原则

脱硫脱硝专业在试运指挥部的领导下，对本专业的试运工作全面负责，做好本专业调试工作的组织及其他专业的协调配合工作。

在调试现场，参建各单位参加试运人员，在分部试运及整套启动试运阶段，应服从分部试运组组长或整套试运组组长的统一指挥。生产单位运行操作人员，应听从调试人员指导。

试运值班的运行值长，在不同试运阶段，接受脱硫脱硝试运负责人的指令，安排和指挥本值运行人员进行操作和监视。运行值班操作人员应有明确分工，试运中发现异常，应及时向试运负责人汇报，在试运负责人的指导下进行操作。

调试工作前，调试人员应向参加人员进行调试措施交底并做好记录。

在进行调试项目工作时，运行人员应按照有关调试措施并遵照专业调试人员的要求进行操作。在正常运行情况下，应按照运行规程进行操作。

在试运中发现故障时，如暂不危及设备和人身安全，应向试运负责人汇报，不得擅自处理或中断运行；如危及设备和人身安全，可直接处理并及时报告试运负责人。

试运期间，设备的送、停电等操作，应严格按照操作票执行。在配电间代保管前，设备及系统的动力电源送、停电工作由施工单位负责。在配电间代保管后，由生产单位负责。在机组调试期间，热控设备或仪表的送、停电等操作由施工单位负责。

试运期间，在与试运设备或系统有关的部位进行消缺或工作时，应按照工作票制度执行。

在分部试运和整套试运期间，试运指挥部、建设和生产单位等相关部门、监理、设计、施工、调试、主要设备制造厂等单位，应参加机组试运调度会。

二、基本程序

由施工单位负责组织实施单体及单机试运并经验收合格后，方可进行分系统试运。调试单位负责分部试运中的分系统调试及整套启动调试工作，其实施程序如下：

1. 分系统试运

（1）调试单位现场收集资料、编制分系统调试措施/方案。

（2）调试单位负责试运系统中各测点、阀门、挡板、开关验收及联锁、保护逻辑传动试验，施工单位应完成被传动设备的电源或气源停送、解线和恢复、施加信号等工作。

（3）调试措施/方案向施工单位、监理单位、建设单位及生产单位进行技术交底及答疑工作。

（4）组织施工单位、调试单位、监理单位、建设单位及生产单位进行联合检查，对试运条件进行检查确认。

（5）按照调试方案/措施进行各项调试工作，完成各项调试，形成原始记录。注意在调试过程中避免调试工作内容缺、漏项等情况发生。

（6）分系统试运工作完成后，调试单位负责填写分系统调试质量验收表，监理单位组织调试、施工、监理、建设、生产等单位完成验收签证。

（7）分系统试运工作完成后，由施工单位按现行行业标准 DL/T 5437《火力发电建设工程启动试运及验收规程》规定办理设备和系统代保管手续。

（8）根据调试过程记录，编写该系统调试工作小结及调试报告。

2. 整套试运

（1）脱硫脱硝分系统调试工作全部完成，并验收签证。

（2）组织施工、建设、监理、生产及调试等单位对脱硫、脱硝系统的整套启动措施进行安全技术交底，并制订整套启动调试工作计划。

（3）脱硫、脱硝系统经上级质量监督机构进行整套启动前的质量监督检查，不合格项已按规范要求整改。同意脱硫、脱硝系统进入整套启动试运。

（4）调试单位按整套启动试运条件检查确认表，组织调试、施工、监理、建设、生产等单位进行检查确认签证，报请试运指挥部批准。

（5）与主机同步进行整套启动试运和168h满负荷试运行，做好试运过程的记录及签证。

（6）调试单位负责填写整套启动热态试运、168h满负荷试运调试质量验收表，监理单位组织调试、施工、监理、建设、生产等单位完成验收签证。

（7）在规定时间内，移交调试报告等文件包资料。

第五节　调试项目及验收范围

一、调试项目

1. 脱硫系统调试项目

根据 DL/T 5295—2013《火力发电建设工程机组调试质量验收及评价规程》的规定，并结合 1000MW 机组的石灰石-石膏湿法烟气脱硫系统的特点及应用情况，进行系统项目的划分。石灰石-石膏湿法脱硫调试项目清单包含但不限于下列系统项目：

（1）公用系统调试（分部试运）。

（2）吸收剂供应及制备系统调试（分部试运）。

（3）烟风系统调试（分部试运）。

（4）SO₂ 吸收系统调试（分部试运）。

（5）石膏脱水系统调试（分部试运）。

（6）脱硫废水处理系统调试（分部试运）。

（7）脱硫系统整套启动及 168h 满负荷试运（整套试运）。

2．脱硝系统调试项目

根据 DL/T 5295—2013《火力发电建设工程机组调试质量验收及评价规程》的规定，并结合 1000MW 机组的 SCR 脱硝系统的特点及应用情况，进行系统项目的划分。以液氨为还原剂的脱硝系统为例，SCR 脱硝系统调试项目清单包含但不限于下列系统项目：

（1）氨储存及制备系统调试（分部试运）。

（2）SCR 催化反应系统调试（分部试运）。

（3）脱硝系统整套启动试运及 168h 满负荷试运（整套试运）。

二、验收范围

1．脱硫系统

（1）脱硫分系统试运质量验收范围应符合 DL/T 5295—2013《火力发电建设工程机组调试质量验收及评价规程》中分系统试运质量划分规定，如表 2-1 所示。

表 2-1　　　　　　　　脱硫工程分系统调试质量验评范围划分表

工程编号		项目名称	质量验收表编号
单项工程	单位工程		
01	32	锅炉石灰石-石膏湿法脱硫系统调试-石灰石卸料及储存系统调试	表 3.3.3-32
01	33	锅炉石灰石-石膏湿法脱硫系统调试-湿式球磨及干磨系统调试	表 3.3.3-33
01	34	锅炉石灰石-石膏湿法脱硫系统调试-石灰石浆液供给系统	表 3.3.3-34
01	35	锅炉石灰石-石膏湿法脱硫系统调试-吸收塔系统调试	表 3.3.3-35
01	36	锅炉石灰石-石膏湿法脱硫系统调试-烟风系统调试	表 3.3.3-36
01	37	锅炉石灰石-石膏湿法脱硫系统调试-工艺水系统调试	表 3.3.3-37
01	38	锅炉石灰石-石膏湿法脱硫系统调试-石膏脱水系统调试	表 3.3.3-38
01	39	锅炉石灰石-石膏湿法脱硫系统调试-烟气换热系统调试	表 3.3.3-39
01	40	锅炉石灰石-石膏湿法脱硫系统调试-脱硫废水系统调试	表 3.3.3-40

（2）脱硫系统整套启动试运质量验收范围应符合 DL/T 5295—2013《火力发电建设工程机组调试质量验收及评价规程》中整套启动试运质量划分规定，如表 2-2 所示。

表 2-2　　　　　　　　脱硫工程整套启动调试质量验评范围划分表

工程编号		项目名称	质量验收表编号
单项工程	单位工程		
01	31	湿法脱硫系统整套启动试运	表 4.3.3-31
01	32	湿法脱硫系统 168h 满负荷试运行	表 4.3.3-32

2．脱硝系统

（1）脱硝分系统试运质量验收范围应符合 DL/T 5295—2013《火力发电建设工程机组

调试质量验收及评价规程》中分系统试运质量划分规定，如表 2-3 所示。

表 2-3　　　　　　　　脱硝分系统试运质量验收范围划分表

工程编号		项目名称	质量验收表编号
单项工程	单位工程		
01	30	脱硝系统调试-氨储存与制备系统调试	表 3.3.3-30
01	31	脱硝系统调试-SCR 催化反应系统调试	表 3.3.3-31

（2）脱硝系统整套启动试运质量验收范围应符合 DL/T 5295—2013《火力发电建设工程机组调试质量验收及评价规程》中整套启动试运质量划分规定，如表 2-4 所示。

表 2-4　　　　　　　　脱硝系统整套启动试运质量验收范围划分表

工程编号		项目名称	质量验收表编号
单项工程	单位工程		
01	29	脱硝系统整套启动调试	表 4.3.3-29
01	30	脱硝系统 168h 满负荷试运	表 4.3.3-30

第六节　调试质量管理及风险控制

一、调试质量管理

脱硫、脱硝系统试运质量是机组试运质量管理工作的组成部分。要使脱硫、脱硝系统调试质量达到 DL/T 5295—2013《火力发电建设工程机组调试质量验收及评价规程》的标准，必须加强质量管理。

1. 调试质量目标

（1）零缺陷管理目标：

①调试过程中调试质量事故为零；②调试原因损坏设备事故为零；③调试原因引起人身事故为零；④调试原因造成机组事故为零；⑤脱硫、脱硝系统启动试运未签证项目为零；⑥调试原因影响工程进度为零；⑦移交生产前，调试未完项目为零。

（2）调试技术质量目标：

①保护投入率 100%；②自动投入率 100%；③仪表投入率 100%；④保护正确动作率 100%；⑤整套启动至完成 168h 满负荷试运行天数不超过 50 天；⑥完成 168h 满负荷试运的启动次数小于 3 次。

2. 调试质量保证措施

（1）总体要求。

提高调试在工程中的关键作用的认识，认真执行 DL/T 5437—2009《火力发电建设工程启动试运及验收规程》和 DL/T 5295—2013《火力发电建设工程机组调试质量验收及评价规程》等规程。

（2）启动调试准备。

明确试运过程中的组织分工和调试计划，编制各系统的调试措施，明确各项调试工作的组织、调试方法和应达到的质量标准，并在编制技术措施的同时编制安全、健康及环境保证措施。

积极收集和熟悉工程技术资料、设备说明书和出厂保证书，对新设备、新技术进行调研，做好充分的技术准备。对系统设计、启动调试措施、设计联络会议纪要及施工图样进行审查，发现问题应及时提出修改建议。

根据机组启动调试总进度计划，结合脱硫脱硝装置的施工进度情况，编制脱硫、脱硝系统的调试计划。

（3）过程控制。

编制质量计划，分解质量目标。严把质量关，落实各项试运工作应具备的条件，真正做到不具备试运条件的不进行试运。试运中发生问题应及时联系解决，保证各分系统在试运结束后都能满足运行要求。

加强过程控制，做到整个调试工作不漏项、不缺项。做到每项工作都有措施，每项工作都有记录，每项工作都经过质量验收。做到前级工作对后级工作负责，每项工作都有责任人。

调试人员严格执行规程规范和调试措施的操作程序，规范作业行为，使每项工作都在程序控制范围内进行。各项调试措施执行前，由调试人员对参加试运的人员进行技术交底，指导运行人员操作，认真监护，发现问题及时处理，确保设备系统运转正常。

分部试运阶段，进行分系统的交接验收，高度重视交接验收工作。按照调试合同和有关规定，完成分部试运项目的措施编写与实施。对于重要分部试运项目，在项目完成后，应及时编写试运报告。

整套启动试运阶段，负责编写整套启动试运的方案/措施。组织、协调并实施脱硫、脱硝系统在整套启动试运中的调试工作。在整套启动试运中，按规定逐步投入各设备系统的各项保护、各项程控和自动调节装置。负责就试运中存在的问题，向试运指挥部汇报并提出处理意见。认真分析各项试验数据，高质量、高标准地完成各项指标，与主机同步顺利完成168h满负荷试运。

对于调试中的不合格项目，及时分析原因和制定纠正措施。对潜在不合格项目进行相应的预防措施，杜绝隐患。

对各阶段的调试项目按 DL/T 5295—2013《火力发电建设工程机组调试质量验收及评价规程》进行验收。

（4）检验和测试设备的控制。

对于启动调试中所使用的计量器具、仪器仪表和测试设备，在启动调试前核对其精密度和准确度，必须符合调试检测的要求。使用的计量器具、仪器仪表和测试设备经检验合格，并在有效期内。

（5）调试协调会议制度。

在机组调试期间，参加试运指挥部组织的调试协调会议。会议应反映调试遇到的问题、明确需要协调的问题。

（6）调试专题会议制度。

在调试期间，若遇到专业性很强和在调试协调会议上落实不了的问题，召开调试专题会议。属于设备或安装问题由业主、安装单位主持，属于系统或调试问题由业主或调试单位主持。会议应提出解决问题的方案，并报试运指挥部。会后由会议主持单位，整理会议纪要并书面告知各单位。

（7）系统、设备故障、异常和重大事项及时报告管理制度。

在调试期间，若遇到威胁设备、人身安全或影响调试重大进程的故障、异常情况或其他重大事项，应立即向试运指挥部报告。试运指挥部及调试当班指挥应立即作出反应，研究并拿出切实可行的对策。各参建单位应积极配合，防止情况恶化，杜绝事故的发生。若情况危急，则由当值值长按规程处理。

3. 调试签证

（1）调试文件包准备。

分部试运文件包分单体调试、单机试转文件包和分系统试转文件包。其中，单体调试、单机试转文件包由安装单位完成，分系统试转文件包由调试单位完成，两文件包完成后分别由监理单位审查。

单体调试、单机试转文件包，内容包括以下几部分：

1）试运计划、方案、措施、质量验评范围划分。

2）单体调试/单机试运前静态检查验收表，电气及仪控保护投入状态确认表。

3）调试措施技术交底记录。

4）已会签的单体调试/单机试运申请单。

5）单体调试/单机试运技术记录，包括电气、仪控相关记录卡。

6）单体调试/单机试运签证验收卡。

7）未完成项目清单。

分系统试转文件包，内容包括以下几部分：

1）试运计划、方案、措施、质量验评范围划分。

2）单体调试/单机试运与分系统试运交接验收表。

3）分系统试运前检查验收表。

4）电气及仪控保护投入状态确认表。

5）已会签的分系统试运申请单。

6）已会签的试运条件检查卡。

7）分系统试运记录表。

8）分系统试运验收签证卡。

9）分系统调整试运质量检验评定表。

10）试运项目缺陷清单。

11）试运小结（试运过程描述、过程数据记录、过程中出现的问题及处理方法、未完成工作的原因、责任方、要求完工的日期、质量评价）、试运报告。

（2）分部试运前的签证。

施工单位对分部试运项目进行静态检查，填写《新设备分部试运行前静态检查表》，并做出评价。监理、施工单位质检部门和分部试运组各方代表对施工单位提出的《新设备分部试运行申请单》进行审议，包括对《静态检查表》和《电气、热工保护投入状态确认表》进行确认，并会签。

对施工单位提出的未完项目进行讨论，确认必须在分部试运前整改处理的项目已经处理完毕，剩余项目允许在分部试运后限期整改和处理。未经验收签证的设备系统不允许进行分部试运。

（3）分部试运过程相关签证。

分部试运由单体调试、单机试运和分系统试运组成。单体调试是指热控、电气所属元件、装置、设备的校验、整定和试验。单机试运是指单台辅机的试运（包括相应的电气、热控保护）。分系统试运是指按系统对其动力、电气、热控等所有设备及其系统进行空载和带负荷的调整试运。分系统试运必须在单体调试、单机试运合格后才可进行。进行分系统试运的目的是通过调试，考验整个分系统是否具备参加整套试运的条件。分系统试运结束后，填写《分系统试运验收签证卡》。

（4）试运结果签证。

每项分部试运项目试运合格后，应由施工单位组织施工、调试、监理、建设/生产等单位及时验收签证。合同规定由设备制造厂负责单体调试且施工单位负责安装的项目，由施工单位组织监理、建设、生产、调试等单位进行检查和验收；合同规定由设备制造厂负责安装并调试的项目，由工程部组织施工监理、建设、生产、调试等单位进行检查和验收。验收不合格的项目不能进入分系统和整套试运。

在分系统试运结束后，各项指标达到 DL/T 5295—2013《火力发电建设工程机组调试质量验收及评价规程》中的验收要求，由调试单位组织施工单位、调试单位、建设单位、监理单位的代表签署相关验收表。

4. 系统设备移交代保管签证及再次试运有关规定

（1）经分部试运合格的设备和系统，如由于生产或调试需要继续运转时，可交生产部门代行保管，由生产部门负责运行、操作、检查。但消缺、维护工作及未完项目仍由施工单位负责。未经建设、生产、监理、调试、施工单位代表验收签字的设备系统，不得代保管，不准参加整套启动调试。设备及系统的代保管，由施工单位填写《设备及系统代保管签证卡》和《分系统试运后签证卡》。

（2）对于再次试转的设备及系统，由工作单位提出申请，并得到调试、生产部门的确认，方可实施。

二、调试风险的控制

1. 调试质量风险预控计划

脱硫、脱硝系统调试工程主要控制节点危险点：DCS 复原上电、厂用受电、增压风机试运（若有）、脱硫系统首次通烟、脱硝系统氨区首次进氨、脱硝系统热态投运喷氨等，对上述调试工程项目节点等危险点进行分析，做好脱硫、脱硝系统调试的风险预控技术和组织安全措施。

2. 调试反事故措施

总体贯彻国家安全管理文件、工程试运指挥部安全管理文件，落实《防止电力生产重大事故的二十五项重点要求》的通知规定的相关内容，认真制定脱硫、脱硝专业反事故措施。

第七节　安全、健康、环境管理及文明调试

一、调试安全、健康、环境目标

（1）因调试原因引起的重大设备损坏事故：0 起。

（2）因调试原因引起的重大人身伤亡事故：0 起。

（3）因调试原因引起的重大人身重伤事故：0 起。

（4）因调试原因引起的重大环境污染事故：0 起。

（5）因调试原因引起的人身轻伤事故：0 起。

二、调试安全、健康、环境管理体系

调试安全、健康、环境管理使用的文件规程：

（1）《安全生产法》。

（2）《安全施工管理制度》。

（3）《防止电力生产重大事故的二十五项重点要求》。

（4）《电力建设安全健康与环境管理工作规定》。

（5）《电力建设安全工作规程》。

三、调试安全、健康、环境管理及预防措施

1. 调试安全管理及预防措施

（1）对脱硫、脱硝调试工作中的安全状况进行分析，发现不符合，及时采取纠正措施，对潜在问题采取预防措施。

（2）按 GB 26164.1—2010《电业安全工作规程（热力和机械部分）》、DL/T 5009.1—2014《电力建设安全工作规程（火力发电厂部分）》、《国家电网公司电力生产事故调查规程》等规程进行定期或不定期的执行情况自查。

（3）在调试中，将严格执行 GB 26164.1—2010《电业安全工作规程（热力和机械部分）》、DL/T 5009.1—2014《电力建设安全工作规程（火力发电厂部分）》、《防止电力生产重大事故的二十五项重点要求》。

（4）参加试运行的人员，工作前应熟悉有关安全规程、运行规程及调试措施，试运行安全措施和试运停、送电制度等。

（5）参加试运行的人员，工作前应熟悉现场系统设备，认真检查试验设备、工具，必须符合工作及安全要求。

（6）对已运行设备有关联的系统进行调试时，应办理工作票，同时采取隔离措施，根据需要应设专人监护。

（7）在台风、汛期、梅雨季节，做好抗台防汛的预防调试技术措施。在台风、雷暴雨到来前，对调试计划进行调整，避免进行危险区域的调试作业。

（8）高空作业时，严格按照安全规程执行。

（9）试运前，必须查明脱硫烟道、吸收塔、脱硝反应器等相关容器内的人员已全部撤出。

（10）不得在栏杆、防护罩或运行设备的轴承上坐立或行走。

（11）进行接触热体的操作应戴手套。

（12）电气设备及系统的安装调试工作全部完成后，在通电及启动前应检查是否已经做好下列工作：

1）通道及出口畅通，隔离设施完善，孔洞封堵，沟道盖板完整，屋面无漏雨、渗水情况。

2）照明充足、完善，有适合于电气灭火的消防措施。

3）房门、网门、盘门该锁的已锁好，警告标志明显齐全。

4）人员组织配备完善，操作保护用具齐备。

5）工作接地和保护接地符合设计要求。

6）通信联络设施足够可靠。

7）所有开关设备都处于断开位置。

（13）以上各项工作检查完毕并符合要求后，所有人员应离开将要带电的设备及系统。未经值长许可登记，不得擅自再进行任何检查和检修工作。

（14）带电或启动条件齐备后，应有指挥人员按技术要求指挥操作，操作应按 GB 26164.1—2010《电业安全工作规程（热力和机械部分）》有关规定实行。

（15）电气设备在进行耐压试验前，应先测定绝缘电阻。用摇表测定绝缘电阻时，被测设备应确定与电源断开，试验中应防止与人体接触，试验后被试设备必须放电。

（16）使用钳型电流表时，其电压等级应与被测电压相符，测量时应戴绝缘手套，测量高压电缆线路的电流时，钳型电流表与高压裸露部分距离应不小于规定数值。

（17）操作酸、碱管路的仪表、阀门时，不得将面部正对法兰等连接件。

（18）运行中的表计如需要更换或修理而退出运行时，仪表阀门和电源开关的操作均应遵照规定的顺序进行泄压、停电后，在一次门和电源开关处应挂"有人工作，严禁操作"标示牌。

（19）在远方操作调整试验时，操作人与就地监护人在每次操作中应相互联系，及时处理异常情况。

（20）脱硫废水系统调试时，涉及酸、碱的地点应备有清水、毛巾、药棉和急救用药液。

（21）氨区系统调试时，严格执行氨区安全管理制度。

（22）氨区操作时，应设有监护人员，并配置有安全防护用具。

（23）卸氨等操作时，应严格按照操作规程进行操作，保持与控制室联系畅通。

（24）氨区系统应配有洗眼器、2%～3%硼酸水、硫代硫酸钠饱和溶液、柠檬水等溶液。

2．职业健康管理及预防措施

（1）在高尘区域工作时，如石灰石制粉或制浆系统调试时，必须戴口罩以防止灰尘对呼吸系统的伤害。

（2）在有噪声的环境中工作时，要戴好耳塞，以防止耳朵受到伤害。

（3）氨储存及制备系统调试时，应备有防护面罩、正压呼吸器等，防止氨气对人体呼吸系统、眼睛等伤害。

（4）禁止健康状况出现异常的情况下进行调试活动。

3．环境管理及污染预防措施

（1）在脱硫、脱硝系统调试过程中，应树立环境保护意识。

（2）氨储存及制备系统调试期间，液氨储罐及管道气密性试验应严格遵守相关规范，并严格检查。避免系统进氨后造成大量泄漏以污染环境。

4．文明调试管理措施

（1）树立文明调试的意识，工作完场地洁。

（2）调试用的工具和器具应保护、保养好，确保器具的完好。

（3）调试用的试验与测量仪器、仪表应维护、保养，经检定合格，并在准用期内。

（4）不在调试现场禁止吸烟区内吸烟。文明、安全行为一贯化。

（5）调试人员统一着装，佩戴相应标志，各种行为符合相应的规定。

（6）严格执行调试技术纪律，不得随意修改设计图样、制造厂技术要求、部颁规程规定，要变更技术要求、规范等，须经有关方面确认批准后，方可进行调试工作。

（7）加强对设备成品的保护，在调试过程中，采取有效方法，不使成品受到损伤。

（8）化学专业用的固、液体药品，要有检验后的合格证，物品的堆放位置明确、标志明显，并确保安全距离，防止变质。

（9）办公室内的生活用品、文件等归放整齐、合理。做好防火、防雨、防盗措施，定期进行大扫除，保持室内整洁。

 1000 MW 超超临界机组调试技术丛书 环保////////////

第三章

脱 硫 分 部 试 运

第一节 公 用 系 统

一、系统简介

公用系统包括工艺水系统、压缩空气系统及事故浆液排放系统等。其中,工艺水系统和压缩空气系统是烟气脱硫工程调试过程中需要最先完成的调试部分。

工艺水系统的主要功能是为脱硫系统提供补充水。脱硫系统的水损耗主要存在于饱和烟气的带出水、副产品石膏的带出水及排放的脱硫废水,这些水损耗需要通过工艺水的连续补充来保证脱硫系统的水量平衡。

脱硫系统的工艺水水源一般是从厂区工业水系统引入脱硫工艺水箱,然后通过工艺水泵送至脱硫系统的各用水点。脱硫系统的主要用水点包括吸收塔补充水、制浆系统用水、除雾器冲洗水、皮带脱水机用水、GGH 冲洗水、相关设备的冷却水、相关浆液输送设备、管路的冲洗水、转动机械的冷却密封用水等。

压缩空气系统一般包括仪用压缩空气和杂用压缩空气两部分。一般脱硫工程设计中,仪用压缩空气气源来自主厂房的仪用压缩空气母管,向各仪用压缩空气点供气;杂用压缩空气由脱硫系统专用空气压缩机提供,主要用于 GGH 等的气力吹灰。有一些电厂脱硫系统的压缩空气仅采用仪用压缩空气而不设杂用压缩空气,GGH 等的气力吹灰也使用仪用压缩空气。

事故浆液排放系统是收集烟气脱硫装置正常运行、设备检修、吸收塔停运或者事故情况下的浆液并将其存储的系统。

二、系统组成及主要设备

公用系统的主要设备包括工艺水箱、工艺水泵、事故浆液箱、搅拌器、事故浆液返回泵、排水坑、排水坑搅拌器、排水坑泵、空气压缩机、储气罐等。

1. 工艺水系统

工艺水系统主要包括工艺水箱、液位计、工艺水泵及相关的管道、阀门等。

工艺水系统为整个烟气脱硫系统提供水源,包括管道冲洗、除雾器冲洗、石灰石浆液制备、烟气冷却喷淋、GGH 冲洗、表计冲洗、真空皮带脱水系统用水等。

脱硫系统内的不同用户对水质的要求是不同的。脱硫系统内水质要求比较高的用户有真空皮带脱水机的石膏冲洗水,增压风机、氧化风机和其他设备的冷却水及密封水,水环式真空泵用水等。脱硫系统内水质要求比较低的用户主要有石灰石浆液制备用水,GGH 冲洗水，吸收塔补给水，除雾器冲洗用水，所有浆液输送设备、输送管路、储存箱的冲洗水，吸收塔干湿界面冲洗水、氧化空气管道冲洗水等。

一般情况下，脱硫系统的工艺水泵设置一用一备，除雾器的冲洗水设有单独的除雾器冲洗水泵。

2. 压缩空气系统

压缩空气系统主要包括空气压缩机、干燥器、油水分离器、空气过滤器、空气罐及相关管道等。

压缩空气系统包括仪用压缩空气和杂用压缩空气两部分。其中的仪用压缩空气主要是供热控仪表专用，一般是连续运行；杂用压缩空气是供脱硫系统检修、GGH 吹扫等的用气，是间断式非定期运行的。

一般情况下，脱硫装置供仪表吹扫用的仪用空气由仪用气储气罐通过仪用空气压缩机提供，供设备检修用的杂用空气由杂用气储气罐通过杂用空气压缩机提供。脱硫 GGH 吹扫用的压缩空气一般由专设的 GGH 空气压缩机提供。

脱硫系统的压缩空气系统也可以不单独另设，直接从主厂房接入。

3. 事故浆液排放系统

事故浆液排放系统主要包括事故浆液箱及搅拌器、事故浆液返回泵、排水坑、排水坑搅拌器、排水坑泵等。

在烟气脱硫装置正常运行、设备检修及日常清洗维护中，都会产生一定的排出物，如运行时各设备冲洗水、管道冲洗水、吸收塔区域冲洗水等，排出物集中到相应的吸收塔区、脱水区、制浆区等的排水坑内，待排水坑内浆液集到一定高度后，启动排水坑泵将坑内液体输送到吸收塔内循环利用或者输送到事故浆液池中。脱硫系统的排水坑均进行防腐处理并配有搅拌器，以防止石膏等的沉积。

脱硫系统的事故浆液箱用于存储吸收塔检修、停运或事故情况下排放的浆液。事故浆液箱内配有搅拌器，以防止浆液发生沉淀。吸收塔浆液通过吸收塔石膏浆液排出泵输送到事故浆液箱中，事故浆液箱中的浆液可以通过事故浆液返回泵送回到吸收塔。

三、调试前应具备的条件

完成公用系统的调试是保证整个脱硫工程调试按期完成的基础。公用系统的设备虽然相对较少，但由于脱硫工程的工期偏紧等原因，调试期间周围的工作环境往往不太理想，往往期间的安装与调试存在交叉的现象。

公用系统调试前，应具备的条件包括机务、电气、热工、土建等多方面，主要有以下三种：

1. 土建应具备的条件

（1）公用系统的土建工作完成，防腐施工完毕，排水沟道畅通，栏杆齐全，临时孔洞装好护栏或盖板，平台有正规的楼梯、通道、过桥、栏杆及其底部护板。

（2）试运区域的场地平整，道路畅通，沟盖板齐全，满足现场调试要求。

（3）试运区域的脚手架及各种临时围挡设施全部拆除，环境清理干净。

（4）试运区域的现场照明满足调试巡检要求。

（5）试运区域配备有足够数量合格有效的消防器材。

2. 基建安装应具备的条件

（1）动力、控制、照明等电源施工结束，经验收合格可用、安全可靠。

（2）公用系统的泵、阀门、管路及仪表等设备设施安装完毕。

（3）压缩空气管道安装完毕，吹扫结束。

（4）系统泵、阀门、搅拌器的电气接线完毕，经验收能够满足远操条件。

（5）系统泵、阀门、搅拌器的热工接线完毕，经验收能够满足远操条件。

（6）系统各类阀门调试已经完成，阀门操作灵活，严密性合格。

（7）系统各水箱、水坑等的液位计等在线化学仪表调试完成，合格可用。

（8）相关设备的单体试转已经完成，经验收合格。

（9）系统相关泵、阀门、搅拌器、水箱的联锁保护模拟试验结束，经验收合格。

（10）事故按钮安装调试完成，经验收合格。

3. 生产准备应具备的条件

（1）试运期间相关调试单位的人员均到位，调试组织分工明确。

（2）试运人员经过调试运行培训并考试合格。

（3）调试期间的试运人员分工明确，责任界限清楚，全程服从调试人员的指挥。

（4）运行值班人员熟悉本职范围内的系统及设备，熟悉系统的操作程序。

（5）试运期间的操作记录正确无误，操作及接班人员签字以明确责任。

（6）生产准备部门配备相关的设备操作和化学分析人员。

（7）系统各设备、阀门悬挂编号、名称、标志牌。

（8）试运区域的现场通讯设备方便可用，满足现场调试要求。

（9）相关设备的单体调试完成并经监理等单位验收合格。

（10）调试单位完成系统调试措施的交底并记录。

（11）分系统调试条件的检查卡已由调试单位准备完毕。

四、调试方法步骤

公用系统中的工艺水系统和压缩空气系统是烟气脱硫工程调试过程中需要最先完成的调试部分，其他任何分系统和系统的调试都是建立在工艺水和压缩空气系统调试合格的基础上才能开展的。

1. 工艺水系统调试

（1）试运前的检查。

1）工艺水箱、泵、管道基础牢固，螺栓紧固符合规范。

2）系统相应的阀门安装合理。

3）工艺水箱的液位计安装完毕，符合规范要求。

4）确认工艺水箱内部杂物清理干净。

5）工艺水箱及相关管道、阀门用工业水冲洗完毕且验收合格。

6）系统相关泵的润滑油油位正常。

7）手动转泵，检查泵的转动顺畅，符合试运要求。

8）系统管道通过水压试验并合格，水压试验压力一般不低于设计压力的 1.25 倍。

9）泵在试验位置的联锁保护试验完成并且合格。

（2）阀门传动检查。

工艺水系统的试运，首先需要进行相关阀门的传动检查。

在 CRT（一种使用阴极射线管的显示器）上操作工艺水系统范围内的阀门，包括工艺水箱补水门，工艺水泵的进出口门等，要求阀门开关灵活、位置反馈正确、无卡涩现象。调节门的刻度指示应准确，位置反馈正确，至少进行 0、25％、50％、75％和 100％五个开度的开关操作，确保就地指示与 DCS 的反馈一一对应。

（3）工艺水箱注水。

在 CRT 上操作工艺水箱补水门对工艺水箱进行注水，注水至工艺水箱的设定高限值，满足工艺水泵的试运要求，期间同时进行工艺水箱液位计的校准。

（4）工艺水泵单体试运。

首先拆下水泵的联轴器，检查电动机的绝缘是否合格。经检查电动机的绝缘合格以后，先单独点动电动机，检查电动机的转向是否准确。待检查电动机的转向准确以后开始进行工艺水泵电动机的 2h 单体试运，试运期间测量电动机的温度、振动、电流，若发现异常情况，应立即停止试运，处理正常后方可继续试运。

工艺水泵及公用系统其他水泵试运期间的常见问题有以下几种：

1）泵体振动大：主要原因有泵基础下沉，机座刚度不足，安装不牢固等。

2）泵电动机过热：主要原因有泵转动与静止部件发生摩擦，泵出力明显大于许可出力，冷却水流量不足，冷却水质不良，泵过载等。

3）泵轴封漏水及发热：主要原因有密封盘根安装不当，密封盘根磨损严重，密封水量不足，冷却水量不足，冷却水质不良等。

（5）工艺水系统的联锁保护试验。

工艺水系统的联锁保护试验包括工艺水箱液位条件与水箱补水门自动开关的联锁试验，以及工艺水泵的联锁保护试验。

工艺水箱液位与水箱补水门自动开关的联锁试验内容见表 3-1，不同电厂的联锁试验项目和定值可能有所不同。

表 3-1　　　工艺水箱液位条件与水箱补水门自动开关的联锁试验

序号	联锁保护试验内容	备注
1	工艺水箱液位小于 Lm，水箱补水门自动开启	投自动位时
2	工艺水箱液位大于 Hm，水箱补水门自动关闭	投自动位时

工艺水泵的联锁保护试验包括工艺水泵的启动允许条件和泵保护停条件。工艺水泵启动、停止等的联锁保护试验内容见表 3-2，具体的联锁保护试验项目和定值不同的电厂可能有所不同。

表 3-2　　　　　　　　工艺水泵的联锁保护试验

序号	联锁保护试验内容	备注
1	工艺水泵之间互为连锁	
2	工业水泵事故按钮动作，工艺水泵停止	
3	工艺水泵启动允许条件：工艺水箱液位大于低值 液位且泵入口阀门开启	

序号	联锁保护试验内容	备注
4	工艺水箱液位小于低值液位，工业水泵保护停	
5	工艺水泵运行且泵入口阀门未开启，工业水泵保护停	

（6）工艺水系统试运。

工艺水泵的电动机 2h 试运合格以后联上联轴器，启动工艺水泵，进行工艺水系统的 4h 试运。试运过程中，记录工艺水泵及电动机的轴承温度和振动情况，有无异常的声音，同时观察运行中润滑油的油位变化情况，记录运行电流等。若发现异常情况，应立即停止试运，处理正常后方可继续试运。

工艺水系统试运期间，重点考核工艺水泵的电流、进/出口压力等运行参数。同时，通过调整工艺水箱回水管道上的压力调节阀，调节工艺水压力至符合设计要求。

2. 压缩空气系统调试

（1）试运前的检查。

1）空气压缩机基础牢固、螺栓紧固，二次灌浆强度达到相关要求。

2）空气压缩机各部分的间隙符合要求。

3）空气压缩机轴承、油路、填料、气缸等完好。

4）空气压缩机各运转部件和静止部件的紧固及防松情况满足要求，调整活动支撑并加润滑油。

5）空气压缩机各部分的供油情况正常，油量足够，油质清洁。

6）空气压缩机出、入口各处的热工仪表安装合理。

7）空气压缩机在试验位置的联锁保护试验完成并且合格。

（2）空气压缩机单体试运。

首先瞬时启动空气压缩机后立即停止，经检查无异常声音、摩擦等不正常现象以后再启动空气压缩机进行 4h 试运。试运期间，空气压缩机应运转平稳，各运行部件无异常声音，各连接法兰、轴封、进气阀、排气阀、气缸盖等处无漏油、漏水、漏气现象。

空气压缩机 4h 试运过程中，需要检查空气压缩机润滑油的供油压力、温度，各级排气温度、压力及电动机的轴承温度、振动、电流等是否符合设计要求。

压缩空气系统试运期间，空气压缩机的常见问题主要有以下几点：

1）气缸部分振动异常：主要原因有填料磨损，活塞环磨损，垫片未调整到位存在松动，气缸内有异物掉入，配管由于空气压缩机启动引起的共振，支撑设计或安装不合理等。

2）运动部件声音异常：主要原因有连接螺栓、轴承盖螺栓、十字头螺母存在松动或者断裂，主轴承连杆、大小头滑道的间隙过大，轴瓦与轴承座有间隙、接触不良，曲轴与联轴器配合松动等。

3）气缸内声音异常：主要原因有气阀故障，气缸余隙容积过小，润滑油量偏高，空气含水量偏高产生水击，气缸内有异物，气缸套存在松动或者断裂，活塞杆螺母、活塞螺母松动，填料破损等。

4）气缸发热：主要原因有空气压缩机冷却水过少，气缸润滑油过少，有污物带进气缸造成镜面拉毛等。

5）排气温度超过正常温度：主要原因有空气压缩机的吸入温度超过设计值，气缸的冷却效果不佳，冷却器的冷却效果不佳，排气阀泄漏等。

6）机级间压力高：主要原因有吸、排气阀安装有误，吸、排气阀损坏，活塞环泄漏，第一级吸入压力过高，后一级的进气阀、排气阀损坏，管路的阻力过大等。

7）机级间压力低：主要原因有第一级进气阀、排气阀损坏引起排气不足，第一级活塞环泄漏过大，第一级排出与后一级吸入之间存在泄漏，吸入管道阻力过大等。

8）排气量达不到设计要求：主要原因有填料密封损坏，填料漏气，第一级气缸余隙容积过大，第一级气缸设计余隙容积过小，低压级气阀泄漏等。

9）机填料漏气：主要原因有油品不符合要求，空气质量不符合要求，活塞存在拉毛现象，回气管路不通畅，填料的装配不合理等。

（3）压缩空气系统试运。

空气压缩机单体试运合格以后，首先进行压缩空气管道的吹扫。启动空气压缩机对压缩空气管道进行吹扫，吹扫时可采用盲板或加装临时管道。吹扫干净后装上正式管道、仪表及安全阀。

安装好安全阀以后进行安全阀的调整。启动空气压缩机，缓慢升压，当达到规定的启跳值后，安全阀应动作，记录安全阀的启回座压力，合格后将其铅封。

（4）空气压缩机的联锁试验。

空气压缩机的联锁试验内容包括压力低时，空气压缩机自动启动，压力高时，空气压缩机自动停止，两台空气压缩机之间互为备用等。

根据正式出版的逻辑及定值，完成空气压缩机的联锁试验，主要的联锁试验见表 3-3，具体的联锁试验项目和定值不同的电厂可能有所不同。

表 3-3　　　　　　　　　　　　　　空气压缩机的联锁试验

序号	联锁保护试验内容	备注
1	空气压缩机之间互为连锁	
2	压缩空气压力小于低值压力，空气压缩机自动启动	投自动位时
3	压缩空气压力大于高值压力，空气压缩机自动停止	投自动位时

3. 事故浆液排放系统调试

（1）试运前的检查。

1）事故浆液箱、排水坑、搅拌器、泵、管道的基础牢固，螺栓紧固。

2）系统相应的阀门安装合理。

3）事故浆液箱、排水坑、管道、阀门用工业水冲洗完毕且验收合格，具备进水条件。

4）相关泵、搅拌器的润滑油油位正常。

5）手动转泵、搅拌器，检查并确定其转动顺畅。

6）石膏浆液箱、排水坑等的液位计校验合格准确。

7）泵、搅拌器的皮带张紧力合适，符合厂家的规定。

8）泵、搅拌器在试验位置的联锁保护试验完成并且合格。

9）工艺水系统、压缩空气系统调试完成并通过验收合格。

（2）阀门传动检查。

在 CRT 上操作事故浆液排放系统范围内的阀门，要求阀门开关灵活、位置反馈正确、无卡涩现象。

（3）事故浆液箱/排水坑注水。

在事故浆液箱和排水坑注水之前，首先测量搅拌器的安装高度，确定搅拌器启动的最低液位。

启动工艺水系统，向事故浆液箱、排水坑注水至一定液位，满足泵和搅拌器的试运要求。

（4）搅拌器单体试运。

检查搅拌器电动机绝缘，确认绝缘合格。如果绝缘电阻过小，可能是绕组受潮，启动前应彻底干燥，搅拌器电动机送电前，测量绝缘应合格。绝缘合格以后启动搅拌器，待搅拌器运行稳定以后用事故按钮停下，确认各部件无摩擦等异常现象，检查搅拌器转向准确。

以上试运合格以后进行搅拌器的 2h 试运，试运期间定期测量轴承温度、振动，并检查机械密封和法兰连接等，若发现异常情况，应立即停止试运，处理正常后方可继续试运。试运期间，搅拌器应运转平稳，无异常噪声，轴承温度正常。对于带润滑泵的齿轮箱，当润滑油泵启动进行油循环以后，需要再次检查油位。

搅拌器试运期间的常见问题主要有以下两种：

1）搅拌器轴承温度升高异常：主要原因有润滑油量过多，润滑油量过少，润滑油的油质达不到要求，搅拌器的冷却水水量不足，搅拌器轴承损坏等。

2）搅拌器驱动电动机转动，但搅拌器不动：主要原因有搅拌器皮带打滑，齿轮已经损坏，填料箱过紧等。

（5）泵单体试运。

首先拆下泵的联轴器，检查电动机绝缘是否合格。电动机绝缘合格以后单独点动泵电动机，检查电动机转向的准确性，然后进行电动机的 2h 试运，试运期间测量电动机的温度、振动、电流，若发现异常情况，应立即停止试运，处理正常后方可继续试运。

由于浆液泵的启动条件一般要求搅拌器运行，因此搅拌器的试运一般和对应浆液泵的试运一起进行。

（6）事故浆液排放系统的联锁保护试验。

事故浆液排放系统的联锁保护试验主要包括事故浆液泵和排水坑泵及搅拌器的联锁保护试验。

1）泵的联锁保护试验。事故浆液泵/排水坑泵的联锁保护试验内容见表 3-4，不同电厂的联锁保护试验项目和定值可能有所不同。

表 3-4　　　　　　　　　　事故浆液泵/排水坑泵的联锁保护试验

序号	联锁保护试验内容	备注
1	事故浆液泵/排水坑泵事故按钮动作，事故浆液泵/排水坑泵停	
2	浆液箱/排水坑液位大于 H_1（m），事故浆液泵/排水坑泵允许启动	
3	浆液罐/排水坑液位大于 H_2（m），事故浆液泵/排水坑泵自动启动	投自动位时
4	浆液箱/排水坑液位小于 H_3（m），事故浆液泵/排水坑泵自动停止	投自动位时
5	浆液箱/排水坑液位小于 H_4（m），事故浆液泵/排水坑泵保护停	

2）搅拌器的联锁保护试验。搅拌器的联锁保护试验内容见表3-5，不同电厂的联锁保护试验项目和定值可能有所不同。

表 3-5　　　　　　　　　　　　　搅拌器的联锁保护试验

序号	联锁保护试验内容	备注
1	搅拌器事故按钮动作，搅拌器停	
2	浆液箱/排水坑液位大于 H_1（m），搅拌器允许启动	
3	浆液罐/排水坑液位大于 H_2（m），搅拌器自动启动	投自动位时
4	浆液箱/排水坑液位小于 H_3（m），搅拌器自动停止	投自动位时
5	浆液箱/排水坑液位小于 H_4（m），搅拌器保护停	

（7）事故浆液排放系统试运。泵和搅拌器的单体试运合格以后，首先启动搅拌器，待搅拌器运行稳定以后，连上泵的联轴器启动事故浆液泵和排水坑泵，进行事故浆液排放系统的4h试运。试运期间定期测量泵的电流、进/出口压力等参数，确定是否满足设计要求。

五、调试质量验收

公用系统的分系统试运结束以后，应按照 DL/T 5295—2013《火力发电建设工程机组调试质量验收及评价规程》和 DL/T 5403—2007《火电厂烟气脱硫工程调整试运及质量验收评定规程》的要求及时办理相关系统、设备的验收签证和分系统验评工作，验收签证的格式见附录部分。

DL/T 5295—2013《火力发电建设工程机组调试质量验收及评价规程》中，工艺水系统调试质量验评标准见表3-6。

表 3-6　　　　　　　　　　　工艺水系统调试质量验收表

检验项目		性质	单位	质量标准	检查方法
联锁保护及信号		主控		全部投入、动作正确	检查记录
顺控功能组		主控		步序、动作正确	查看记录
状态显示		主控		正确	观察
热工仪表		主控		校验准确，安装齐全	观察、检查
管道	严密性			无泄漏	观察
	冲洗			清洁、无杂物	查看记录
	液位指示	主控		指示正确	观察
	液位报警			正确	观察
手动阀	严密性	主控		门芯严密、法兰不泄漏	查看记录
	开关操作			方向正确，操作灵活	查看记录
电动阀	严密性	主控		不泄漏	查看记录
	手动、电动切换			灵活、可靠	查看记录
	全开、全关时间			符合设计要求	查看记录
	阀位指示			正确、可靠	查看记录
	限位开关及力矩保护			正确、可靠	查看记录

续表

	检验项目	性质	单位	质量标准	检查方法
工艺水泵	轴承振动	主控		符合 GB 50275—2010 规定	测量
	轴承温度		℃	符合设计要求	测量
	电流		A	符合设计要求	测量
	出口压力	主控	MPa	符合设计要求	观测
	法兰、盘根			无泄漏	观察
工艺水箱	液位指示	主控		指示正确	观察
	液位报警			指示正确	观察
	溢流管			试运正常，无异常	观察
除雾器冲洗水泵	电流		A	符合设计要求	观测
	压力		MPa	符合设计要求	观测
	振动		mm	符合设计要求	观测
止回阀				动作灵活，不泄漏	观察

第二节　吸收剂供应及制备系统

一、系统简介

吸收剂供应及制备系统的设计，一般满足发电厂部分或者全部机组烟气脱硫工程的吸收剂用量。目前，燃煤电厂烟气脱硫工程使用最广的脱硫吸收剂为石灰石，以下吸收剂供应及制备系统以吸收剂石灰石的供应及制备为例来进行介绍。

烟气脱硫工程吸收剂供应及制备系统一般包括石灰石供应系统和石灰石浆液制备系统。其一般流程是：吸收剂石灰石通过船舶、列车、汽车等交通工具运至电厂，经过下料斗、给料机、皮带输送机等装置输送至石灰石料仓储存。石灰石通过皮带给料机输送至石灰石球磨机，完成磨粉后制成石灰石浆液存储于石灰石浆液箱。石灰石浆液再由浆液输送泵输送至脱硫吸收塔内，补充与 SO_2 反应消耗了的吸收剂。

二、系统组成及主要设备

吸收剂供应及制备系统的主要功能是将脱硫吸收剂石灰石或者石灰石粉制成合格的石灰石浆液，供吸收塔补充石灰石浆液使用。

脱硫工程吸收剂主要有石灰石和石灰石粉两种形式。吸收剂为石灰石时，首先需要进行石灰石的磨制。石灰石的磨制方式主要有干式球磨机制粉和湿式球磨机制浆两种方法。吸收剂为石灰石粉时，直接制浆。

吸收剂为石灰石时，脱硫工程吸收剂供应及制备系统的主要设备包括石灰石卸料斗、振动给料机、皮带输送机、石灰石料仓、石灰石球磨机、石灰石浆液箱、石灰石浆液泵等。

1. 石灰石供应系统

石灰石供应系统的工艺流程是运输来厂的石灰石块通过石灰石卸料斗、振动给料机、斗式提升机、螺旋输送机输送到电厂的石灰石料仓存储。

石灰石供应系统的工艺流程如图 3-1 所示。

石灰石卸料斗接受船舶、列车、卡车等交通工具运来的石灰石块，卸料斗的斗口设置有格栅，以防止大粒径的石灰石进入下游输送设备，卸料间的顶部设有布袋除尘器及排风机，以排出石灰石块中夹带的石灰石粉和卸料时产生的灰尘。振动给料机设置在卸料斗的出口处，作用是为斗式提升机输送石灰石块，给料机的给料量可以调节。振动给料机的上方设有除铁器，其作用是除去石灰石中的金属杂质。斗式提升机的作用是将石

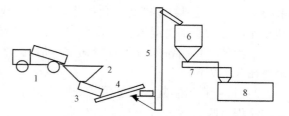

图 3-1 石灰石供应工艺流程图

1—运输设备；2—卸料斗；3—振动给料机，4—皮带输送机；5—斗式提升机；6—石灰石料仓；7—称重皮带机；8—石灰石球磨机

灰石块提升到石灰石仓顶部，每台斗式提升机的出力与 1 台振动给料机的出力相匹配。螺旋输送机设置在斗式提升机的出料口和石灰石料仓之间。

符合要求的外购石灰石碎石运输进厂，经过初步破碎以后，经筛选机筛选，直径大于5mm 的石灰石用工艺水冲洗，除去其中大部分的可溶性氯化物、氟化物及其他一些杂质，经过皮带烘干机烘干以后通过提升机送至石灰石料仓。

2. 石灰石浆液制备系统

（1）石灰石干式制浆。

石灰石干式制浆由干式球磨机制粉和石灰石粉制浆两部分组成，经过干式球磨机制粉以后的石灰石粉制浆流程与吸收剂为石灰石粉的制浆系统相同。

1）干式球磨机制粉。

干式球磨机制粉的工艺流程如图 3-2 所示。

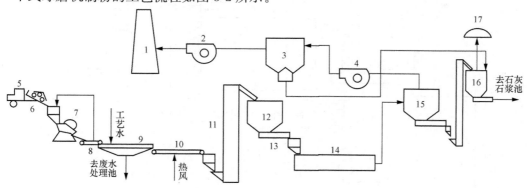

图 3-2 干式球磨机制粉的工艺流程图

1—烟囱；2—引风机；3—电除尘器；4—高温风机；5—运输车；6—受料机；7—破碎机；8—筛选机；
9—皮带洗涤机；10—皮带烘干机；11—斗式提升机；12—半成品仓；13—给料机；14—球磨机；
15—旋风分离器；16—石灰石仓；17—袋式除尘器

石灰石料仓内的石灰石碎料通过称重给料机均匀送至石灰石球磨机进行磨粉，粉料出球磨机以后送入旋风分离器分离，合格的石灰石粉输送到石灰石粉仓，不合格的石灰石粗粉回收以后重新进入球磨机内再研磨。旋风分离器出口气粉混合物中的细粉经气箱脉冲袋式除尘器收集后送入石灰石粉仓。

石灰石料应密切注意其水分含量，进入石灰石干粉球磨机的入磨物料的表面水分一般要

求小于 1%，否则容易严重恶化操作，甚至造成糊磨、堵塞。同时，应该注意氯化物、氟化物和煤灰等杂质不要混入石灰石料中，避免影响脱硫系统的正常运行和脱硫石膏的品质。

干粉球磨机制备的石灰石粉细度一般为 325 目（约为 $45\mu m$），过筛率在 95% 以上或筛余率在 5% 以下。

2）石灰石粉制浆。经过干式球磨机制出的石灰石粉送至石灰石粉仓储存，石灰石粉制浆的流程见吸收剂为石灰石粉的制浆。

石灰石粉经粉仓底的给料机输送到石灰石浆液池，通过工艺水泵和调节阀门将工艺水注入石灰石浆液池，调节石灰石浆液的密度至 $1230kg/m^3$（含固量 30%）。在石灰石浆液泵的出口管道设有石灰石浆液密度监测点，从而保证 30% 的石灰石浆液的制备和供应。

（2）石灰石湿式制浆。石灰石湿式制浆即湿式球磨机制浆的工艺流程如图 3-3 所示。

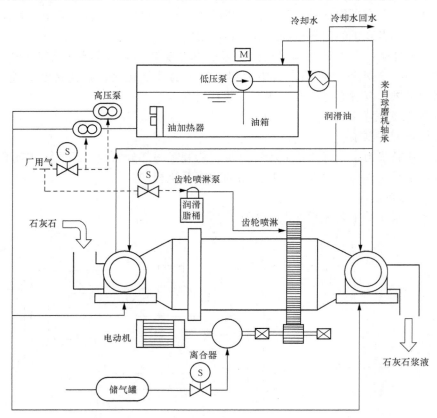

图 3-3　湿式球磨机制浆的工艺流程图

湿式球磨机制浆系统的作用是将符合要求的石灰石料磨制成石灰石浆液。符合要求的石灰石料通过称重皮带给料机送至湿式石灰石球磨机，湿式石灰石球磨机制成的石灰石浆液送入湿式球磨机浆液箱。浆液再由湿磨机浆液泵送入石灰石浆液旋流站，对石灰石浆液进行分选，旋流器中的稀浆液送至石灰石浆液池，用作吸收塔浆液的补充，下层的稠浆液送入湿磨机重新磨制。

（3）石灰石干式与湿式制浆的差异。

在火电厂烟气脱硫工程中，吸收剂干式制浆和湿式制浆均有成熟的应用，干式制浆和湿式制浆在石灰石块料入磨之前的工序基本相同。

石灰石干式与湿式制浆之间的主要性能比较如下：

1）湿式制浆系统省去了干式制浆所需的复杂的气力输送系统，以及诸如高温风机、气粉分离等设备，系统得到了简化，占地面积小，设备发生故障的可能性大为降低。

2）虽然湿式制浆球磨机比干式制浆球磨机的电耗高，但就整个吸收剂的供应系统而言，湿式制浆比干粉制浆的运行费用要低 8%～15%。

3）与干式制浆相比，湿式制浆对石灰石粉量和粒径的调节更方便。干粉制浆主要通过调整球磨机的运行参数来实现，而湿式制浆除了通过调整球磨机的运行参数以外，还可以通过调整水力旋流器的性能参数来实现。

4）干式制浆需要注意扬尘问题，湿式制浆需要注意浆液泄漏外流问题。

5）干式制浆球磨机的噪声相对要比湿式制浆球磨机高。

6）一般干式制浆系统的初始投资比湿式制浆系统要高 20%～35%。

（4）石灰石粉制浆。

石灰石粉的制浆与石灰石干式球磨机制粉以后的石灰石粉制浆相同。

石灰石粉制浆系统主要包括石灰石浆液箱及搅拌器、石灰石浆液泵、石灰石粉仓及除尘器、石灰石粉给料机及计量装置、流化风系统等。其中的流化风系统一般由流化风机、油水分离器、加热器、流化风板及相应的管道、阀门组成。

石灰石粉制浆的工艺流程如图 3-4 所示。

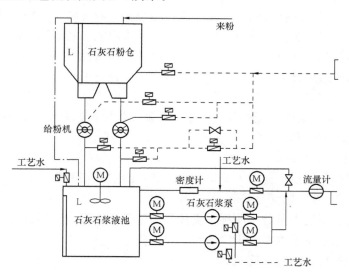

图 3-4 石灰石粉制浆的工艺流程图

符合要求的外购石灰石粉经石灰石粉仓底的给料机输送到石灰石浆液池，同时通过工艺水泵和调节阀门将工艺水注入石灰石浆液池，调节石灰石浆液密度至 1230kg/m³（含固量30%）。石灰石浆液池中设有搅拌器，以防止石灰石浆液的沉淀，浆液池中的浆液经石灰石浆液泵送至脱硫吸收塔。

由于石灰石粉密度小、具有黏附性和荷电性、容易结块等特性，会导致石灰石粉的流通不畅，因此在石灰石粉仓底部设置有流化风机，使仓内石灰石粉呈流态化。

一般燃煤电厂根据吸收剂供应的具体情况，经过技术经济比较以后，再选定吸收剂的供应及制备方案。目前，我国 1000MW 机组火电工程脱硫吸收剂的供应及制备形式，主要是以石灰石为吸收剂，通过湿式球磨机完成浆液制备。以下吸收剂供应及制备系统的试运，以湿式球磨机的浆液制备和石灰石粉的制浆为例来介绍。

三、调试前应具备的条件

1. 土建应具备的条件

（1）系统土建工作完成，排水沟道畅通，栏杆齐全，临时孔洞装好护栏或盖板，平台有正规的楼梯、通道、过桥、栏杆及其底部护板。

（2）试运区域的场地平整，道路畅通，沟盖板齐全，满足现场调试要求。

（3）试运区域的脚手架及各种临时围挡设施全部拆除，环境清理干净。

（4）试运区域的现场照明满足调试巡检要求。

（5）试运区域配备有足够数量的合格有效的消防器材。

2. 基建安装应具备的条件

（1）动力、控制、照明等电源施工结束，经验收合格可用、安全可靠。

（2）系统的泵、阀门、管路及仪表等设备设施安装完毕。

（3）压缩空气管道安装完毕，吹扫结束。

（4）石灰石浆液制备区地坑的内部防腐完成，并通过相关验收。

（5）石灰石磨粉系统的润滑油系统压力试验合格，油质符合要求。

（6）系统泵、阀门、搅拌器的电气接线完毕，经验收能够满足远操条件。

（7）系统泵、阀门、搅拌器的热工接线完毕，经验收能够满足远操条件。

（8）系统各类阀门调试已经完成，阀门操作灵活，严密性合格。

（9）系统箱体的液位计等在线化学仪表调试完成，合格可用。

（10）相关设备的单体试转已经完成，经验收合格。

（11）系统相关泵、阀门、搅拌器、水箱的联锁保护模拟试验结束，经验收合格。

（12）事故按钮安装调试完成，经验收合格。

3. 生产准备应具备的条件

（1）试运期间相关调试单位的人员均到位，调试组织分工明确。

（2）试运人员经过调试运行培训，并考试合格。

（3）调试期间的试运人员分工明确，责任界限清楚，全程服从调试人员的指挥。

（4）运行值班人员熟悉本职范围内的系统及设备，熟悉系统的操作程序。

（5）试运期间的操作记录正确无误，操作及接班人员签字以明确责任。

（6）生产准备部门配备相关的设备操作和化学分析人员。

（7）系统各设备、阀门悬挂编号、名称、标志牌。

（8）试运区域的现场通信设备方便可用，满足现场调试要求。

（9）相关设备的单体调试完成，并经监理等单位验收合格。

（10）调试单位完成系统调试措施的交底并记录。

（11）分系统调试条件的检查卡已由调试单位准备完毕。

（12）压缩空气系统已经通过试运，并验收合格。

（13）工艺水系统已经通过试运，并验收合格。

四、调试方法步骤

1. 石灰石供应系统

（1）给料输送机、斗式提升机试运。

1）启动前检查。给料输送机启动前检查包括给料输送机的基础牢固，螺栓紧固；皮带主轮、尾轮安装良好，托辊齐全，皮带无破裂损伤，不打滑；受料槽安装正确，无破损；给料输送机的电动机绝缘合格。给料输送机在试验位置的联锁保护试验完成并且合格。

斗式提升机启动前检查主要包括斗式提升机的驱动装置安装牢固；竖井内无障碍物；斗与皮带连接应完好、牢固；各料斗无磨损和变形；调紧装置灵活无卡涩；皮带无跑偏现象，接头连接牢固。

2）给料输送机、斗式提升机试运。首次启动给料输送机、斗式提升机，当运行平稳后用事故按钮停下，观察各部件有无异常现象及摩擦声音。如果存在摩擦声音或者其他异常现象，应立即处理，待确认正常后，进行给料输送机、斗式提升机的 2h 试运。

给料输送机、斗式提升机试运要求运转平稳，无卡涩现象，润滑可靠，无摩擦。试运期间，需要测量噪声，电动机温度、振动等，若发现异常情况，应立即停止试运，处理正常后方可继续试运。同时，完成相关的联锁保护试验。

（2）石灰石供应系统的试运。

1）振动给料机、石灰石输送皮带机、斗式提升机等设备处于备用状态。

2）启动石灰石供应系统，对石灰石储仓进行上料。

石灰石供应系统的一般启动程序是：首先启动卸料区除尘风机，然后依次启动斗式提升机、皮带输送机、金属分离器和振动给料机等设备，向石灰石储仓上料。

3）完成石灰石卸料系统的程启、程停调试。

2. 石灰石浆液制备系统

（1）石灰石湿式制浆。

1）启动前检查。石灰石湿式制浆启动前检查包括冷却水管畅通，冷却水量适中；各冷油器外形正常，无漏油和漏水的现象；相关离合器、传动装置、筒体螺栓及大齿轮连接螺栓牢固；进、出口导管法兰等螺栓紧固、完整；大齿轮润滑油系统各油/气管道、支吊架完好；油/气管无堵塞、漏气、漏油现象；喷雾板固定牢固、完好，润滑油箱油位正常。大小齿轮内已加入了足够的润滑油。球磨机盘车装置的推杆进退自如，爪形离合器完好并处于断开位置。液力耦合器外形完好，充油适量；易熔塞完好，无漏油现象；球磨机出口格栅完好、清洁无杂物。电动机的接地良好，测量绝缘合格。石灰石供应系统已调试完毕，并经验收合格。

2）阀门传动检查。石灰石湿式制浆系统试运，首先需要进行阀门的传动检查。在 CRT 上，对系统范围内的阀门逐个检查，包括冲洗水门、石灰石浆液箱补水门等。阀门应开关灵活，无卡涩现象；位置反馈准确；调节门刻度指示准确，位置反馈正确。

3）球磨机油系统试运。湿式球磨机试运，首先需要完成球磨机油系统的试运，首先启动空气压缩机吹扫管道，吹扫合格后将管道与高压顶轴油泵连接好。将润滑油管道、高压油管道与回油管道短接，进行油循环至油质合格，然后将管道恢复，并更换滤网。

完成油系统相关联锁保护试验以后，进行 4h 的油站润滑油泵、高压顶轴油泵的试运行。湿式球磨机油系统的相关联锁保护试验包括低压油泵、高压油泵及油箱加热器的启动、停止、保护等。主要的联锁试验内容见表 3-7，不同电厂的联锁试验项目和定值可能有所不同。

表 3-7　　　　　　　　　　　　湿式球磨机油系统的相关联锁保护试验

序号	联锁保护试验内容	备注
1	低压油泵启动条件：油箱油位高于 H_1（mm），油温高于 T_1（℃）	
2	油箱油位低于 H_1（mm），低压油泵保护停	
3	高压油泵启动条件：油箱油位高于 H_2（mm），油温高于 T_2（℃）	
4	油箱油位低于 H_2（mm），高压油泵保护停	
5	压缩空气压力低于 P_1（MPa），高压油泵保护停	
6	油箱加热器启动条件：油位高于 H_3（mm）	
7	油温低于 T_3（℃），油箱加热器自动启动	投自动位时
8	油温高于 T_4（℃），油箱加热器自动停止	投自动位时
9	油位低于 H_3（mm），油箱加热器保护停	

4）球磨机电动机试运。首先断开球磨机联轴器，首次启动球磨机电动机，待运行平稳以后用事故按钮停下，观察各部件有无异常现象及摩擦声音，待确认运转正常以后开始进行球磨机电动机的 4h 试运。试运期间，测量电动机的转速、电流、振动、轴承温度、噪声等，若发现异常情况，应立即停止试运，处理正常后方可继续试运。

球磨机电动机的试运完成以后，进行球磨机在试验位置的联锁保护试验，模拟试验需要动作灵活准确。不同的球磨机有不同的保护条件。球磨机在试验位置的联锁保护试验，包括球磨机电动机和球磨机的启动、停止、保护等，主要的联锁试验内容见表 3-8（但不限于此）。

表 3-8　　　　　　　　　　　湿式球磨机电动机的相关联锁保护试验

序号	联锁保护试验内容	备注
1	球磨机电动机启动允许条件：供料端轴承温度低于 T_1（℃）；出料端轴承温度低于 T_2（℃）；小齿轮轴承输入端温度低于 T_3（℃）；小齿轮轴承输出端温度低于 T_4（℃）；离合器未投	
2	供料端轴承温度高于 T_1（℃），球磨机电动机保护停	
3	出料端轴承温度高于 T_2（℃），球磨机电动机保护停	
4	小齿轮轴承输入端温度高于 T_3（℃），球磨机电动机保护停	
5	小齿轮轴承输出端温度高于 T_4（℃），球磨机电动机保护停	
6	球磨机停止，球磨机电动机空间加热器自动启动	投自动位时
7	球磨机运行，球磨机电动机空间加热器自动停止	投自动位时
8	球磨机启动条件：球磨机电动机运行正常；齿轮喷油系统运行正常；供料端或出料端高压油压力合适；球磨机润滑油泵运行正常；供料端或出料端润滑油流量不低	
9	供料端高压油压力高于高高或者低于低低，球磨机保护停	
10	出料端高压油压力高于高高或者低于低低，球磨机保护停	
11	供料端或出料端润滑油流量低，球磨机保护停	
12	齿轮喷油系统故障，球磨机保护停	

5）球磨机试运。连上球磨机的联轴器，裸露部分安装好保护罩。依次启动低压润滑油泵与高压顶轴油泵，启动小齿轮与减速箱润滑系统。然后启动球磨机电动机，离合器啮合，球磨机运行，球磨机齿轮喷射系统同时投入运行。球磨机运行5min后停止高压顶轴油泵。

空负荷工况下，球磨机的首次启动按照厂家的要求进行，启动球磨机运行平稳以后用事故按钮停下，观察各部件有无异常现象及摩擦声音，检查是否有足够的润滑剂。待观察正常以后，进行球磨机的8h空负荷试运，试运过程中记录球磨机轴承、减速箱轴承及电动机轴承的温度、振动和噪声情况，观察润滑油的油位变化情况，记录运行电流等。若发现异常情况，应立即停止试运，处理正常以后方可继续试运。

球磨机停止时，首先启动球磨机的高压顶轴油泵，运行5min以后球磨机离合器脱开，球磨机停止运转，同时停止齿轮喷射系统。然后，逐步停止球磨机电动机，停止高压顶轴油泵和低压润滑油泵。

球磨机试运过程中的常见问题主要有以下几种：

a. 球磨机轴承温度升高异常：主要原因有密封圈过紧或者润滑油流量偏低。安装时，密封圈压得过紧，容易造成密封圈与轴承之间产生摩擦，引起轴承温度异常升高。

b. 球磨机试运过程中漏水、漏浆、漏石：主要原因有球磨机筒体人孔门螺栓紧固不到位或者入口端转动间隙的密封安装存在问题。

c. 球磨机堵料或加钢球堵塞：主要原因有球磨机进料装置设计不合理，进料端的坡度不合适；给料速度过快造成下料时堵塞；石灰石的品质恶劣，含有大量泥土等杂质，在下料过程中与水混合后黏附在下料装置上，随着时间的增加，越来越多的石灰石粉末、泥土等吸附造成下料口的堵塞。

d. 球磨机筒体内有异常撞击声：主要原因有球磨机的橡胶内衬有一定的使用寿命，橡胶内衬损坏需要及时更换。

6）球磨机的顺控启动。进行球磨机的顺控启动试验之前，首先需要确认浆液循环泵试运已经通过验收且合格，浆液循环泵的机械密封水正常，球磨机浆液循环箱的液位高于底限值。

根据正式出版的逻辑定值，完成球磨机的顺控启动试验。球磨机的顺控启动程序见表3-9，不同电厂球磨机的启动程序可能有所不同。

表3-9　　　　　　　　　　湿式球磨机的顺控启动程序

序号	启动程序	备注
1	关闭球磨机浆液循环泵的放空阀和冲洗阀	
2	打开球磨机浆液循环泵的入口阀	
3	延时，打开球磨机浆液循环泵	
4	打开球磨机浆液循环泵的出口阀	
5	启动球磨机空气压缩机	
6	启动球磨机的低压油泵	
7	启动球磨机的高压油泵	
8	启动球磨机的主电动机	
9	球磨机运行	

序号	启动程序	备注
10	启动球磨机的喷油装置	
11	喷油装置运行一段时间以后，高压油泵停止	
12	启动球磨机的给料系统（延时，称重皮带给料机的启动）	

程控启动石灰石湿式制浆系统即启动球磨机顺控启动程序，在球磨机系统启动以后，将称重皮带给料机的出力设定到设计值，对石灰石浆液箱进行注液。当石灰石浆液品质不符合设计要求时，对球磨机系统进行调整，直至石灰石浆液合格。

7）石灰石湿式制浆系统试运。石灰石湿式制浆系统试运包括球磨机的部分负荷和额定负荷的试运，不同的球磨机厂家对带负荷试运的负荷和试运时间有不同的要求。

首先进行球磨机查漏试验。目的是为了避免球磨机在制备石灰石浆液时，发生球磨机出现严重的漏浆情况。试验方法为当球磨机处于盘车状态时，向球磨机注水，检查是否存在漏水情况，如发现泄漏情况，应停止盘车，断掉球磨机盘车电机电源对泄漏处进行消缺。检查球磨机盘车状态无泄漏后，再进行球磨机空负荷试运查漏，检查和处理方式与球磨机盘车查漏方式一致。

在查漏试验合格后，按照球磨机厂家技术说明书分次添加不同规格钢球。首先按照钢球总重的50%加钢球，钢球先加直径小的，后加直径大的。50%钢球加完后，进行球磨机50%负荷试运。根据厂家提供的设计资料进行工艺水及石灰石料的添加和控制。球磨机50%负荷试运过程中，应注意检查石灰石给料是否正常，有无堵料情况发生，石灰石浆液循环箱密度变化情况，石灰石浆液旋流站底流与溢流密度变化情况等，通过调整石灰石给料、工艺水量、石灰石浆液循环泵的出力、旋流站压力等进行调节，同时严密监视球磨机运行的电流是否在额定值以内，轴承温度、振动等参数是否符合要求，检查球磨机本体及浆液管路系统是否存在泄漏，如有异常，应立即停运处理。

50%负荷试运完后，继续向球磨机加钢球至100%负荷，按照厂家的设计要求运行足够的时间。100%负荷试运期间，进行湿式球磨机系统的调整试运，以保证石灰石浆液品质符合设计要求，内容包括物料的平衡、石灰石浆液的细度和密度调整等。

按照厂家的要求，球磨机在运行一定时间以后，需要停机进行紧固螺栓等工作。

球磨机的带负荷试运期间，石灰石浆液箱一般无法满足球磨机的长时间试运要求，可暂时将浆液储存在事故浆液池中。额定负荷试运调试可结合 FGD 系统热态调试进行。

石灰石湿式制浆系统调试过程中的常见问题主要有以下几种：

①再循环泵入口的浆液堵塞：再循环泵入口是制浆系统中最容易堵塞的部分，运行中需要特别注意调节浆液细度和相关物料的平衡。

②调节旋流器入口的浆液堵塞：旋流器入口也是制浆系统中最容易堵塞的部分，运行中需要特别注意调节浆液细度和相关物料的平衡，水力旋流强度应在运行中摸索出最佳入口压力范围。入口压力调节闸阀建议处在全关或全开位置，避免处于中间位置而增加闸阀的磨损及堵塞。

③石灰石及其浆液堵塞、泄漏：石灰石及其浆液的腐蚀性、磨损性、沉积性非常强，运行中一旦发现存在堵塞现象，应及时用冲洗水来冲洗。

（2）石灰石粉制浆。

1）试运前的检查。石灰石粉制浆系统试运前的检查包括出口止回门方向正确；石灰石粉仓、除尘器、粉仓顶部的排尘风机、粉仓料位计等安装准确；粉仓内部清理干净，无杂物；上粉管安装有完整无损的滤网；石灰石浆液箱内表面清洁，无油漆等覆盖；给料机基础牢固，内部杂物清理干净；相关管道、阀门、仪表等，经验收合格；石灰石浆液箱防腐完成，经验收合格；除尘器、给料机、流化风机、石灰石浆液搅拌器、石灰石浆液泵等设备单体调试完成，系统处于备用状态；工艺水、压缩空气系统试运完成并经验收合格。

2）阀门传动检查。石灰石粉制浆系统试运，首先需要进行阀门的传动检查。在CRT上对系统范围内的阀门逐个检查，包括泵进出口门、流化风机出口门、上粉阀门等。阀门应开关灵活，无卡涩现象；位置反馈准确；调节门刻度指示准确，位置反馈正确。

3）石灰石浆液箱注水。首先完成石灰石浆液箱及相关管道的冲洗，启动工艺水泵，解开浆液输送管道法兰进行冲洗，至目测出水清洁无杂物即可。管道冲洗完毕以后，恢复法兰连接，进行石灰石浆液箱的冲洗，冲洗过程中同时检查法兰等处有无泄漏。

启动工艺水泵，通过补水门对石灰石浆液箱进行注水，注水过程中同时进行液位计的校验，同时检查浆液箱人孔门等处是否存在泄漏，发现有泄漏时，需要立即停止注水处理。

4）石灰石浆液泵的联锁保护试验。石灰石浆液泵的联锁保护试验内容包括泵的启动程序、停止程序及联锁保护等。石灰石浆液泵的启动和停止程序分别见表3-10和表3-11，石灰石浆液泵的联锁保护试验内容见表3-12（但不限于此）。

表 3-10   石灰石浆液泵的启动程序

序号	启动程序	备注
1	泵入口门、出口门和冲洗水门处于关闭状态	
2	打开泵入口门	
3	打开冲洗水门，延时等待 t_1 s	
4	关闭冲洗水门	
5	启动泵	
6	打开泵出口门	
7	泵启动程序结束	

表 3-11   石灰石浆液泵的停止程序

序号	停止程序	备注
1	停止泵	
2	关闭泵出口门	
3	打开冲洗水门，延时等待 t_2（s）	
4	关闭泵进口门	
5	打开泵出口门	
6	等待 t_3（s）	
7	关闭泵出口门	
8	关闭冲洗水门	
9	泵停止程序结束	

表 3-12 石灰石浆液泵的联锁保护试验

序号	联锁保护试验内容	备注
1	泵启动允许条件：泵入口门开，冲洗水门关，相关箱体液位大于 H_1（m）	
2	相关箱体液位小于 H_2（m），泵保护停	
3	泵已运行而泵的出口门未开，泵保护停	
4	工艺水泵出口压力小于 p_1（Pa），泵冲洗水门保护关	
5	任一台泵运行，密度测量门自动开	投自动位时
6	两台泵全部停止，密度测量门自动关闭	投自动位时

5）流化风机试运。首先进行流化风机的单独试运，要求风机运转平稳，无异常噪声。试运期间测量风机的电流、振动、出口压力、加热器前后温度等。风机的出口压力及加热器出口风温度应能够满足设计要求。若发现异常情况，应立即停止试运，处理正常后方可继续试运。

完成流化风机的联锁保护试验，完成流化风机及称重给料系统的顺控启停试验。检查确认启停步骤是否正确，同时采用标准块校验称重装置是否准确。

6）搅拌器单体试运。检查搅拌器电动机绝缘，确认绝缘合格。绝缘合格以后启动搅拌器，待搅拌器运行稳定后用事故按钮停下，确认各部件无摩擦等异常现象，检查搅拌器转向准确以后进行搅拌器的 2h 试运，试运期间定期测量轴承温度、振动，并检查机械密封和法兰连接等。

7）泵单体试运。首先拆下泵联轴器，检查电动机绝缘合格以后单独点动泵电动机，检查电动机转向准确，然后进行电动机的 2h 试运，试运期间测量电动机的温度、振动、电流，若发现异常情况，应立即停止试运，处理正常后方可继续试运。

8）石灰石粉制浆系统试运。首先完成对石灰石粉仓上粉，启动粉仓顶部除尘器和排出风机，投入料位计，通过上粉管向石灰石粉仓上粉，启动流化风系统。

确认石灰石浆液箱的水位合适，满足搅拌器和石灰石浆液泵启动条件以后启动石灰石浆液箱的搅拌器和石灰石浆液泵，石灰石浆液泵出口切至再循环回路。

启动给粉机，向石灰石浆液箱供粉，系统开始制浆。投入石灰石浆液箱的密度自动控制，系统自动进行给粉和给水制浆。

石灰石粉制浆系统调试过程中的常见问题主要有以下几种：

①石灰石浆液浓度异常：主要原因有石灰石给粉堵塞，粉仓内石灰石粉搭桥，石灰石密度控制不良，石灰石浆液池进水失控或者测量仪器故障。对应的处理方法是清理给粉机，增加石灰石粉仓的进料量同时检查石灰石粉仓流化风机及相应的管道，对 DCS 控制块进行必要的检查，检查相应的管线及阀门；检查相应的测量仪器。

②石灰石浆液密度的控制：调试期间包括以后的运行，建议石灰石浆液密度控制不高于 $1250 \mathrm{kg/m^3}$，理论上浆液密度高于 $1250 \mathrm{kg/m^3}$ 时系统的磨损、堵塞现象会明显加剧。

③石灰石品质的监控：调试期间包括以后的运行，建议加强对石灰石品质的监控，减少石灰石杂质，保证脱硫吸收剂供应及制备系统安全稳定地运行。

五、调试质量验收

吸收剂供应及制备系统的分系统试运结束以后，应按照 DL/T 5295—2013《火力发电建设工程机组调试质量验收及评价规程》和 DL/T 5403—2007《火电厂烟气脱硫工程调整试运及质量验收评定规程》的要求及时办理相关系统、设备的验收签证和分系统验评工作，验收签证的格式见附录部分。

DL/T 5295—2013《火力发电建设工程机组调试质量验收及评价规程》中石灰石卸料及储存系统调试质量验评标准见表 3-13。

表 3-13　　　　　　　　石灰石卸料及储存系统调试质量验收表

检验项目		性质	单位	质量标准	检查方法
联锁保护		主控		全部投入、动作正确	检查记录
顺控功能		主控		步序、动作正确	检查记录
状态显示		主控		正确	观察
热工仪表		主控		校验准确，安装齐全	观察、检查
管道系统				安装正确、无泄漏	观察
给料机				满足设计及运行要求	观察
除铁器		主控		能按要求吸收石灰石底部铁块	观察
提升机	驱动装置			运行正常	观察
	出力		m³/h	满足设计要求	观察
输送机	驱动装置			运行正常	观察
	出力			无跑偏、无泄漏	观察
称重给料机	皮带			无跑偏、无泄漏	观察
	流量		t/h	符合设计要求	现场表计
	称重计量			经检定计量正确	查记录
除尘器				除尘效果满足设计要求	观察
石灰石仓	仓			下料正常	观察
	料位			指示准确	查记录、观察
	阀门	主控		开关灵活，严密不漏	观察

DL/T 5295—2013《火力发电建设工程机组调试质量验收及评价规程》中石湿式球磨及干磨系统调试质量验评标准见表 3-14。

表 3-14　　　　　　　　湿式球磨及干磨系统调试质量验收表

检验项目	性质	单位	质量标准	检查方法
联锁保护	主控		全部投入，动作正确	检查记录
顺控功能	主控		步序、动作正确	检查记录
状态显示	主控		正确	观察
热工仪表	主控		校验准确，安装齐全	观察、检查
管道系统			安装正确、无泄漏	观察

检验项目			性质	单位	质量标准	检查方法
湿式球磨机	运行电流			A	满足设计及运行要求	观察
	轴瓦振动	≤1000r/min		mm	≤0.1	测振仪
		≤1500r/min		mm	≤0.08	测振仪
	轴承温度			℃	符合设计要求	
	严密性试验				严密不漏	观察
	浆液细度		主控		符合设计要求	测量(符合现行国家标准 GB/T 15057.1《化工用石灰石采样与样品制备方法》)
	出力		主控	t/h	符合设计要求	观测
油系统检查	油箱及附件				符合设计要求	观测
	严密性试验				严密不漏	观测
	油过滤器				符合设计要求	观测
	油加热系统				符合设计要求	观测
	齿轮润滑系统				符合设计要求	观测
球磨机循环泵	轴承振动			mm	≤0.08	测量
	轴承温度			℃	符合设计要求	测量
	出力		主控	t/h	符合设计要求	观测
旋流器	入口压力			MPa	符合设计要求	观测
	浆液分离效果				符合设计要求	观测、查看记录
球磨机循环箱	搅拌器	轴承振动		mm	≤0.08	测量
		轴承温度		℃	符合设计要求	测量
	密度指示		主控	kg/m³	指示正确	观察
	流量计				符合设计要求	观察
	液位指示				符合设计要求	观察
	液位报警				正确	观察
干式球磨机	电动机电流			A	符合设计要求	观测
	轴承振动			mm	≤0.08	测量
	轴承温度			℃	符合设计要求	观测
	进出口差压			kPa	符合设计要求	查看记录
	严密性				不漏	观察
	出力		主控	t/h	符合设计要求	查看记录
	出口负压			Pa	符合设计要求	在线表计观测
	轴瓦振动	≤1000r/min	主控	mm	≤0.1	测量
		≤1500r/min	主控	mm	≤0.08	测量
循环风系统	加热器				温度均匀	查看记录
	加热温度			℃	符合设计要求	查看记录
	风量标定				符合设计要求	查看记录

续表

	检验项目	性质	单位	质量标准	检查方法
粉管	严密性			无泄漏	观察
	膨胀节			膨胀自如	观察
	排粉效果			均匀、不堵	观察
粉仓	阀门			不漏、灵活	观察
	细度		目	符合设计要求	查记录
	温度		℃	符合设计要求	测量
	料位计			指示正确	查看记录
	防爆门			符合设计要求	查看记录
	出入口门			符合设计要求	观察
	流化风			符合设计要求	观察
	电除尘器			符合设计要求	查看记录
输粉机	轴瓦温度		℃	符合设计要求	观察
	轴瓦振动 ≤1000r/min	主控	mm	≤0.1	测量
	≤1500r/min	主控	mm	≤0.05	测量
细粉分离器	防爆系统			符合设计要求	查看记录
	进出口差压		kPa	符合设计要求	查记录
	下粉锁气器			投运正常	观察
阀门				关闭正常，无泄漏	观察
设备管路冲洗				正常	观察

DL/T 5295—2013《火力发电建设工程机组调试质量验收及评价规程》中石灰石浆液供给系统调试质量验评标准见表3-15。

表 3-15　　　　　　　　　　石灰石浆液供给系统调试质量验收表

	检验项目	性质	单位	质量标准	检查方法
联锁保护及信号		主控		全部投入，动作正确	检查记录
顺控功能		主控		步序、动作正确	检查记录
状态显示		主控		正确	观察
热工仪表		主控		校验准确，安装齐全	观察、检查
管道系统				无泄漏、无杂物	观察
手动阀				操作灵活，不泄漏	现场检查
电动阀				灵活、可靠	检查记录
调节阀		主控		方向正确、操作灵活，调节特性满足运行要求	检查记录
石灰石浆液泵	轴承振动		mm	符合 GB 50275—2010 规定	便携式测量
	轴承温度		℃	正常运转	测量
	泵出力		m³/h	符合设计要求	观测
	噪声		dB	符合设计要求	测量

续表

检验项目			性质	单位	质量标准	检查方法
石灰石浆液罐	搅拌器	振动		mm	≤0.08	测量
		轴温		℃	符合设计要求	测量
		电流			符合设计要求	测量
	密度指示		主控	kg/m³	指示正确	观察
	流量计				符合设计要求	观察
	液位指示		主控		指示正确	观察
	液位报警				正确	观察
浆液输送泵出力			主控		满足脱硫塔需要	观察
至吸收塔的石灰石浆液流量			主控		符合功能设计要求	观测
空气压缩机					正常运转	观察
地坑泵	轴承振动			mm	符合 GB 50275—2010 规定	观测
	电流			A	符合设计要求	测量
	出力			t/h	符合设计要求	观察
	轴承温度			℃	符合设计要求	测量
搅拌器	轴承振动			mm	≤0.08	测量
	轴承温度			℃	符合设计要求	测量
	电流			A	符合设计要求	测量
地坑	液位指示			m	指示正确	观察
	液位报警				正确	查看记录
入口滤网					安装正确，无堵塞	观察

第三节　烟　风　系　统

一、系统简介

火电厂脱硫工程的烟风系统有设置增压风机（Boost-up Fan，BUF）和不设置增压风机两种情况。脱硫工程是否设置增压风机，经过电厂技术、经济、环保、安全等多方面比较而定。

设有增压风机的烟风系统流程：来自锅炉除尘器出口烟道引出的烟气，从进口挡板进入脱硫系统，通过增压风机升压送至烟气换热器，未经处理的原烟气与来自吸收塔的洁净烟气进行热交换后被冷却，被冷却的烟气进入吸收塔，在吸收塔内完成 SO_2 脱除的工艺。从吸收塔出来的脱硫后饱和烟气温度为 50℃ 左右，经过烟气换热器加热升温至 80℃ 以上，通过烟囱排放。

不设置增压风机的烟风系统流程：来自锅炉除尘器出口烟道引出的烟气，通过引风机升压进入脱硫系统吸收塔，在吸收塔内完成 SO_2 的脱除反应，吸收塔出来的脱硫净烟气通过烟囱排放。

烟风系统压降的克服是通过脱硫增压风机或者除尘器出口的引风机来完成的。风机的形式主要有轴流式和离心式两种，其中轴流风机分为动叶可调轴流式风机和静叶可调轴流式风机两种。一般情况下，脱硫装置的增压风机或者除尘器出口的引风机不设备用，风机的性能可适应锅炉负荷（40%～100%）变化的要求，保证脱硫装置能够在 40%～100%负荷内安全稳定地运行。

设置烟气换热器的目的是利用原烟气的热量加热净烟气，提高烟气的抬升高度，有利于污染物的扩散、避免烟囱周围降落液滴并减少白烟，从而提高了装置的整体经济性能。烟气换热器并不是烟气脱硫系统的必要设备，《火力发电厂烟气脱硫设计技术规程》（DL/T 5196—2004）中规定："烟气系统宜装设烟气换热器，设计工况下脱硫后烟囱入口的烟气温度一般应达到 80℃及以上排放"，但同时也说明："在满足环保要求且烟囱和烟道有完善的防腐和排水措施并经技术经济比较合理时也可不设烟气换热器"。

脱硫工程的烟气挡板一般为带有密封空气的百叶窗式双挡板电动门，通过挡板密封风机来完成挡板的密封。

脱硫工程烟气系统的进出口烟道上设置有烟气排放连续监测系统（Continuous Emissions Monitoring System，CEMS）。CEMS 是脱硫工程烟气系统中最关键的仪表，能够对烟道中烟气污染物浓度及烟气参数进行实时监测，实时监控烟气脱硫装置的脱硫效率，保证烟气脱硫系统安全稳定高效地运行。CEMS 一般由烟尘监测子系统、气态污染物监测子系统、烟气参数监测子系统，以及数据采集及处理子系统组成。

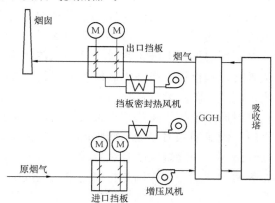

图 3-5　典型的设置有增压风机的脱硫烟风系统流程图

图 3-5 是典型的设置有增压风机的脱硫烟风系统流程。

二、系统组成及主要设备

脱硫烟风系统主要包括增压风机及附属设备、GGH、CEMS、烟道等组成。

设置增压风机的烟风系统还包括进口烟气挡板及其附属设备。进口烟气挡板设在增压风机之前的烟道上，当烟气脱硫装置运行时，进口烟气挡板打开，使原烟气通过增压风机的吸力作用引向烟气脱硫装置。

目前，我国 1000MW 机组脱硫工程的烟风系统一般不再设置增压风机，同时也不设置烟气挡板，GGH 设置与否也不尽相同。

以下烟风系统的试运以烟气挡板、增压风机、GGH 及其附属设备均设置的情况来介绍。

1. 烟气挡板

烟气挡板是烟气脱硫装置进入或退出运行的重要设备，对于保证发电机组的安全运行和烟气脱硫设备的安全具有重要意义。挡板门应当能够承受各种工况下烟气的温度（包括事故烟温）和压力，能够在最大的压差下操作，并且关闭严密，无变形或卡涩现象，能够承受所有运行条件下工作介质可能产生的腐蚀。

设置增压风机的脱硫工程在烟道上设置进口原烟气挡板，原烟气挡板设在增压风机之前，在启动烟气脱硫装置时开启，停止烟气脱硫装置时关闭。烟气挡板的作用是在烟气脱硫装置正常运行时，将原烟气切换至烟气脱硫装置。不再设脱硫增压风机而只设除尘器后引风机的脱硫工程也不设烟气挡板。

通常脱硫装置烟气挡板类型有闸板式、单百叶窗式和双百叶窗式 3 种，其中闸板式挡板的空间要求大，在国内烟气脱硫装置中极少应用。烟气挡板设有金属密封元件，以尽可能减少烟气泄漏。驱动装置设在烟道外部，由控制系统控制其开关位置。

许多单百叶窗式烟气挡板叶片中间形成空间，连接密封空气，起到了双百叶窗式挡板的作用。单百叶窗式烟气挡板的叶片布置有平行布置与反向布置两种。其中，平行布置的叶片开关时方向一致的其密封性能较好，反向布置的叶片开关时方向相对的其流量调节性能较好。

双百叶窗式挡板门适合应用于严密性要求特别高的场合，1000MW 机组火力发电厂烟气脱硫装置的烟气挡板一般为双百叶窗式。双百叶窗式烟气挡板进一步提高了挡板的密封性，除了每层挡板上配备密封元件外，在两层挡板中间还通入密封空气。当烟气挡板处于关闭位置时，挡板翼由微细钢制衬垫所密封，在挡板内形成一个空间，密封空气从这里进入，形成正压室，防止烟气从挡板一侧泄漏到另一侧。

密封风系统的作用是当挡板关闭时，使挡板叶片间充满密封气体，从而阻止烟气由烟气挡板门一侧泄漏到另一侧。密封风系统包括密封风机、密封风加热器、检测仪表、调节设备及其管路等。一般烟气脱硫装置设置两台密封风机，一运一备。密封风加热器有电加热和蒸汽加热两种形式，其作用是将密封空气温度加热至 100℃ 左右，以减少密封空气与烟气之间的温差，减少烟气挡板的变形量，保证烟气挡板的变形不超过正常范围。

2. GGH

GGH 并不是烟气脱硫系统的必要设备。烟气脱硫装置是否设置 GGH，在世界各地各有不同，目前的总体趋势是亚洲地区（如中国、韩国等）采用 GGH 相对较多，欧美地区目前倾向于不设 GGH，不设 GGH 的脱硫烟气通过电厂的冷却塔顶或者湿烟囱排出。我国 1000MW 机组火力发电厂脱硫工程的烟风系统是否设置 GGH 不尽相同，一般经过技术、经济、环保、安全等多方面考虑而定。

脱硫系统原烟气和净烟气之间通过 GGH 受热面进行热交换强化换热，净烟气（即经脱硫系统处理过的烟气）被加热升温至高于烟气饱和温度一定数值（一般要求烟囱入口前的烟气温度高于 80℃），以避免烟气中水蒸气的凝结。由于 GGH 中的烟气温度一般运行在烟气的酸露点（烟气中硫酸蒸汽的凝结温度）80℃ 之下，因此，防止 GGH 的设备腐蚀是烟气脱硫运行中最主要的问题之一。

烟气脱硫系统设置 GGH 以后，提升经过脱硫以后进入烟囱烟气的温度，一般净烟气经过 GGH 后温度可上升到 80℃ 以上；提高烟气的抬升高度，净烟气经过 GGH 后温度上升越高，其烟气的抬升高度越高，有利于烟气中污染物的扩散；不设 GGH 的湿烟囱和净烟道不但要进行防腐，而且还要设置凝结液的收集装置，同时采取防渗措施，设置 GGH 以后可以相对降低脱硫尾部烟道、排放烟囱的防腐要求；设置 GGH 以后，降低了吸收塔入口原烟气的烟温，减少了吸收塔内工艺水的消耗量，减少了吸收塔出口烟气中的凝结水滴，使得烟气带走的水蒸气减少，从而降低了工艺水的消耗量；设置 GGH 以后，可以减少烟囱出口出现白色烟羽（工业烟囱中连续排放的烟体，呈羽毛状）的概率。

烟气脱硫系统设置 GGH 以后也带来了一些缺点，包括增加了整个脱硫系统的阻力，增加了脱硫系统的压降，增加了厂用电的电耗，降低了电厂的发电效率，增加了电厂的运行成本，增加了电厂的初期投资，增加了电厂土建、施工、安装、运行和维护的工作量，降低了脱硫系统的可用率。同时，由于 GGH 存在原烟气侧向净烟气侧的泄漏，整个脱硫系统的脱硫效率因此也会有所降低。

回转式换热器由受热面转子和固定的外壳组成。外壳的顶部和底部把转子的通流部分分隔为两部分，转子的一侧通过未处理热烟气，另一侧以逆流通过脱硫后的净烟气。当转子转过一圈，就完成一个热交换循环。在每一个热交换循环中，当换热元件在未处理热烟气侧时，从烟气中吸取热量；当转到脱硫后净烟气侧时，再把热量释放给净烟气。由于 GGH 的转动部分与固定部分之间总是存在着一定的间隙，同时两侧烟气之间也有一定的压差，部分未处理的烟气会通过这些间隙泄漏入净烟气侧，因此 GGH 设置有密封风系统，在制造和安装较好的情况下，泄漏量可保证在 0.5%～2%。

GGH 的基本组成主要包括换热元件，转子及转子驱动装置，端柱及顶部和底部结构，转子支撑和导向轴承，转子密封及径向、轴向、环向和中心筒的密封，密封风系统，隔离和清扫风系统，以及 GGH 的吹灰系统。

GGH 吹灰系统对 GGH 换热元件进行有效清洁是非常重要的，否则容易发生 GGH 的堵灰现象。一般情况下，GGH 的吹灰采用压缩空气或者蒸汽吹扫、高压水冲洗和低压水冲洗 3 种方式，这 3 种方式在同一吹枪上实现。在 GGH 正常运行工作时，进行压缩空气或者蒸汽吹扫；当压缩空气或者蒸汽吹扫以后 GGH 压降仍高于设定值时，启动高压冲洗水系统，采用压力高达 10MPa 的高压水进行在线冲洗，从而保证 GGH 的吹灰效果。GGH 停运检修时，使用低压冲洗水冲洗。

3. 增压风机

烟气脱硫装置有一定的阻力需要予以克服，脱硫工程一般在除尘器出口引风机后面增加布置一台脱硫风机，或者增加除尘器出口引风机的出力来满足克服烟气脱硫装置的阻力。增压风机或者引风机的设计及运行需要充分考虑到烟气脱硫装置正常运行和异常情况下可能发生的最大流量、最高温度、最大压损及事故情况。

1000MW 机组火电厂脱硫工程增压风机的形式主要有轴流式和离心式两种，其中轴流式风机包括动叶可调和静叶可调轴流式风机。

图 3-6 是典型的轴流风机示意图，图 3-7 是典型的离心风机示意图。

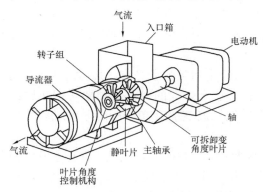

图 3-6 典型的轴流风机示意图

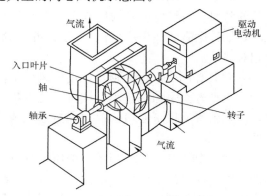

图 3-7 典型的离心风机示意图

动叶可调轴流风机在运行中可以依靠液压调节机构来调节叶片的安装角，从而改变风机的风压、风量，其工况范围不是一条曲线，而是一个面，风机的等效率运行区宽广，等效曲线与系统阻力线接近平行，所以风机保持高效的范围相当宽，在最高效率区的上下，都有相当大的调节范围。当风机变负荷，尤其是在低负荷运行时，它的调节经济性就充分显示出来了。但动叶可调轴流风机结构复杂，制造费用较高，调节部分易生锈，转动部件多，动叶调节机构复杂而精密且需要另设油站，维护技术要求高和维护费用高，叶片磨损比较严重。即使进行了叶片耐磨处理甚至设计了耐磨鼻，其在相同条件下也远不如离心式和静叶可调轴流风机，风机本体价格很高。

静叶可调轴流风机的叶轮主要是使气流沿子午面加速，提高气流的动压，在后面的扩压器中逐步转变为静压，因而这种风机的效率在很大程度上受到扩压器影响。又由于其静叶安装角不可调，必须借助于进口导叶来调节风机流量和压力。其流量系数比离心式风机高，压力系数比动叶可调轴流风机高，最高效率低于动叶可调轴流风机和离心式风机。相同容量的风机，静叶可调轴流风机的价格在动叶可调轴流风机和离心风机之间。静叶可调轴流风机使用的另一个问题是在小流量区运行或在风机起动后调节静叶至运行工况的小流量阶段，风机会发生喘振现象。

在选择动叶可调轴流风机还是静叶可调轴流风机时，国外大多数选择动叶可调轴流风机，因为其在调节过程中风机始终位于一个较高的效率区域内，节能效果显著。而静叶可调轴流风机可以实现现场维修，维修时间短，费用也较低，其功耗也较为适中，并在考虑经济性和实用性的基础上，选择静叶可调轴流风机也不失为明智之举。

离心风机压头高、流量大、结构简单、易于维护，但也有一个显著的缺点就是高效区相对较窄。虽然按引进 TLT 技术设计的离心式风机的最高效率可以达到 90%，但由于离心风机性能曲线的特点，其设计（最大）工况在最佳效率点，因此，离心式电站风机运行工况的效率仅为 65%～75%，低负荷运行时效率更低，不能满足节能的要求。

脱硫增压风机一般采用动叶可调轴流风机而不推荐用离心式风机，这样可以充分发挥动叶可调轴流风机的调峰性能，提高整个机组的经济性。当然，动叶可调轴流风机的设备价格比离心式风机贵，初投资比较大。

脱硫工程中增压风机的布置方式一般有如图 3-8 所示的 4 种方案。

方案 A 如图 3-8（a）所示，增压风机布置在原烟道和 GGH 之间，该位置烟气温度一般在酸露点之上，风机工作在热烟气中，其积污和腐蚀的倾向在 4 种方案中最小，可以不进行专门的防腐，对增压风机的材料要求相对最低，此时的增压风机相当于锅炉二级引风机。但此时，烟气的有效体积流量较大，风机的功耗也最大，GGH 由原烟气向净烟气侧的泄漏倾向相对严重。

方案 B 如图 3-8（b）所示，增压风机布置在 GGH 之后吸收塔之前，其沾污和腐蚀的倾向性在 4 种方案中相对较小，风机的功率损耗较低，这个位置的风机必须要考虑防腐的问题，而且由于风机压缩功的存在会造成吸收塔入口烟气温度的升高，从而导致脱硫效率的降低。

方案 C 如图 3-8（c）所示，增压风机布置在吸收塔后 GGH 前，风机工作在水蒸气饱和的烟气中，此时的增压风机被称为湿风机。湿风机有着其显著的优点，其功率与方案 A 中的增压风机相比可以低 10% 左右，同时，其压缩热可以将净烟气进行再加热，GGH 由净烟气向原烟气侧泄漏倾向相对严重，不会造成脱硫效率的降低。但湿风机要求使用耐腐蚀材料，沾污的危险较大，结垢时会影响风机的出力。

方案 D 如图 3-8（d）所示，增压风机布置在净烟道 GGH 后，风机工作在含有少量水蒸气（与方案 C 相比较为干燥）的烟气中。此时风机功耗适中，也可以利用风机的压缩功，其沾污倾向与湿风机相比要小。风机要求使用耐腐蚀材料，费用较高，GGH 存在由原烟气侧向净烟气侧泄漏的倾向。

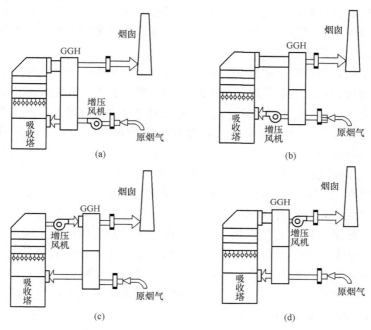

图 3-8　增压风机的布置方式

在我国火电厂烟气脱硫工程中，增压风机的布置方式以方案 A 和方案 C 比较常用。

方案 A 的优点是常规的风机可以作为增压风机，并且增压风机可以和锅炉的引风机合并为一，国内许多电厂的引风机和增压风机已经完成了"合二为一"。

方案 C 的优点是可以将 GGH 的泄漏量减少到最小，并将残余液滴进行预干燥。但由于其工作在水蒸气饱和的烟气中，而且吸收塔出口净烟气的腐蚀、结垢倾向相对比较严重，增压风机运行的环境非常恶劣，容易造成风机叶片的严重结垢。此类增压风机的材料要求比较高，尤其需要防止在垢层下部由于氯离子的浓缩而造成对风机叶片材料的腐蚀。

考虑到电厂的安全稳定运行，以及降低脱硫系统的整体造价和运行成本，目前国内大多数设置增压风机的烟气脱硫工程中，增压风机的布置方案采用方案 A 即增压风机布置于吸收塔前高温段原烟气侧的方案。

4. 烟气排放连续监测系统（CEMS）

CEMS 是脱硫工程烟气系统中最关键的仪表。CEMS 能够对烟道中烟气污染物的浓度及烟气参数进行实时监测，为脱硫装置脱硫效率的实时监视提供数据，脱硫运行人员可据此来进行系统参数的优化调整，使烟气脱硫系统安全稳定高效地运行。

1996 年颁布的 GB 13223—1996《火电厂大气污染物排放标准》开始提出大型火电厂必

须安装 CEMS 的要求，2011 年发布的 GB 13223—2011《火电厂大气污染物排放标准》中再次明确规定火力发电锅炉必须安装 CEMS 的要求。2007 年国家环境保护总局发布了中华人民共和国环境保护行业标准 HJ/T 75—2007《火电厂烟气排放连续监测技术规范》及 HJ/T 76—2007《固定污染源排放烟气连续监测系统技术要求及检测方法》。这些政策和标准的严格执行使得 CEMS 已经成为电厂不可缺少的监控装置。

　　CEMS 由烟尘监测子系统、气态污染物监测子系统、烟气参数监测子系统、数据采集及处理子系统组成。通过抽取式连续监测采样分析或者现场连续监测直接测量来测定烟气中污染物浓度，同时测定烟气温度、压力、流量、湿度、含氧量等参数，按照国家有关的环境标准要求显示与记录各种参数。

　　烟尘的连续监测方法主要有浊度法、光散射法、β 射线质量浓度法和电子探针法。浊度法的原理是光通过含有烟尘的烟气时，光强因烟尘的吸收和散射作用而减弱，通过测定光束通过烟气前后的光强比值来定量烟尘浓度。浊度法测尘仪主要有单光程测尘仪和双光程测尘仪两种，单光程测尘仪的光源发射端与接收端在烟道或烟囱的两侧，光源发射的光通过烟气，由安装在对面的接收装置检测光强，并转变为电信号输出；双光程测尘仪的光源发射端与接收端在烟道或烟囱的同一侧，由发射/接收装置和反射装置两部分组成，光源发射的光通过烟气，由安装在对面的反射镜反射，再经过烟气回到接收装置，检测光强并转变为电信号输出。光散射法的原理是经过调制的激光或红外平行光束射向烟气时，烟气中的烟尘对光向所有方向散射，经烟尘散射的光强在一定范围内与烟尘浓度成比例，通过测量散射光强来定量烟尘浓度。光散射法根据接受器与光源所成角度的大小可分为前散射法、后散射法和边散射法。β 射线质量浓度法的原理是 β 射线通过物质时由于和物质内的电子发生散射、冲突而被吸收，当 β 射线的能量恒定时，吸收量与物质的质量成正比，而与物质的组成无关。通过安装在 β 射线辐射源对面的射线接收器检测清洁滤膜与采集烟尘样品后的滤膜对 β 射线的吸收差异，计算出烟尘量。电子探针法的原理是利用烟尘在烟气流中运动摩擦产生电荷，其产生的电荷量多少与烟尘浓度相关，通过测量电荷量的多少来间接定量烟尘浓度。目前，电子探针法没有列在我国相关的监测技术规范中。

　　烟气排放气态污染物 SO_2、NO_x 的连续监测方法主要有现场连续监测和抽取式连续监测两大类。在线式现场连续监测由直接安装在烟囱或烟道上的监测系统对烟气进行实时测量，不需要抽取烟气在烟囱或烟道外进行分析。在线式一般为光学法，利用红外光或紫外光的吸收定量测量，其无需用标准气体校准，但受烟道其他因素的干扰大，维护工作量较大，不方便，光学部件需要有效的保护措施。抽取式连续监测通过采样系统抽取部分样气送入分析单元，对烟气进行实时测量，抽取式连续监测按采样方式的不同可以分为稀释法和加热管线法。稀释法的特点是抽取的烟气量大，采样管不易堵塞、不易腐蚀，但需要防止稀释影响小孔堵塞。分析组件采用大气环境监测设备，容易引入稀释误差。标气的用量大，需要加流量控制设备，需要干燥的零气（不含待测成分且不与待测成分发生反应的清洁气体，如高纯氮气等）。加热管线法的特点是抽取的烟气量大，是干法的专用设备，准确度高，但由于管道距离的原因，分析有滞后，需要有样气处理装置，采样管及过滤器更换频率高，相对易堵塞、易腐蚀，标气的用量大，需加热管线。目前，加热管线法逐渐成为电厂 CEMS 的主导方法。

　　烟气参数连续测量中的烟气参数包括烟气温度、压力、流量、湿度（水分含量）、

O₂（CO₂）。其中的温度一般采用热电偶或热电阻温度传感器连续测定。压力采用压力传感器直接测量。烟气流量监测主要是对烟气流速的监测，烟气流速测量方法主要有压差传感法、超声波法和热传感法3种。烟气湿度采用红外吸收法，即通过测量对水较敏感的红外吸收量的变化来测量，或者利用氧传感器测定除湿前后烟气中的含氧量，再利用含氧量的差来计算。烟气中的水分含量也可以根据煤种情况通过定期标定作为常数输入CEMS中，一般每半年标定一次，如煤质发生重大变化，需及时标定。O₂的测量方法有顺磁法和氧化锆法，或者通过CO₂检测仪测得CO₂以后进行换算。

数据的采集与处理系统具有记录、存储、显示、数据处理、数据输出、打印、故障报警、安全管理和数据、图文传输等功能。CEMS的分析数据除了在CEMS室内的显示器上显示以外，还可以即时传到烟气脱硫和机组集控室，也可传送到电力监管部门和地方环保部门。

为了保证烟气脱硫工程CEMS运行的可靠性和数据的准确性，一丝不苟地完成CEMS调试是脱硫调试的基础工作。

三、调试前应具备的条件

1. 土建应具备的条件

（1）系统土建工作完成，防腐施工完毕，排水沟道畅通，栏杆齐全，临时孔洞装好护栏或盖板，平台有正规的楼梯、通道、过桥、栏杆及其底部护板。

（2）试运区域的场地平整，道路畅通，沟盖板齐全，满足现场调试要求。

（3）试运区域的脚手架及各种临时围挡设施全部拆除，环境清理干净。

（4）试运区域现场照明设备齐全、亮度充足，事故照明安全可靠，满足调试巡检要求。

（5）试运区域配备有足够数量合格有效的消防器材。

2. 基建安装应具备的条件

（1）烟道内的杂物清理干净，严密性试验完成并经验收合格，烟道人孔门关闭。

（2）烟风系统密封检查的脚手架不影响烟气挡板的开启和关闭。

（3）烟风系统的保温防腐工作已经完成，经验收合格。

（4）系统的动力、控制、照明等电源施工结束，经验收合格可用、安全可靠。

（5）系统的风机、电动机、泵、挡板、阀门、管路及仪表等设备设施安装完毕。

（6）系统相关管道用工艺水冲洗完毕，经验收合格。

（7）压缩空气管道安装完毕，吹扫结束，经验收合格。

（8）系统风机、GGH等的润滑油系统压力试验合格，油品满足设计要求。

（9）系统风机、电动机、泵、挡板等设备的电气接线完毕，经验收能够满足远操条件。

（10）系统风机、电动机、泵、挡板等设备的热工接线完毕，经验收能够满足远操条件。

（11）系统相关的声光报警信号检验校对完毕，经验收合格。

（12）系统各类阀门调试已经完成，阀门操作灵活，严密性合格。

（13）系统相关附属设备的单体试转已经完成，经验收合格。

（14）系统相关风机、电动机、泵、挡板、阀门等的联锁保护模拟试验结束，经验收合格。

（15）风机事故按钮安装调试完成，经验收合格。

3. 生产准备应具备的条件

（1）试运期间，相关调试单位的人员均到位，调试组织分工明确。

（2）试运人员经过调试运行培训并考试合格。

（3）调试期间的试运人员分工明确，责任界限清楚，全程服从调试人员的指挥。

（4）运行值班人员熟悉本职范围内的系统及设备，熟悉系统的操作程序。

（5）试运期间的操作记录正确无误，操作及接班人员签字以明确责任。

（6）生产准备部门配备相关的设备操作和化学分析人员。

（7）系统各设备、阀门悬挂编号、名称、标志牌。

（8）试运区域的现场通讯设备方便可用，满足现场调试要求。

（9）相关设备的单体调试完成，并经监理等单位验收合格。

（10）调试单位完成系统调试措施的交底并记录。

（11）分系统调试条件的检查卡已由调试单位准备完毕。

（12）压缩空气系统已经通过试运并验收合格。

（13）工艺水系统已经通过试运并验收合格。

四、调试方法步骤

1. 烟气挡板试运

（1）挡板密封风机试运。

1）电动机单独试运。拆下联轴器，检查电动机的绝缘是否合格。电动机绝缘合格以后，单独点动电动机，检查电动机转向是否准确。电动机转向准确以后进行电动机的 2h 试运，试运期间测量电动机的温度、振动、电流，若发现异常情况，应立即停止试运，处理正常后方可继续试运。

2）密封风机试运。连上联轴器，进行密封风机的 4h 试运，试运期间定期检查轴承温度、电流、振动及出口压力等参数，若发现异常情况，应立即停止试运，经过处理正常以后方可继续试运。

密封风机的 4h 试运期间，测量风机的转速、电流、出口压力是否符合设计要求。检查密封风机与挡板前后的差压是否符合要求，检查挡板的密封情况。

3）密封风机的联锁试验。完成挡板密封风机的联锁试验，包括挡板密封风机的启动、停止试验等。主要的联锁试验内容见表 3-16，不同电厂的联锁试验项目和定值可能有所不同。

表 3-16   挡板密封风机的联锁试验

序号	联锁试验内容	备注
1	挡板密封风机联锁：运行风机事故跳闸，备用风机自动启动	
2	密封风机运行，密封风压力低，备用密封风机自动启动，待密封风压力正常以后运行，密封风机自动停	
3	密封风机在备用位置时，若任一烟气挡板关闭，则密封风机自动启动，将密封风送至关闭的烟气挡板	投自动位时
4	烟气挡板打开，密封风系统自动退出	投自动位时
5	任一台密封风机运行，密封风机加热器自动启动	投自动位时
6	密封风机全部停止，密封风机加热器自动停止	投自动位时

（2）烟气挡板试运。烟气挡板的试运需要在机组停止运行时或者烟气脱硫工程的烟道与机组烟道隔绝的情况下进行。

烟气挡板的试运首先进行烟气挡板的开关试验。分别用远控、就地电动及就地手动的方式操作各烟气挡板，烟气挡板开关灵活无卡涩。检查烟气挡板的开关限位是否合适。当挡板全关时，检查若有间隙，调整相应的执行机构或密封，使各层密封窗开关一致、密封良好，并做好开关定位，保证关闭时严密不漏。根据定位标志，调节行程和力矩开关，开关指示及反馈应正确，就地与 CRT 指示应一致。

（3）烟气挡板的严密性试验。启动烟气挡板密封风机，当烟气挡板全关时，检查其密封性，若有间隙，应调整相应的执行机构或密封。

（4）烟气挡板联锁保护试验。烟气挡板联锁保护试验包括烟气挡板的开关条件检查，烟气挡板保护开关试验，烟气挡板 FGD 保护信号来联锁试验及烟气挡板顺控开关试验。

其中，烟气挡板的开关条件检查包括启动烟气挡板密封风机，密封风机控制门自动开启，开启原烟气挡板门等。

2. GGH 试运

（1）启动前的检查。

1）主辅电动机、高低压冲洗水泵等附属设备基础牢固，螺栓紧固。

2）GGH 内部间隙调整完毕，本体各径向、轴向和周向旁路密封间隙符合厂家对安装间隙的要求，转子冷、热端应无杂物，密封片完好无损坏。

3）内部防腐已经完成且清理完毕，经验收合格。

4）在线吹扫、在线高压冲洗、离线低压冲洗等系统清洗管路上的阀门开关灵活，位置反馈正确。

5）主辅电动机、高低压冲洗水泵润滑油油位正常，冷却水畅通。

6）在拆下联轴器的情况下，检查主辅电动机和高低压冲洗水泵的转动顺畅。

7）吹灰枪本体完好，连接管道无泄漏现象。采用蒸汽吹扫的系统，在蒸汽接入吹灰器前，首先完成对相关蒸汽管道的吹管，一般采用目测法至目视吹出的蒸汽清洁、无杂物。

8）各温度、压力等仪表校验合格，可正常投入使用，热工信号正确。

9）外形完整，现场控制柜、减速装置良好，具备启动条件。

10）GGH 密封风机、高低压冲洗水泵的单体试运完成，并验收合格。

11）烟气挡板试运完毕，并经验收合格。

12）主辅电动机、高低压冲洗水泵等设备的事故按钮试验已经完成并验收合格。

13）主辅电动机、高低压冲洗水泵等在试验位置的联锁保护试验已经完成。

（2）阀门传动检查。

在 CRT 上操作 GGH 及其附属设备系统范围内的阀门，包括高低压冲洗水泵进/出口门等，要求阀门开关灵活、位置反馈正确、无卡涩现象。调节门刻度指示应准确，就地指示与 DCS 的反馈一一对应。

（3）GGH 主辅电动机试运。

1）电动机单独试运。

拆下主辅电动机的联轴器，检查电动机绝缘是否合格，单独点动电动机，检查电动机转向是否准确。确认电动机转向准确以后进行主辅电动机的 2h 单独试运，试运期间测量电动机的温度、振动、电流，若发现异常情况，<u>应立即停止试运</u>，处理正常后方可继续试运。

2）主辅电动机联锁保护试验。

完成主辅电动机的事故按钮及电动机在试验位置的联锁保护试验。主要的联锁保护试验内容见表 3-17，不同电厂的联锁保护试验项目和定值可能有所不同。

表 3-17　　　　　　　　　　　　GGH 主/辅电动机的联锁保护试验

序号	联锁保护试验内容	备注
1	主/辅电动机启动允许条件：GGH 密封风机启动	
2	GGH 主电动机停止，辅助电动机自动启动	投自动位时
3	GGH 辅助电动机停止，主电动机自动启动	投自动位时
4	主/辅电动机都停止，GGH 密封风机自动停止	
5	主/辅电动机事故按钮动作，主/辅电动机停止	

3）主辅电动机试运。启动 GGH 密封风机，联上主电动机的联轴器启动 GGH 主电动机，完成 GGH 主电动机的 4h 试运。试运期间，定期检查 GGH 的轴承温度、密封风机和主电动机的电流，若发现异常情况，<u>应立即停止试运</u>，处理正常后方可继续试运。

GGH 主电动机的 4h 试运完成以后，进行主辅电动机的切换操作，完成 GGH 辅电动机的 4h 试运。

GGH 主副电动机试运过程中的常见问题主要有以下几种：

①主辅电动机故障：主要原因有电动机过载，电动机熔断器熔断，电动机传动部分被卡住、电动机齿轮箱故障等。备有气动电动机的故障也可能是气源供应存在问题或者相应的阀门没有打开。

②GGH 轴承油温高：主要原因有轴承箱油位偏低，油封系统存在问题等。

（4）GGH 本体试运。

启动 GGH 驱动电动机，保持 GGH 低速转动。检查 GGH 的安装是否合格，有无与壳体的摩擦、碰撞现象，如果存在摩擦、碰撞现象，需要及时处理，使 GGH 的径向、轴向、周向、旁路密封等的间隙符合厂家的设计要求。

在就地 GGH 控制柜上进行吹灰枪进退试验。检查吹灰枪喷嘴的喷射效果及吹灰枪的动作与 GGH 换热片之间的运行情况，如果存在摩擦、碰撞现象，需要及时处理。启动高压水冲洗程序，打开 GGH 人孔门，观察吹灰枪的喷射效果。

（5）GGH 启动和停止程序。

根据正式出版的逻辑及定值，完成 GGH 的启动和停止程序试验。GGH 的主要启动程序内容见表 3-18，主要停止程序内容见表 3-19，不同电厂 GGH 的启停程序可能有所不同。

表 3-18　　　　　　　　　　　　GGH　启　动　程　序

序号	GGH 启动程序	备注
1	关闭 GGH 密封风机的进口门	
2	启动 GGH 密封风机	
3	打开 GGH 密封风机的进口门	
4	启动 GGH 吹灰器的密封风机	

续表

序号	GGH 启动程序	备注
5	启动 GGH 主电动机	
6	GGH 主电动机高速启动	
7	启动 GGH 低泄漏风机	
8	GGH 启动程序结束	

表 3-19   GGH 停 止 程 序

序号	GGH 停止程序	备注
1	停止 GGH 低泄漏风机	
2	停止 GGH 主电动机/辅助电动机	
3	延时，停止 GGH 的密封风机	
4	关闭 GGH 密封风机的进口门	
5	GGH 停止，程序结束	
6	如果 GGH 差压超过设定值，开启 GGH 离线清洗步骤进行冲洗	

（6）GGH 吹扫试运。

一般 GGH 的清洗设计中提供三种方式：压缩空气或者蒸汽吹扫、高压水冲洗和低压水冲洗。日常 GGH 的运行吹灰主要用压缩空气吹扫或者蒸汽吹扫；当运行中 GGH 的积灰严重、压差过大，日常的压缩空气吹扫或者蒸汽吹扫效果不理想时，需要启动在线的高压水清洗；低压水冲洗是在 GGH 停运时低转速运转的情况下进行的。

GGH 的吹灰有压缩空气吹扫和高压蒸汽吹扫两种方式，不论是压缩空气吹扫还是高压蒸汽吹扫都需要按照设计要求定期运行，以保证 GGH 的换热性能。在采用压缩空气吹灰的 GGH 吹扫前，需要确保气源管线里的所有水都排放干净，在采用蒸汽吹灰的 GGH 吹扫前，需要确保蒸汽管道的充分疏水。

GGH 的吹扫频率依据不同电厂的运行工况而定，以保持 GGH 的压降接近设计值。一般情况下，电厂 GGH 的吹扫每 8h 吹一次。有些电厂的 GGH 设有两层吹灰器，分别设置在吹灰器的"热端"和"冷端"，这种情况下一般是"热端"以每天吹扫一次，"冷端"每8h 吹扫一次。

GGH 的吹扫程序试运，首先在就地 GGH 控制柜上进行吹灰枪进退试验，待试验合格以后由 DCS 来控制执行 GGH 的吹扫。通过 DCS 启动 GGH 程控吹扫。DCS 发出吹扫指令，启动吹灰器驱动电动机。打开吹扫隔离阀。吹灰枪逐点进到位以后按预先设定的程序清洗，清洗完毕以后自动进入下一点冲洗，吹灰枪前进至前进极限位置，后退限位开关发退回指令，吹灰枪按程序设定逐步后退至停止极限位置，吹灰枪电动机停止，本次 GGH 吹扫程序结束。

吹枪逐步依照步序后退至停止极限位置，吹枪电动机停止，整套吹扫结束。停止吹灰器驱动电动机。关闭吹扫隔离阀。

GGH 吹扫调试过程中的常见问题主要有以下几种：

①吹灰器故障：主要原因有吹灰介质空气或者蒸汽压力过低，空气或者蒸汽压力过高，

密封存在泄漏，喷嘴堵塞，控制系统存在故障，管路存在泄漏等。

②压缩空气或者蒸汽吹扫效果不理想：调试期间包括以后的运行，建议使用合适的压缩空气或者蒸汽吹扫压力，原因是吹扫压力的低下容易导致吹灰效果的不佳，而吹扫的压力过高可能会带来 GGH 换热元件的损坏，严重时会导致换热元件发生位移而影响 GGH 的换热效果。

（7）GGH 在线高压水冲洗试运。

GGH 在线高压冲洗水系统是保证 GGH 换热性能的重要措施，当运行 GGH 的压降超过设定值时，需要及时启动。GGH 在线高压水冲洗的水源需要过滤清洁，一般由专用高压水泵系统提供，启动时 GGH 底部烟道的放水阀应当打开。启停 GGH 高压清洗水泵，由运行人员通过 DCS 控制，并与允许启动 GGH 高压清洗水泵的条件连锁，其开关阀门均通过 DCS 执行。

GGH 在线高压水冲洗启动程序，首先需要观察记录 GGH 的压降，在线高压水冲洗条件允许。启动程序是打开高压水的入口阀，打开高压冲洗的放水阀，启动高压水泵，延时，关闭高压冲洗放水阀，打开高压水泵出口门，开始启动 GGH 在线高压水冲洗程序。吹灰枪逐点进到位以后按预先设定的程序清洗，清洗完毕以后自动进入下一点冲洗，吹灰枪前进至前进极限位置，后退限位开关发退回指令。吹灰枪按程序设定逐步后退至停止极限位置，吹灰枪电动机停止，本次在线高压水冲洗程序结束。

观察记录 GGH 在线高压水冲洗启动前后 GGH 的压降变化情况。如果 GGH 的压降没有显著改善，再次重复启动 GGH 在线高压水冲洗，至 GGH 的压降显著改善。

GGH 在线高压水冲洗启动完成以后，打开高压冲洗放水阀，延时，停止高压冲洗水泵，延时，关闭高压冲洗放水阀，关闭高压水入口阀，关闭烟道底部放水阀。

GGH 在线高压水冲洗调试过程中存在 GGH 高压水冲洗管路堵塞现象，主要原因有喷嘴堵塞，管路滤网堵塞，管路中存在杂质，冲洗水质不满足要求等。

（8）GGH 离线低压水冲洗试运。

GGH 停运以后，首先需要确认主电动机/辅助电动机的电源和气源已经阻断隔离，然后运行检修人员进入 GGH 内部检查现状，以确定 GGH 换热元件的积灰程度。如有需要则手动启动离线低压水冲洗程序。

GGH 离线低压水冲洗，首先需要彻底切断 GGH 吹扫的压缩空气气源或者蒸汽汽源。然后，依次打开低压水管路上的截止阀，打开 GGH 烟道底部的放水阀。通过 DCS 发出离线低压水冲洗指令，启动吹灰器驱动电动机，保持 GGH 低速转动。吹灰枪逐点进到位以后按预先设定的程序清洗，清洗完毕以后自动进入下一点冲洗。吹灰枪前进至前进极限位置，后退限位开关发退回指令，吹灰枪按程序设定逐步后退至停止极限位置，吹灰枪电动机停止，本次离线低压水冲洗程序结束。

然后停止吹灰器驱动电动机。GGH 离线低压水冲洗完毕以后再次检查换热元件表面，检查时要穿好防护服。清除烟道内部所有杂物，关闭所有的检修门、人孔门，放清 GGH 吹灰器中的所有积水，关闭 GGH 烟道底部的放水阀。确保所有的清洗水隔离阀都关闭，打开压缩空气阀或者蒸汽阀。

GGH 离线低压水冲洗调试过程中的注意事项有：要彻底清洗换热元件，以免缩短换热元件的寿命，必要时可以采取高压水冲洗等措施来处理换热元件表面的不清洁。冲洗完毕后，应检查换热元件的表面和转子的所有扇形仓，检查时至少由两个人进行，在转动转子的操作过程中一定要防止伤人。

3. 增压风机试运

（1）启动前的检查。

1）风机及其附属设备基础牢固，固定地脚螺栓拧紧，滑动地脚螺栓按照厂家要求预留间隙。

2）风机相关管路、烟道的严密性符合要求。

3）风机进出口风门的开启正常、位置正确，可远方操作。

4）完成风机入口导叶的操作试验，风机叶片调节机构应操作正常、动作灵活、指示位置正确。就地及远操开关灵活，开关方向正确，全开、全关到位，开度指示正确。

5）主轴承箱油品合格，油位符合要求，油量不足时应补充加油。

6）润滑油和液压油油位正常，润滑油装置和液压油装置满足试运条件。

7）相关的测量参数、热工信号准确，保护装置投入使用，参数整定完成。

8）风机的执行器电源完好，经检查符合要求。

9）风机轴承、电动机轴承、线圈温度测量装置正常，轴承振动和风机失速报警装置正常。

10）确认增压风机事故按钮的动作正常。检查增压风机事故按钮的安装是否完好，接线是否正确，事故按钮模拟试验能将风机跳闸。

11）风机的密封风系统试运完成，经验收合格。

12）工艺水系统、压缩空气系统试运完成，经验收合格。

（2）阀门传动检查。

在 CRT 上操作增压风机系统范围内的阀门，要求阀门开关灵活、位置反馈正确、无卡涩现象。调节门刻度指示应准确，位置反馈正确，至少进行 0、25%、50%、75% 和 100% 五个开度的开关操作，确保就地指示与 DCS 的反馈一一对应。

（3）润滑油/液压油系统试运。

风机的润滑油和液压油系统试运必须要在风机启动前完成。

首先启动润滑油、液压油泵，进行润滑油、液压油系统的冲洗，一直到油品符合运行要求为止。检查油泵控制、测量、保护回路的动作与显示的准确性。然后启动润滑油/液压油系统油泵，检查油系统油压、流量、油位、油温等运行参数是否正常，若发现异常情况，应立即停止试运，处理正常后方可继续试运。

完成润滑油泵和液压油泵的联锁保护试验，包括泵的启动、停止、保护等。润滑油泵主要的联锁保护试验内容见表 3-20，液压油泵主要的联锁保护试验内容见表 3-21，不同电厂的联锁试验项目和定值可能有所不同。

表 3-20 润滑油泵的联锁保护试验

序号	联锁保护试验内容	备注
1	润滑油泵启动允许条件：油箱油位高于 H_1（mm）且油温高于 T_1（℃）	
2	润滑油泵连锁：运行泵事故跳闸，备用泵自动启动	
3	润滑油流量小于 Q（L/min），启动备用润滑油泵	

续表

序号	联锁保护试验内容	备注
4	油温大于 T_2（℃），高报警，延时，润滑油泵跳闸	
5	油温小于 T_3（℃），低报警，延时，润滑油泵跳闸	
6	油箱油温小于 T_1（℃），电加热器自动投入	投自动位时
7	油箱油温大于 T_4（℃），电加热器自动停止	投自动位时
8	过滤器差压大于 p（kPa），报警	
9	油箱油位低于 H_1（mm），报警	

表 3-21　　　　　　　　　　液压油泵的联锁保护试验

序号	联锁保护试验内容	备注
1	液压油泵启动允许条件：油箱油位高于 H_1（mm）且油温高于 T_1（℃）	
2	液压油泵连锁：运行泵事故跳闸，备用泵自动启动	
3	油压小于 p_1（MPa），低报警，启动备用泵，压力正常后运行泵自动停	
4	油压大于 p_2（MPa），高报警，运行泵停止	
5	油温大于 T_2（℃），高报警，延时，润滑油泵跳闸	
6	油温小于 T_3（℃），低报警，延时，润滑油泵跳闸	
7	油箱油温小于 T_1（℃），电加热器自动投入	投自动位时
8	油箱油温大于 T_4（℃），电加热器自动停止	投自动位时
9	过滤器差压大于 p（kPa），报警	
10	油箱油位低于 H_1（mm），报警	

（4）电动机单独试运。

首先拆下联轴器，检查风机电动机的绝缘是否合格。启动风机的润滑油和液压油系统，正常投入轴承和线圈温度保护。单独点动增压风机的电动机，检查电动机转向是否正确。电动机转向正确以后，进行增压风机电动机的 4h 单独试运，试运期间测量电动机的温度、振动、电流，若发现异常情况，应立即停止试运，处理正常后方可继续试运。

根据正式出版的逻辑及定值，完成风机电动机的联锁保护试验。风机电动机主要的联锁保护试验内容见表 3-22，不同电厂的联锁保护试验项目和定值可能有所不同。

表 3-22　　　　　　　　　　风机电动机的联锁保护试验

序号	联锁保护试验内容	备注
1	电动机驱动端轴承温度大于 T_1（℃），报警	
2	电动机驱动端轴承温度大于 T_2（℃），跳闸	
3	电动机非驱动端轴承温度大于 T_3（℃），报警	
4	电动机非驱动端轴承温度大于 T_4（℃），跳闸	
5	电动机绕组温度大于 T_5（℃），报警	
6	电动机绕组温度大于 T_6（℃），延时，跳闸	
7	电动机轴承振动大于 v_1（mm/s），报警	

序号	联锁保护试验内容	备注
8	电动机轴承振动大于 v_2（mm/s），跳闸	
9	电动机冷却水温度大于 T_7（℃），报警	
10	电动机冷却水温度大于 T_8（℃），跳闸	
11	电动机润滑油流量小于 L_1（L/min），延时，跳闸	
12	电动机冷却水溢流开关流量小于 L_2（L/min），报警	

风机电动机单独试运过程中的常见问题主要有以下几种：

①风机振动：增压风机的振动包括转子质量不平衡引起的振动、转子中心不正引起的振动、风机基础不良或者地脚螺栓松动引起的振动及风机失速与喘振引起的振动等，其主要原因有风机的叶轮、叶片存在局部腐蚀或者磨损，风机叶片表面有不均匀的附着物，叶轮平衡问题没有完全解决，轴与密封圈发生强烈摩擦产生局部高温使轴弯曲，风机安装后的中心找正存在偏差，轴承架刚性不满足要求，轴承存在磨损，风机管路的设计布置不合理，风机基础不满足要求，风机的地脚螺栓松动，风机失速及风机喘振等。

②密封圈磨损：主要原因有密封圈与轴套不同心，机壳存在变形导致密封圈一侧磨损，密封混入金属、焊渣等硬质杂物，转子振动过大，其径向振幅的 1/2 大于密封径向间隙等。

③轴承温度升高：主要原因有润滑油油品不满足要求，油管路存在堵塞现象，轴承箱盖与底座的连接螺栓紧力不合理，冷却器工作不正常，油箱内油位低于最低油位，轴承损坏等。

（5）风机试运。

在风机首次启动时，必须要对风机的事故按钮进行实际动作检查，以确认事故按钮动作正常。风机试运期间就地需要有专人监护，一旦发现试运有异常，应立即按下就地事故按钮使风机停止，待异常问题处理完成并经检查合格以后再启动风机。

1）风机的联锁保护试验。根据正式出版的逻辑及定值，完成风机的联锁保护试验。风机主要的联锁保护试验内容见表 3-23，不同电厂的联锁保护试验项目和定值可能有所不同。

表 3-23　　　　　　　　　　　　风机的联锁保护试验

序号	联锁保护试验内容	备注
1	风机启动联锁开烟气进口挡板	投自动位时
2	风机驱动端轴承温度大于 T_1（℃），报警	
3	风机驱动端轴承温度大于 T_2（℃），增压风机跳闸	
4	风机非驱动端轴承温度大于 T_3（℃），报警	
5	风机非驱动端轴承温度大于 T_4（℃），增压风机跳闸	
6	风机轴承振动大于 v_1（mm/s），报警	
7	风机轴承振动大于 v_2（mm/s），增压风机跳闸	
8	风机失速探头压力大于 p_1（Pa），报警	
9	风机失速探头压力大于 p_2（Pa）且持续时间大于 t（s），增压风机跳闸	
10	风机润滑油流量小于 L_1（L/min）且轴承温度大于 T_1（℃），增压风机跳闸	

续表

序号	联锁保护试验内容	备注
11	风机启动，烟气进口挡板未全开，增压风机跳闸	
12	风机启动，烟气出口挡板未全开，增压风机跳闸	
13	风机执行机构导叶力矩大于 R（N·m），增压风机跳闸	
14	增压风机润滑油系统未正常投运，增压风机跳闸	
15	增压风机液压油系统未正常投运，增压风机跳闸	
16	就地事故按钮动作，增压风机跳闸	
17	电气保护动作，增压风机跳闸	
18	FGD 保护动作，增压风机跳闸	

2）风机的试运。风机电动机试转合格以后，连上联轴器。检查对张口和膨胀间歇的要求，安装好电动机保护罩。启动风机的润滑油和液压油系统，启动风机的密封风机。检查增压风机的导叶调节装置，并调节导叶至两终端位置，将增压风机的叶片位置按生产厂家要求置于零位。

启动增压风机，对应的原烟气挡板应当自动打开。手动缓慢调节增压风机的叶片，直至增压风机满负荷，开始增压风机的 8h 试运，试运期间定期检查轴承温度、电流、振动及出口压力等参数。若发现异常情况，应立即停止试运，处理正常后方可继续试运。

增压风机系统调试过程中的常见问题主要有以下几种：

①增压风机出力不能调节：主要原因有滤油器堵塞，控制油压低下，液压缸漏油，调节杆连接损坏，电动执行机构损坏，叶片调节卡住等。

②增压风机跳闸：主要原因有保护定值设定不合理，热工线路误动，电气保护，轴承振动保护，温度保护，风机喘振，风机润滑油流量不满足要求，风机电动机保护动作等。

③增压风机的运行：调试期间包括以后的运行，建议通过调节增压风机的导叶避开风机的喘振区，尽量避免风机的小流量运行，有条件时在导叶轮前加装分流器装置。

（6）风机叶片角度的控制及调整。完成增压风机叶片角度的控制及调整，主要包括调节执行结构至叶片 50% 的角度，同时将执行机构的位置反馈定位在 50%。调节执行结构至叶片 0 的角度，将机械止位销定位，同时将执行机构的反馈定位于 0。调节执行结构至叶片 100% 的角度，将机械止位销定位，同时将执行机构的反馈定位于 100%。

4. 烟风系统冷态试运

（1）烟风系统冷态试运条件。

1）烟气挡板、GGH 及增压风机系统试运完成，经验收合格。

2）除尘处理设施安全稳定运行。

3）吸收塔系统安全稳定运行。

4）原烟气挡板在关闭状态。

（2）烟风系统的联锁保护试验。

脱硫烟风系统的设计考虑到锅炉机组的运行安全和 FGD 系统的设备安全。由于电厂采用的 FGD 技术路线有所不同，因此其逻辑设计也不尽相同。烟风系统的联锁保护主要试验内容见表 3-24，不同电厂的联锁保护试验项目和定值可能有所不同。

表 3-24　　　　　　　　　烟风系统的联锁保护试验

序号	联锁保护试验内容	备注
1	增压风机入口压力过高，FGD 保护动作	
2	增压风机入口压力过低，FGD 保护动作	
3	FGD 入口温度过高，FGD 保护动作	
4	FGD 入口温度过低，FGD 保护动作	
5	FGD 入口粉尘浓度过高，FGD 保护动作	
6	增压风机运行，FGD 入口挡板未全开，FGD 保护动作	
7	增压风机运行，FGD 出口挡板未全开，FGD 保护动作	
8	增压风机运行，循环泵全部停运，FGD 保护动作	
9	增压风机运行，GGH 的主辅电动机全部停运，FGD 保护动作	
10	增压风机跳闸，FGD 保护动作	
11	锅炉有超过设计要求的油枪投入且超时，FGD 保护动作	
12	锅炉 MFT（主燃料跳闸），FGD 保护动作	
13	机组 RB（辅机故障跳闸），FGD 保护动作	

（3）烟风系统的启动和停止程序。

设置增压风机的烟气系统启动和停止，包括启动和停止增压风机的液压油系统、润滑油系统、密封风系统。将 FGD 进出口烟气挡板、GGH 及辅助系统、增压风机等投自动，试验烟气系统的顺控启动和停止程序是否正确。

烟风系统主要的启动程序内容见表 3-25，主要的停止程序内容见表 3-26，不同电厂烟风系统的启动程序可能有所不同。

表 3-25　　　　　　　　　　烟风系统启动程序

序号	烟风系统启动程序	备注
1	烟气挡板密封风机投自动运行	
2	启动增压风机的冷却风机	
3	关闭 FGD 的进口烟气挡板	
4	增压风机的导叶调整到最小	
5	打开增压风机的出口烟气挡板	
6	打开 FGD 的净烟气挡板	
7	关闭脱硫吸收塔顶部的通风挡板	
8	启动增压风机	
9	打开增压风机的进口烟气挡板	
10	烟风系统启动程序结束	

表 3-26　　　　　　　　　　烟风系统的停止程序

序号	烟风系统停止程序	备注
1	将增压风机导叶切换到手动控制状态	
2	增压风机的导叶逐步调整到最小	

序号	烟风系统停止程序	备注
3	停止增压风机	
4	关闭 FGD 的进口烟气挡板	
5	打开脱硫吸收塔顶部的通风挡板	
6	关闭增压风机的出口烟气挡板	
7	关闭 FGD 的净烟气挡板	
8	至少等待 2h	
9	停止增压风机的冷却风机	
10	烟风系统停止程序结束	

（4）烟风系统冷态试运。

烟风系统冷态试运的目的是初步获取风机导叶的自动控制参数和系统锅炉异常变化时增压风机的调节性能数据，掌握冷态试验情况下脱硫系统的正常启动、停止及事故停运时炉膛负压和增压风机入口压力的变化规律，考核烟气系统相关烟气挡板动作的合理性和可靠性，为锅炉和脱硫系统热态运行优化提供技术参考。

冷态试运的内容包括系统启动和停止时对炉膛负压的影响，系统保护时（如增压风机跳闸）对炉膛负压的影响，增压风机导叶的自动调节试验及相关风量的标定等。同时设有增压风机和引风机的烟风系统需要开展脱硫增压风机与锅炉引风机调节匹配的专门试验。

虽然理论上烟风系统的冷态试验对机组和脱硫系统的热态运行有一定的指导意义，但比较多同类型脱硫系统的冷态、热态调整试验结果表明，烟风系统冷态和热态情况下的特性有比较大的差异，因此在脱硫系统热态调试期间还需要进行 FGD 系统的联锁保护试验，以掌握 FGD 系统发生保护时对机组运行安全的影响。

5．CEMS 调试

（1）调试前的检查。

1）CEMS 测点的安装位置、监测孔符合设计要求。

2）采样平台安全可靠、易于到达，操作空间足够。

3）供电电源合理正确，仪器设有漏电保护装置。

4）仪器外壳或外罩的耐腐蚀、密封性能良好，防尘、防雨装置齐全。

5）仪器各部件连接可靠，各操作键使用灵活、定位准确，各显示部分刻度、数字清晰，没有影响读数的缺陷。

6）光学镜头无沾污、探头无污染、滤料无堵塞。

7）采样管道倾斜度满足要求。

8）CEMS 系统的功能齐全，满足设计和合同的要求。检查 CEMS 系统的记录、存储、显示、数据处理和数据通信、打印、故障报警、安全管理、数据查询和检索等功能是否完备。

（2）CEMS 调试。

1）核查 CEMS 仪器的设计安装等是否符合相关要求。发现存在缺陷问题时及时整改，以保证 CEMS 仪器监测数据的代表性和准确性。

2）进行采样管道的泄漏测试，验证采样管道无泄漏、堵塞，管道加热、保温效果良好，无冷凝水存在。

3）校核 CEMS 数据能够及时准确地传递到脱硫工程师站、操作员站及其他监控站点。

4）系统热态调试期间进行 CEMS 仪器的零点和量程校准，以保证 CEMS 仪器能够正常投入使用。每天进行 CEMS 仪器的零点和量程校准，当累积漂移超过仪器规定的指标时，及时调整仪器零点和量程。一般要求 CEMS 的热态调试时间不少于 168h。

5）系统热态调试期间完成 CEMS 仪器的校正，根据需要对 CEMS 仪器进行调整校验，以确保 CEMS 监测数据的准确性。CEMS 仪器校正包括零气和标准气体的校验，其中的零气含有其他气体浓度不得干扰 CEMS 仪器读数或者产生 SO_2、NO_x、CO_2 等读数，标准气体需要在有效期之内并且其不确定度不超过 $\pm 2\%$。

CEMS 系统调试过程中的常见问题及注意事项主要有以下几点：

①CEMS 抽气流量偏小：主要原因有采样管存在堵塞现象，压缩空气阀门未打开，压缩空气压力不合理等。

②CEMS 氧量不准确：主要原因有采样管路存在泄漏，吹扫/进样转化阀存在漏气，氧量量程设定不合理等。

③CEMS 烟气流量不准确：主要原因有流量监测孔的安装位置不符合规范规定，烟气采样管道的伴热效果不理想，采样管道出现水汽冷凝甚至严重时冷凝水堵塞管路，烟气采样管路堵塞，吹扫压缩空气品质不符合要求，气路切换电磁阀动作不灵活或者损坏等。

④CEMS 的运行期间需要按 CEMS 设备要求定期进行日常管理和维护工作，及时更换已到使用期限的零部件，定期对采样管进行空气吹扫和水冲洗，以保证气路管道的畅通，定期进行人工的零点和量程值校验。

⑤CEMS 仪器热态调试不对 CEMS 的技术指标如零点漂移、量程漂移、响应时间、线性误差、准确度等做考核，这些 CEMS 的技术指标考核是在 CEMS 验收性能试验时完成的。

五、调试质量验收

烟风系统的分系统试运结束以后，应按照 DL/T 5295—2013《火力发电建设工程机组调试质量验收及评价规程》和 DL/T 5403—2007《火电厂烟气脱硫工程调整试运及质量验收评定规程》的要求及时办理相关系统、设备的验收签证和分系统验评工作，验收签证的格式见附录部分。

DL/T 5295—2013《火力发电建设工程机组调试质量验收及评价规程》中烟风系统调试质量验评标准见表 3-27。

表 3-27 烟风系统调试质量验收表

检验项目		性质	单位	质量标准	检查方法
联锁保护及信号		主控		全部投入、动作正确	检查记录
顺控功能组		主控		步序、动作正确	检查记录
状态显示		主控		正确	观察
热工仪表		主控		校验准确，安装齐全	观察、检查
入口挡板	远方操作	主控		操作灵活，无卡涩	观察，检查记录
	就地操作			操作灵活，无卡涩	观察，检查记录
	位置指示	主控		指示正确	观察，检查记录

续表

检验项目		性质	单位	质量标准	检查方法
出口挡板	远方操作	主控		操作灵活，无卡涩	观察，检查记录
	就地操作			操作灵活，无卡涩	观察，检查记录
	位置指示	主控		指示正确	观察，检查记录
增压风机	联锁保护	主控		项目齐全，动作正确	观察，检查记录
	动（静）叶开度指示			指示正确	观察，检查记录
	动（静）叶调节	主控		调节灵活，可靠	观察，检查记录
	轴承振动			符合 GB 50275—2010 规定	测量
	轴瓦温度		℃	符合设计要求	检查记录
	电流		A	符合设计要求	检查记录
	电动机轴承温度			符合设计要求	检查记录
	电动机绕组温度			符合设计要求	检查记录
	噪声		dB	符合设计要求	测量
	风机出力	主控	m³/h	符合设计要求	检查记录
	加热装置			正常工作	观察，检查记录
增压风机、密封风机	风机出力		m³/h	符合运行要求	观察
	管道			不堵不漏	观察
	滤网			清洁，满足运行要求	观察
	联锁保护			投入保护，动作正确	检查记录
液压油站、润滑油站	油箱加热器			符合设计要求	观测
	油系统	主控		油压、油温正常，无泄漏	观测
	冷却水系统			运行正常	观察
	联锁保护	主控		动作	观测
CEMS		主控		安装正确，信号正常	观察
FGD 入口温度指示		主控		指示正确	观测
锅炉侧信号				指示正确	观察
事故喷淋水系统		主控		压力、流量符合设计要求	观测

DL/T 5295—2013《火力发电建设工程机组调试质量验收及评价规程》中 GGH 系统调试质量验评标准见表 3-28。

表 3-28　　　　　　　　　　　GGH 系统调试质量验收表

检验项目		性质	单位	质量标准	检查方法
联锁保护及信号		主控		全部投入、动作正确	检查记录
顺控功能组		主控		步序、动作正确	检查记录
状态显示		主控		正确	观察
热工仪表		主控		校验准确，安装齐全	观察、检查
主电动机	轴承振动		mm	符合设计要求	测量
	轴承温度		℃	符合设计要求	测量

续表

检验项目		性质	单位	质量标准	检查方法
主电动机	运行电流		A	符合设计要求	测量
	转速		r/min	符合设计要求	测量
辅电动机	轴承振动		mm	符合设计要求	测量
	轴承温度		℃	符合设计要求	测量
	运行电流		A	符合设计要求	测量
	转速		r/min	符合设计要求	测量
本体转动机构				运转灵活,不卡涩	检查记录
高压水泵	轴承振动			符合 GB 50275—2010 规定	测量
	泵轴承温度		℃	符合设计要求	检查记录
	压力		MPa	符合设计要求	检查记录
	电流		A	符合设计要求	检查记录
密封风机	出力		m^3/h	符合运行要求	观察
	电流		A	符合设计要求	测量
低泄漏风机	电流		A	符合设计要求	测量
	振动		mm	符合设计要求	测量
	风门调节			动作正确	观测
吹灰器	就地、远方控制			符合设计要求	查记录
	伸缩性	主控		符合设计要求	观察
	就地操作			符合设计要求	观察
	顺序控制			符合设计要求	查记录
	气、水管路			投运正常	观察
管道严密性				无泄漏	观察
阀门		主控		关闭正常,无泄漏	观察
压缩空气				符合设计要求	查记录

第四节　SO₂ 吸 收 系 统

一、系统组成及设备

SO_2 吸收系统是整个脱硫系统的最核心的部分,主要用于完成烟气中 SO_2 的吸收脱除。当然,在脱除 SO_2 的同时,也会脱除烟气中的 SO_3、HCl、HF 等污染物及烟气中的部分飞灰等物质。

1000MW 机组烟气量庞大,多采用一炉一塔的配置,采用最多的是喷淋空塔。SO_2 吸收系统可以划分为以下几个子系统:吸收塔本体及浆液搅拌系统、浆液循环系统、氧化空气系统、除雾器系统、吸收区地坑系统、事故喷淋系统。典型的吸收系统工艺流程如图 3-9 所示。各子系统的主要设备见表 3-29。

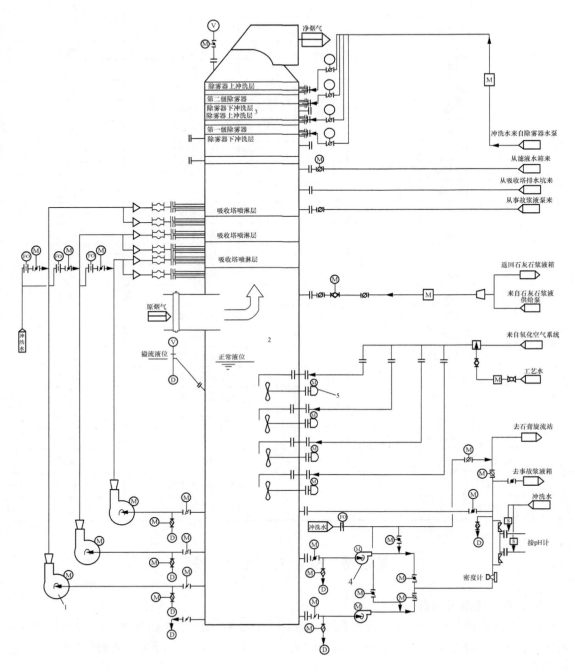

图 3-9 SO₂吸收系统工艺流程

1—浆液循环泵；2—吸收塔；3—除雾器；4—吸收塔排出泵；5—吸收塔搅拌器

表 3-29 SO₂ 吸收系统各子系统的主要设备

序号	子系统名称	主要设备及部件	功 能	主要指标或参数
1	吸收塔本体及浆液搅拌系统	(1) 吸收塔； (2) 吸收塔搅拌器； (3) 液位、pH 等表计； (4) 放空阀和管道	(1) 完成石灰石的溶解； (2) 维持吸收剂的均质及活性； (3) 完成吸收反应的氧化结晶过程	(1) 液位； (2) pH
2	浆液循环系统	(1) 浆液循环泵及其附属电动机、减速机； (2) 喷淋层及喷嘴； (3) 管道及阀门	(1) 吸收剂循环； (2) 吸收剂喷淋雾化； (3) 完成吸收反应的吸收过程	(1) 循环泵流量； (2) 循环泵出口压力
3	氧化空气系统	(1) 氧化风机； (2) 管道及阀门	向浆液池提供氧化空气	(1) 氧化风压力； (2) 氧化风流量； (3) 氧化风温度
4	除雾系统	(1) 除雾器； (2) 冲洗系统	除去烟气携带的浆液液滴	进出口压差
5	吸收区地坑系统	(1) 地坑泵； (2) 搅拌器； (3) 管道及阀门	(1) 完成吸收区浆液的回收； (2) 消泡剂等药剂添加	(1) 地坑液位； (2) 地坑泵出口压力和流量
6	事故喷淋系统	(1) 事故喷淋水箱； (2) 喷嘴； (3) 管道及阀门	防止入塔烟气超温	喷淋水箱液位

通常每套 FGD 的 SO₂ 吸收系统包括一座吸收塔（含两级除雾器、多个喷淋层及喷嘴、托盘或其他内件、氧化空气分布管等）、数台侧进式搅拌器、与喷淋层个数相对应台数的浆液循环泵、数台氧化风机（一般为三台）、一个吸收塔地坑、一套事故喷淋装置及相应的管道阀门等。

原烟气通过吸收塔入口从浆液池上方进入吸收区。在吸收塔内，原烟气与自上而下喷淋雾化浆液接触发生化学吸收反应，并被冷却。浆液与烟气接触反应后落入吸收塔下部浆池，即氧化结晶区。在液相中，硫的氧化物与碳酸钙反应，形成亚硫酸钙。在吸收塔下部浆池中，亚硫酸钙由布置在浆液池中的氧化空气分布系统鼓入的空气强制氧化成硫酸钙，硫酸钙在浆池中结晶生成石膏晶体。吸收塔浆液和喷淋到吸收塔中的除雾器清洗水流入吸收塔底部，即吸收塔浆液池。吸收塔浆液池上的数台侧进式搅拌器使浆液中的固体颗粒保持悬浮状态。

从吸收区出来的净烟气依次流经两层除雾器，除去所含浆液雾滴。在一级除雾器的上、下各布置一层冲洗喷嘴。冲洗水将带走一级除雾器顺流面和逆流面上的固体颗粒。烟气经过一级除雾器后，进入二级除雾器。二级除雾器下部也布置一层冲洗喷嘴，上部布置一层手动冲洗喷嘴。穿过二级除雾器后，经洗涤和净化的烟气通过出口烟道流出吸收塔，经过 GGH 或直接由烟道排入出口烟道和烟囱。

浆液再循环系统由浆液循环泵、喷淋层、喷嘴及其相应管道、阀门组成。浆液循环泵的作用是将吸收塔浆液池中的浆液经喷嘴循环，并为产生颗粒细小、反应活性高的浆液雾滴提供能量。一般循环系统采用单元制，即每套 SO_2 吸收系统配置若干台浆液循环泵，分别对应若干层喷淋层。

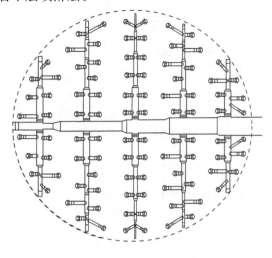

图 3-10　喷淋层示意图

浆液再循环系统一般采用单元制设置，即每台循环泵对应一层喷嘴。常规的喷淋层的模型如图 3-10 所示。

烟气中本身含氧量不足以氧化反应生成的亚硫酸钙，因此，需提供强制氧化系统为吸收塔浆液提供氧化空气。氧化空气系统提供的氧化空气将把脱硫反应中生成的半水合亚硫酸钙（$CaSO_3 \cdot 1/2H_2O$）氧化为二水合硫酸钙（$CaSO_4 \cdot 2H_2O$），即石膏。

氧化空气系统由氧化风机、氧化空气分布管及相应的管道、阀门组成。其系统配置需要满足氧化性能高、氧化空气分布均匀、氧化空气用量较少、结构简单、便于检修和清洗等要求。

氧化空气分布装置有矛式喷枪或管网式分布管两种。矛式喷枪通过氧化空气喷枪喷入吸收塔底部的反应浆液池中，由相对应的吸收塔搅拌器破碎，使之均匀分布到浆液中，将亚硫酸钙氧化为硫酸钙。管网式分布管通过在塔内浆池中的空气分布管（管上开有很多小孔），将氧化空气均匀分布到浆液中。矛式喷枪结构简单，便于检修和清洗，在中低硫煤烟气脱硫中得到广泛应用。但对于高硫煤，喷枪的数量设置受限，需要考虑采用管网式分布管。在大型机组脱硫装置中，一般均采用矛式喷枪结构。

在吸收塔内，搅拌器可使浆液保持悬浮状态，同时将鼓入的氧化空气与浆液充分混合，保证浆液对 SO_2 良好的吸收和对亚硫酸钙的氧化反应能力。对于 1000MW 机组，烟气量庞大，浆液量也很大，一般达到 4000t 以上，塔径 20m 以上，所以浆液一般采用的搅拌方式为搅拌器搅拌方式，由 5～6 台布置在吸收塔壁的侧进式搅拌器组成。每台搅拌器布置一套手动冲洗装置以保证事故状态检修后搅拌器的安全启动。

二、SO_2 吸收系统的工作原理

吸收塔可分为三个主要的功能区，即吸收区、氧化结晶区、除雾区，如图 3-11 所示。

吸收区是浆液区上方从吸收塔烟气入口中心线以上至顶层喷淋之间的区域。吸收区的主要功能是用于吸收烟气中的酸性污染物及飞灰等物质。对应于浆液循环泵数量，吸收区布置有若干层喷淋层，每层喷淋装置上按一定形式布置有数百个（百万机组由于烟气量大，喷嘴一般在 200 个以上）空心锥雾化喷嘴。浆液经喷嘴充分雾化，形成足够多的小液滴，保证了浆液与烟气的有效传质面积和接触时间，有利于烟气中的 SO_2 的吸收。喷淋层数和喷淋层的间距是影响吸收区高度的主要因素。通常，最下层喷淋层距入口烟道最上端 2～3m，最上层喷淋层距除雾器底部至少 2m。为保证吸收效果，各喷淋层喷嘴在上下空间位置上错开布置。

喷嘴的主要性能参数是雾化液滴粒径和喷淋覆盖率，由喷嘴特性和操作压力决定，粒径越小、喷淋覆盖率越大越有利于 SO_2 的吸收。喷淋覆盖率是喷嘴布置设计的一个重要参数，其

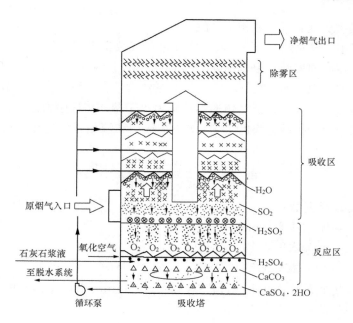

图 3-11　吸收塔分区示意图

定义为

$$\text{喷淋覆盖率} = (N_p \times A_p)/A_t \times 100\% \tag{3-1}$$

式中　N_p——每层喷淋层喷嘴数量；

A_p——单个喷嘴在其出口 1m 处的喷淋面积，m^2；

A_t——1m 处吸收塔的截面积，m^2。

在吸收区，烟气中的 SO_2 等酸性气体完成从气相向液相的传质过程，其传质过程可以用双膜理论来描述，如图 3-12 所示。依据双膜理论，在气液之间存在一个稳定的界面，界面两侧各有一层很薄的层流薄膜，即气膜和液膜，它们将气液吸收传质过程大致分为四个阶段：

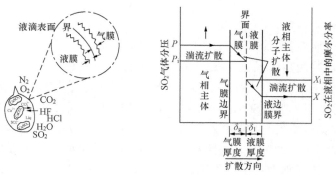

图 3-12　SO_2 吸收双膜理论示意图

（1）气态反应物质从气相主体向气-液界面的传递。

（2）气态反应物穿过气-液界面进入液相，并发生化学反应。

（3）液相中的反应物由液相主体向相界面附近的反应区迁移。

（4）反应生成物从反应区向液相主体的迁移。

气液传质过程中，SO_2 通过分子扩散方式穿过在气液交界面的气膜和液膜，对于喷淋塔气液交界面主要是雾滴的表面，也包括除雾器表面。由于 SO_2 在气相中有充分的流体扰动，其浓度是相对均匀的，而且 SO_2 在气相中的扩散系数大于它在液相中的扩散系数，因此 SO_2 质量传递的主要阻力来自液相，但其传递的总阻力等于两相传递阻力之和，即 SO_2 脱除效率受其在气、液两膜中分子扩散速率的影响。SO_2 在气相和液相界面的传质可用传质单元来表达，即

$$NTU = \ln\left(\frac{SO_{2in}}{SO_{2out}}\right) = \frac{K_G APV}{G} \tag{3-2}$$

式中　NTU——传质单元数；

　　　　G——气体摩尔速率，mol/s；

　　　SO_{2in}——入口 SO_2 体积浓度，$\mu L/L$；

　　　SO_{2out}——出口 SO_2 体积浓度，$\mu L/L$；

　　　　K_G——总传质系数，$mol/(cm^2 \cdot s \cdot atm)$，$1atm = 1.013\,25 \times 10^5 Pa$；

　　　　A——单位体积界面面积，m^2/m^3；

　　　　P——吸收塔绝对压力，atm；

　　　　V——吸收塔体积，m^3。

从式（3-2）可以看出，对于给定的气流速率 G，脱硫率将随 K_G 和 A 的增加而增加，A 的影响更为直接。对于喷淋塔，A 为所有喷雾液滴的总表面积；对于托盘塔，A 为液滴表面积及托盘上气泡表面积之和；对于填料塔，A 为填料的湿润表面与少量由气流带出填料的液滴表面积之和。对于脱硫塔，界面面积为吸收塔机械结构的函数，可以通过增加浆液喷射量、减小雾滴直径来提高传质单元数。

当塔压与塔体积保持不变时，脱硫效率受总传质系数、传质面积和气体摩尔速率影响，总传质系数 K_G 可表达为

$$K_G = \frac{1}{K_g} + \frac{H}{K_1 \Phi} \tag{3-3}$$

式中　K_g——气相传质系数，$mol/(cm^2 \cdot s \cdot atm)$；

　　　K_1——液相传质系数，cm/s；

　　　　H——吸收塔浆液亨利系数，$atm/(mol \cdot L)$；

　　　Φ——增强因子，表征 SO_2 以 HSO_3^- 或 SO_3 的形式通过浆液的扩散能力。

若 $\Phi K_1/HK_g$ 远小于 1，则 SO_2 的传质主要由液膜阻力控制；若 $\Phi K_1/HK_g$ 远大于 1，则 SO_2 的传质主要由气膜传质阻力控制。在石灰石工艺中，$\Phi K_1/HK_g$ 的典型值为 0.05～0.20。因此，当增强因子为 5%～20% 时，液膜和气膜的阻力同等重要，为双膜控制；但当增强因子大于 20% 时，气膜传质阻力占主导作用。

气膜控制工况主要发生于入口 SO_2 浓度较低时。当入口 SO_2 浓度较低而液气比较高时，在一定范围内，脱硫效率不会因为 SO_2 浓度的增加而降低。当 SO_2 浓度继续增加，达到一定浓度时，脱硫效率将下降，此时，SO_2 的吸收由受气膜控制转向受液膜控制。当然，中间有一个受双膜控制的阶段。气膜控制向液膜控制的转折点受多个因素的影响，其中包括气流速度、液相碱度等。例如，在一个碱度很高的脱硫系统中，SO_2 的吸收受气膜控制。一般来

说，只有当入口烟气 SO_2 浓度很低时，石灰石脱硫系统才受气膜控制，或当石灰石系统脱硫效率很高时，靠近喷淋塔出口处的 SO_2 吸收受气膜控制。

除了入口烟气 SO_2 浓度极低的情况，大多数石灰石脱硫系统 SO_2 的吸收受液膜控制。这时，总传质系数 K_G 几乎全受物理传质系数 K_1、亨利系数 H、增强因子 Φ 控制。

增强因子 Φ 是与气体和浆液组分密切相关的函数，浆液中 SO_3^{2-} 或亚硫酸盐（如 $MgSO_3$ 等）的浓度越高，增强因子越大。随着碱度的增加，增强因子 Φ 也增加。因此，K_G 值和脱硫效率可以通过增加气液间的有效接触及增加浆液碱度来提高。增强因子 Φ 与烟气中 SO_2 的浓度也密切相关，当烟气中 SO_2 浓度低于 $(100\sim500)\times10^{-6}L/L$ 时，大多数石灰石浆液吸收塔的传质可以假定为受气膜控制，在这个范围内，SO_2 通量和被吸收的 SO_2 的量与 SO_2 浓度成正比；当烟气中 SO_2 浓度较高时，脱硫效率下降，对于给定的脱硫效率，在低浓度 SO_2 条件下比在高浓度 SO_2 条件下要容易。在烟气流经吸收区的过程中，烟气中 SO_2 的浓度在不断变小，因此 SO_2 的传质在气-液接触的始端主要受液膜控制，而在气-液接触的末端则表现为受气膜控制。

总的传质系数受所有能改变边界层物化性质的变量的影响。例如，有机酸能增加浆液的缓冲能力，降低 pH，增强因子 Φ 随 SO_2 浓度的增加而降低；气流分布和吸收塔的几何结构影响 K_1。所有这些都影响流相传质阻力（$HK_g/\Phi K_1$）。受吸收塔几何结构的影响，由于逆流中气相边界层较顺流薄，因而逆流中 K_g 较顺流中大；提高浆液量可增加液滴数量，从而增加气液界面面积 A；增加气流速率 G，虽然减少了气体在吸收塔内的停留时间，但也能通过减薄边界层厚度，增加气相传质系数。

SO_2 吸收的化学机理主要如下：含有 SO_2 的烟气进入吸收塔，SO_2 经扩散作用从气相溶入液相中，与水反应生成亚硫酸（H_2SO_3），亚硫酸迅速离解成亚硫酸氢根离子（HSO_3^-）和氢离子（H^+）。当 pH 较高时，HSO_3^- 发生二级电离，产生较高浓度的 SO_3^{2-}。主要的反应为

$$SO_2（气）\longrightarrow SO_2（液）\tag{3-4}$$

$$SO_2（液）+H_2O\longrightarrow H_2SO_3（液）\tag{3-5}$$

$$H_2SO_3（液）\longrightarrow H^+ + HSO_3^-\tag{3-6}$$

$$HSO_3^-\longrightarrow H^+ + SO_3^{2-}\tag{3-7}$$

SO_2 在水中的吸收包括物理吸收［式（3-4）及式（3-5）］和化学吸收［式（3-6）及式（3-7）］两部分。物理吸收的程度，取决于气-液平衡，只要气相中 SO_2 分压大于平衡时液相中的 SO_2 分压，吸收过程就会进行。随着液体温度的升高，液相中 SO_2 分压增加，SO_2 的物理吸收量减少。

SO_2 溶入水后产生了 H^+，从而使溶液 pH 降低，降低的 pH 反过来又降低 SO_2 在液相中的吸收速率，制约 SO_2 在液体中进一步地吸收，因此 SO_2 进入液相后被吸收的程度与溶液的 pH 有关。图 3-13 为 SO_2 进入液相后产生的 H_2SO_3、HSO_3^-、SO_3^{2-} 与溶液 pH 的关系。由图 3-13 可知，当 pH>8 时，SO_2 在水中主要以 SO_3^{2-} 的形式存在；当 pH>9 后，溶液中几乎全部为 SO_3^{2-}；当 pH<6 时，SO_2 在水中主要以 HSO_3^- 的形式存在，pH 在 3.5~5.4 时，溶液中几乎全部为 HSO_3^-；当 pH<3.5 后，溶入水中的 SO_2 有一

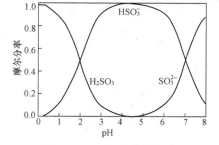

图 3-13　亚硫酸平衡曲线

部分与水分子结合为 $SO_2 \cdot H_2O$。因此，溶液的 pH 不同，SO_2 在水中的化学吸收反应是不相同的。

由式（3-6）和式（3-7）可以看出，为使 SO_2 的吸收不断地进行下去，就必须减少反应产物的浓度，即减少 H^+、HSO_3^-、SO_3^{2-} 的浓度。为此，可加入碱性物质中和电离产生的 H^+，或加入钙基吸收剂，引入 Ca^{2+}，产生 $CaSO_3$ 固体沉淀而减少液相中的 SO_3^{2-}，或者加入氧气，使 HSO_3^-、SO_3^{2-} 氧化为 SO_4^{2-}。

氧化结晶区即吸收塔持液槽区（或浆液池），主要功能是用于石灰石均质、溶解、中和、亚硫酸钙的氧化和石膏的结晶。在持液槽区，固态的石灰石需要先溶解才能与 SO_2 进行反应，石灰石溶解的主要反应为

$$CaCO_3 \text{（固）} \longrightarrow CaCO_3 \text{（液）} \tag{3-8}$$

$$CaCO_3 \text{（液）} \longrightarrow Ca^{2+} + CO_3^{2-} \tag{3-9}$$

$$CO_3^{2-} + H^+ \longrightarrow HCO_3^- \tag{3-10}$$

$$HCO_3^- + H^+ \longrightarrow H_2O + CO_2 \text{（液）} \tag{3-11}$$

$$CO_2 \text{（液）} \longrightarrow CO_2 \text{（气）} \tag{3-12}$$

在持液槽区布置有氧化空气分布系统和石灰石浆液搅拌系统。由氧化风机提供的氧化空气在此区内将浆液吸收 SO_2 后生成的亚硫酸钙氧化成石膏，这个过程其实包括两个步骤，即亚硫酸盐的氧化和石膏的结晶。亚硫酸盐氧化的主要反应为

$$HSO_3^- + \frac{1}{2}O_2 \longrightarrow HSO_4^- \longrightarrow H^+ + SO_4^{2-} \tag{3-13}$$

石膏的结晶的主要反应为

$$Ca^{2+} + SO_4^{2-} + 2H_2O \longrightarrow CaSO_4 \cdot 2H_2O \text{（固）} \tag{3-14}$$

结晶过程中也会生成少量的亚硫酸钙，反应式为

$$Ca^{2+} + SO_3^{2-} + \frac{1}{2}H_2O \longrightarrow CaSO_3 \cdot \frac{1}{2}H_2O \text{（固）} \tag{3-15}$$

综合以上过程，从 SO_2 吸收到石膏晶体形成的总的反应式可以写成

$$SO_2 + CaCO_3 + \frac{1}{2}O_2 + 2H_2O \longrightarrow CaSO_4 \cdot 2H_2O + CO_2 \tag{3-16}$$

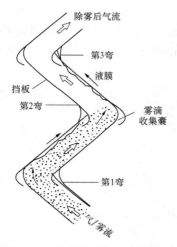

除雾区位于喷淋层以上，一般包括两级除雾器，用于分离净化后烟气中夹带的雾滴，减少吸收剂的损耗和水耗，降低对下游设备的影响。1000MW 机组脱硫装置一般设计净烟气液滴含量不超过 $75mg/Nm^3$。除雾器通常采用折流板除雾器，其工作原理是利用液滴与曲折烟气通道的固体表面发生惯性碰撞，从而凝聚成较大的液滴并被捕集后在重力作用下顺除雾器固体表面流回吸收区。除雾器的工作原理如图 3-14 所示。

原烟气流经吸收塔时，蒸发并带走吸收塔中的一部分水分，脱硫反应生成物也会带出部分水，将导致吸收塔浆液的含固量增大。运行时，需要通过补充滤液等回收水和除雾器冲洗等新鲜工艺水调节浆液含固量和吸收塔液位。

图 3-14　除雾器工作原理示意图

吸收塔浆液运行 pH 一般控制在 5.2~5.8，pH 控制范围

较窄有利于防止 FGD 系统的结垢。吸收塔浆液的 pH 由在线 pH 计测量，通过吸收塔中石灰石浆液的补充量进行调节。加入吸收塔的新鲜石灰石浆液的量的大小将取决于锅炉负荷、入口烟气 SO_2 含量（受燃煤品质影响）及实际的吸收塔浆液的 pH。在 FGD 的运行过程中，为维持较稳定的运行 pH，应尽量控制浆液补充速度，实现运行时连续补浆，防止因补浆过快造成补浆阀频繁开关和 pH 频繁剧烈波动。

吸收塔运行浆液密度通常维持在 $1050\sim1150kg/m^3$，密度控制范围较窄有利于 FGD 的安全和稳定运行。吸收塔的密度由石膏脱水系统排出脱水石膏量和吸收塔补水量进行调节。

三、调试前应具备的条件和准备工作

SO_2 吸收系统各类设备较多，由于工期等原因，各设备单体调试工作往往没有固定的先后顺序，单机调试与分系统调试工作也经常穿插进行。

单机调试和分系统调试阶段各主要设备和系统试运前，应完成必要的条件检查和准备工作。

1. 吸收塔进水应具备的条件

（1）吸收塔施工验收完毕，施工缺陷处理完毕。

（2）吸收塔内部清理干净。

（3）除雾器冲洗水系统管道冲洗完毕。

（4）与吸收塔接口设备（烟道、管道等）清扫干净。

（5）吸收塔内部件（除雾器设备、除雾器冲洗水系统设备、喷淋系统设备、氧化空气系统设备、搅拌器设备、浆液循环泵入口滤网等）安装验收完毕，吸收塔防腐施工验收完毕。

（6）与吸收塔接口相关设备、阀门安装调试完毕。

（7）工艺水系统能够正常投入，除雾器冲洗水泵能够正常投入。

（8）工艺水箱、吸收塔的液位信号、压力信号等仪表信号投入运行。

（9）各类围栏、栏杆等设施安装完毕。

（10）搅拌器旋转方向确认正确。

（11）循环泵入口电动蝶阀严密性检查验收合格。

（12）工艺水箱至吸收塔除雾器冲洗水喷头系统设备安装调试验收完毕，除雾器所有冲洗水阀检查正常无泄漏，仪表投入运行。

（13）吸收塔—石膏浆液排出泵—事故浆液箱，吸收塔底部排水阀—吸收塔区排水坑设备安装调试验收完毕，仪表投入运行。

（14）试运组织机构建立，通信系统畅通。

（15）循环泵及管道清扫完毕。

（16）吸收塔检修孔、人孔门安装完毕。

（17）事故浆液箱及相关工艺管道施工验收完毕。

2. 循环泵试运前应具备的条件

（1）泵体、电动机、减速机及相关管道、阀门安装完毕。

（2）润滑油油质合格，油位正常。

（3）脚手架拆除，沟盖盖好，地面平整，照明充足。

（4）电动机及泵的地脚螺栓紧固不松动。电动机接地良好，测量绝缘合格。

（5）联轴器连接螺栓完整无松动，防护罩完整可靠。

（6）循环泵系统基础混凝土强度已达设计强度，设备周围的杂物已清理干净。

（7）吸收塔内喷淋层、氧化空气管已安装完毕，并通过验收。

（8）搅拌器、除雾器及其冲洗水系统已安装完毕，并通过验收。

（9）吸收塔已进水至合格高度。

3. 氧化风机试运前应具备的条件

（1）试运范围内场地平整，道路（包括消防通道）畅通。

（2）施工范围内的脚手架已全部拆除，环境已清理干净，现场的沟道及孔洞的盖板齐全，临时孔洞装好。

（3）护栏或盖板齐全，平台有正规的楼梯、通道、过桥、栏杆及其底部护板。

（4）氧化风机及相应管道、阀门、滤网安装完毕，出口止回阀安装正确，进出口管道内部清理干净，外部保温结束。

（5）氧化风机基础牢固，螺栓紧固。

（6）工艺水系统调试完毕，可投入使用。

（7）相应阀门开关灵活，位置反馈正确，热工保护信号正确。

（8）润滑油油位在中心线位置，冷却水畅通。

（9）吸收塔水位满足要求。

4. 搅拌器试运前应具备的条件

（1）试运范围内场地平整，道路畅通。

（2）施工范围内的脚手架已全部拆除，现场已清理干净，现场的沟道及孔洞的盖板齐全，临时孔洞装好护栏或盖板，平台有正规的楼梯、通道、过桥、栏杆及其底部护板。

（3）搅拌器安装完毕，基础牢固，螺栓紧固，润滑油油位正常。

（4）吸收塔液位满足试运要求。

（5）液位计校验合格，可靠投入。

（6）皮带张紧力合适，符合厂家的规定。

5. 电厂生产准备应具备的条件

（1）参加试运的值班员需经过考试合格，分工明确，责任界限清楚，并服从调试人员的指挥。

（2）运行值班员应熟悉本职范围内的系统及设备，熟记操作程序。试运操作记录应正确无误，操作及接班人员应签字，以明确责任，其他调试相关单位人员到位，组织分工明确。

（3）电厂化学专业应具备浆液、石膏等化学分析条件，并配有操作和分析人员。

（4）化学分析仪器、药品、运行规程及记录报表齐全。

（5）各种设备、阀门应悬挂编号、名称标志牌。

（6）通信系统建立，能满足现场调试要求。

（7）相关设备的单体调试已经完成，并经监理等单位验收合格，遗留项目不影响系统的调试安全。

（8）调试单位应完成调试措施交底，并做好交底记录，并准备好分系统调试条件检查卡。

四、调试方法及步骤

分系统调试是在单体调试的基础上，按系统对动力、电气、热控等所有设备进行空载和带负荷的调整试验，是 FGD 系统整套启动联合试运的基础。SO_2 吸收系统调试程序有以下几个步骤。

1. 吸收塔（事故浆液箱）内部检查

将吸收塔内部杂物清理干净，确认吸收塔内部无焊条、小铁块等杂物，防止运行过程中这些杂物损坏循环泵或石膏排出泵、事故返回泵等。

2. 阀门传动检查

在 CRT（显示器）上操作 SO_2 吸收系统范围内的阀门，应开关灵活，位置反馈正确，无卡涩现象。循环泵入口门应从吸收塔内部进行密封性检查，观察开关操作门芯动作是否准确、有无卡涩，关闭状态时与管壁是否严密无缝隙。调节门应至少进行 0、25％、50％、75％和 100％五个开度的开关操作，确保就地指示与 DCS 的反馈一一对应。

3. 系统冲洗

系统冲洗包括管道冲洗和吸收塔、事故浆液箱的冲洗。启动工艺水泵，冲洗管道，包括除雾器给水管道、浆液泵输送管道等。冲洗采用目测的方法检验，管道出水清洁即可，同时检查法兰等处有无泄漏，管道冲洗完毕冲洗吸收塔和事故浆液箱，冲洗完毕关闭人孔门。

4. 除雾器系统调试

除雾器给水管道冲洗合格后，法兰恢复连接。通过除雾器给水管道上的自力式调节阀调整除雾器冲洗水压力，压力过高可能会损坏除雾器叶片，压力过低则达不到好的冲洗效果。单个冲洗阀开启时，除雾器冲洗层的冲洗水压力一般控制在 0.2～0.25MPa。

冲洗水压力调整好后，逐个打开除雾器冲洗阀门，对除雾器的喷淋情况进行检查。检查内容主要包括冲洗阀门关闭时是否严密、喷嘴是否堵塞、喷射方向是否正确等。

FGD 系统正常运行中，喷淋塔液位一般通过除雾器的冲洗来控制，因此除雾器顺控冲洗程序非常重要，包括每个冲洗水阀门的间隔开关时间和冲洗时间。间隔时间设得过长，吸收塔液位可能降低，并且除雾器也得不到及时清洗；冲洗时间设得过长，则会造成吸收塔液位的持续升高。除雾器冲洗程序一般都要在热态时根据实际运行工况进行调整，在冷态情况下主要试验冲洗逻辑的正确性。表 3-30 是某 1000MW 除雾器冲洗程序的实例。

5. 吸收塔注水

在进行除雾器冲洗水程序试验的同时也给吸收塔注了水，利用除雾器冲洗水上水时，记录除雾器冲洗程序完成一个周期吸收塔水位的上升高度，为热态运行提供数据，也可直接通过吸收塔补水门上水。为了加快上水进度，也可两路同时上水，在上水过程中同时校验液位计。

6. 浆液循环泵试运

（1）再次确认浆液循环泵系统的各阀门开关操作正确、测点显示准确无误、吸收塔液位合适。

（2）根据试运条件检查表，组织监理、调试、施工、生产、建设等单位对浆液循环泵试运条件进行检查确认和签证。

（3）浆液循环泵静态检查完毕，将循环泵电源送试验位，调试单位按照生产单位提供的逻辑、保护定值清单完成浆液循环泵系统的定值和测点量程检查和联锁保护等逻辑的预操作试验。浆液循环泵逻辑预操作试验示例（以 A 泵为例）见表 3-31。

表 3-30   除雾器冲洗逻辑试验示例

编号	试验条件	信号来源	定值	试验方法	备注
启动允许					
1	至少一台除雾器冲洗水泵在运行	就地		实做	允许启动，"与"逻辑
2	吸收塔液位＜10 500mm（2/3）	就地	10 500mm	模拟	
系统启动顺控					
1	打开第一层冲洗电动阀 1，保持 60s 后关闭	就地		实做	启动顺控：冲洗时间 T 的逻辑运算：1 延时时间 $T=15min$ 时的条件：锅炉负荷不小于 75%；2 延时时间 $T=20min$ 时的条件：50% 小于锅炉负荷小于 75%；3 延时时间 $T=30min$ 时的条件：锅炉负荷不大于 50%
	……（按照上述逻辑依次操作第一层冲洗电动阀 2～13）	就地		实做	
	打开第一层冲洗电动阀 14，保持 60s 后关闭	就地		实做	
2	等待（$T-14$）min	逻辑		模拟	
3	打开第二层冲洗电动阀 1，保持 60s 后关闭	就地		实做	
	……（按照上述逻辑依次操作第二层冲洗电动阀 2～13）	就地		实做	
	打开第二层冲洗电动阀 14，保持 60s 后关闭	就地		实做	
4	等待（$T-14$）min	逻辑		模拟	
5	打开第三层冲洗电动阀 1，保持 60s 后关闭	就地		实做	
	……（按照上述逻辑依次操作第三层冲洗电动阀 2～13）	就地		实做	
	打开第三层冲洗电动阀 14，保持 60s 后关闭	就地		实做	
6	（以上流程再走一遍）	逻辑		模拟	
7	打开第一层冲洗电动阀 1，保持 60s 后关闭	就地		实做	
	……（按照上述逻辑依次操作第一层冲洗电动阀 2～13）	就地		实做	
	打开第一层冲洗电动阀 14，保持 60s 后关闭	就地		实做	
8	等待（$T-14$）min	逻辑		模拟	
9	打开第二层冲洗电动阀 1，保持 60s 后关闭	就地		实做	
	……（按照上述逻辑依次操作第二层冲洗电动阀 2～13）	就地		实做	
	打开第二层冲洗电动阀 14，保持 60s 后关闭	就地		实做	
10	等待（$2×T-14$）min（将 2 改为手动设定数值）	逻辑		模拟	
11	程控结束				

续表

编号	试验条件	信号来源	定值	试验方法	备注
	系统停止顺控				
1	关闭第一层冲洗电动阀1	就地		实做	停止顺控
	……（按照上述逻辑依次操作第一层冲洗电动阀2~13）	就地		实做	
	关闭第一层冲洗电动阀14	就地		实做	
2	关闭第二层冲洗电动阀1	就地		实做	
	……（按照上述逻辑依次操作第二层冲洗电动阀2~13）	就地		实做	
	关闭第二层冲洗电动阀14	就地		实做	
3	关闭第三层冲洗电动阀1	就地		实做	
	……（按照上述逻辑依次操作第三层冲洗电动阀2~13）	就地		实做	
	关闭第三层冲洗电动阀14	就地		实做	
4	程控结束	逻辑		模拟	
	联锁保护				
1	吸收塔液位高于12 000mm（2/3），执行除雾器喷水阀强制关闭	就地	12 000mm	模拟	联锁保护
2	吸收塔液位低于10 500mm（2/3），保护停用的除雾器系统重新继续执行顺控启动程序	就地	10 500mm	模拟	

表3-31　　　　浆液循环泵逻辑预操作试验示例（以A泵为例）

编号	试验条件	信号来源	定值	试验方法	备注
	启动允许				
1	循环泵A无跳闸信号	逻辑		实做	允许启动，"与"逻辑
2	循环泵A无故障报警	就地		实做	
3	循环泵A无控制回路异常	就地		实做	
4	循环泵A远方控制	就地		实做	
5	循环泵A轴承温度小于90℃	就地	90℃	模拟	
6	循环泵A电动机轴承温度小于80℃	就地	80℃	模拟	
7	循环泵A电动机线圈温度小于115℃	就地	115℃	模拟	
8	搅拌器运行5/6	就地		实做	
9	吸收塔液位大于9000mm	就地	9000mm	模拟	
10	在90s内没有其他循环泵在启动	逻辑	90s	模拟	
11	循环泵A进口阀打开	就地		实做	
12	循环泵A排放阀全关	就地		实做	
13	循环泵A冲洗阀全关	就地		实做	

续表

编号	试验条件	信号来源	定值	试验方法	备注
停止允许					
1	至少有两台浆液循环泵运行				停止允许；"或"逻辑
2	有锅炉 MFT 信号在（2/3）	锅炉		模拟	
保护停止					
1	循环泵 A 运行且进口阀打开信号丢失，延时 10s	就地	10s	实做	保护停止，"或"逻辑
2	吸收塔液位小于 6500mm，延迟 5s	就地	6500mm，5s	实做	
3	循环泵 A 轴承温度大于 95℃	就地	95℃	模拟	
4	循环泵 A 电动机轴承温度大于 90℃	就地	90℃	模拟	
5	循环泵 A 电动机线圈温度大于 125℃	就地	125℃	模拟	
6	循环泵 A 运行且排放电动阀已开，延迟 5s	就地	5s	实做	
顺控启动允许					
1	循环泵 A 无综保故障	就地		实做	顺控允许启动，"与"逻辑
2	循环泵 A 进口门无故障报警	就地		实做	
3	循环泵 A 无控制回路异常	就地		实做	
4	循环泵 A 进口门远方控制	就地		实做	
5	循环泵 A 轴承温度小于 90℃	就地	90℃	模拟	
6	循环泵 A 电动机轴承温度小于 80℃	就地	80℃	模拟	
7	循环泵 A 电动机线圈温度小于 115℃	就地	115℃	模拟	
8	搅拌器运行 5/6	就地		实做	
9	吸收塔液位大于 9000mm	就地	9000mm	模拟	
10	在 90s 内没有其他循环泵在启动	就地	90s	实做	
顺控启动逻辑					
第一步	关闭循环泵 A 排放阀，冲洗阀	就地		实做	顺控启动
第二步	循环泵 A 进口阀全开，延时 60s	就地	60s	实做	
第三步	循环泵 A 运行	就地		实做	
结束	顺控启动结束				
顺控停止逻辑					
第一步	循环泵 A 已停止，等待 60s	就地	60s	实做	顺控停止
第二步	循环泵 A 进口阀全关	就地		实做	
第三步	循环泵 A 排放阀全开，延时 180s	就地	180s	实做	
第四步	循环泵 A 排放阀全关	就地		实做	
第五步	循环泵 A 冲洗阀全开，延时 180s	就地	180s	实做	
第六步	循环泵 A 冲洗阀全关	就地		实做	
第七步	循环泵 A 排放阀全开，延时 180s	就地	180s	实做	
第八步	循环泵 A 排放阀全关	就地		实做	
第九步	循环泵 A 冲洗阀全开，延时 180s	就地	180s	实做	
第十步	循环泵 A 冲洗阀全关	就地		实做	
结束	停止程序结束				

注　表 3-31 中 2/3 表示信号 3 取 2，下同。

（4）打开吸收塔除雾器各层人孔门，结合除雾器冲洗水的调试，由除雾器冲洗水向吸收塔注水。除雾器冲洗水冲洗效果检查合格后封闭除雾器各层人孔门。注水的水位不需要太高，但需满足循环泵气蚀余量等要求，一般注水 8m 左右即可。

（5）循环泵及电动机联锁保护试验完成，吸收塔液位满足要求，具备试转条件后，拆下联轴器，电源送工作位置，先进行 4h 电动机空转试运。确认转向正确，运转正常，事故按钮工作可靠后，断开电源连上联轴器，盘车确认循环泵各部件无异常摩擦。

（6）电源送工作位置，投运减速机冷却水和机械密封水，带减速机润滑油泵的投运润滑油泵，启动循环泵进行 8h 试运。做好试运相关轴承温度、电动机绕组温度、振动、进出口压力、电流等记录。注意检查以下内容：密封水压力、流量正常；轴承温度和电动机绕组温度不得超过厂家的规定值；轴承、减速机等无漏油、漏水现象；振动符合验评要求，各转动部件无异常；循环泵进、出口压力指示正常，电流不超过额定电流。循环泵试运过程中通过喷淋层各人孔门进行喷嘴喷淋效果检查，检查正常后封闭人孔门。

（7）循环泵单机试运结束后，填写相关试运质量验收表，监理单位组织施工、调试、建设、生产单位完成五方验收签证。

循环泵试运过程中应注意以下几个问题：

1）吸收塔水位应满足要求。1000MW 机组 FGD 系统采用的循环泵是离心泵，一般不设出口门，因此循环泵启动前，要保证吸收塔水位满足一定要求，若吸收塔水位过低，会造成循环泵启动电流过大，并有可能造成泵体气蚀。

2）循环泵的启动前必须先投运减速机冷却水、机封密封水和润滑油站，并确保其流量压力正常。

3）浆液循环泵配置的是 6kV 电动机，必须遵守其操作规程要求：对于 200kW 以下电动机，停运后再次启动至少应间隔 30min；对于 200～500kW 以下电动机，停运后再次启动至少应间隔 1h；对于 500kW 以上电动机，停运后再次启动至少应间隔 2h。

4）试运过程中，应注意是否有不正常的振动、噪声或局部过热现象，如发生异常情况，应立即停机查找原因，消缺后重新开始试运。

除循环泵外，SO_2 吸收系统的其他浆液泵还包括石膏排出泵、排水坑泵、事故返回泵等。这些泵基本都是 0.4kV 离心泵，一般都设有出口电动门。为避免启动电流过大造成过载保护跳闸，这些泵需要关闭出口门启动，启动后再打开出口门，其他调试步骤与浆液循环泵基本相同。

7. 氧化风机试运

（1）再次确认氧化空气系统的各阀门开关操作正确、测点显示准确无误、吸收塔液位合适。

（2）根据试运条件检查表，组织监理、调试、施工、生产、建设等单位对氧化风机试运条件进行检查确认和签证。

（3）氧化空气系统静态检查完毕，将氧化风机电源送试验位，调试单位按照生产单位提供的逻辑、保护定值清单完成氧化空气系统的定值和测点量程检查和联锁保护等逻辑的预操作试验。氧化风机逻辑操作试验示例（以 A 氧化风机为例）见表 3-32。

（4）氧化风机联锁保护试验完成，具备试运条件后，拆下联轴器，电源送工作位置，先进行 4h 电动机空转试验。确认转向正确，运转正常，事故按钮工作可靠后，断开电源连上联轴器。

表 3-32　　　　　　　　　氧化风机逻辑预操作试验示例（以 A 氧化风机为例）

编号	试验条件	信号来源	定值	试验方法	备注
启动允许					
1	氧化风机 A 就地柜无故障联锁	就地		实做	允许启动，"与"逻辑
2	氧化风机 A 就地柜远程自动	就地		实做	
3	氧化风机 A 无控制回路异常	就地		实做	
4	氧化风机 A 无故障报警	就地		实做	
5	氧化风机 A 远方控制	就地		模拟	
保护停止					
1	氧化风机 A 综保故障	就地		实做	保护停止，"或"逻辑
2	氧化风机 A 就地柜故障联锁	就地		实做	
3	氧化空气冷却后温度高于 80℃，延时 3s	就地	80℃，3s	模拟	

　　（5）电源送工作位置，投运油站和冷却水，启动氧化风机进行 8h 试运。观察各部件有无异常现象及摩擦声音，冷却水压力、流量是否正常。做好试运相关记录，试运期间应定期测量风机电流、出口压力、出口氧化风温度及减温后氧化风温度、轴承温度、振动及密封情况。轴承温度和电动机绕组温度不得超过厂家的规定值，电流不超过额定电流。试运期间氧化风机应运转平稳，无异常噪声，一定时间后氧化风出口及减温后温度应稳定。若发现异常情况，应立即停止试运，处理后方可继续试运。

　　（6）氧化风机单机试运结束后，填写相关试运质量验收表，监理单位组织施工、调试、建设、生产单位完成五方验收签证。

　　氧化风机试运过程中应注意以下几个问题：

　　1）氧化风机试转前应注意检查油室油位是否在正常范围内，既不能过低，也要防止过高导致氧化风带油。

　　2）氧化风机启动前必须先检查冷却水、润滑油系统正常，并在试运过程中注意检查其流量压力是否正常。

　　3）氧化风机配置的是 6000V 电动机，必须遵守其操作规程要求：对于 200kW 以下电动机，停运后再次启动至少应间隔 30min；对于 200～500kW 以下电动机，停运后再次启动至少应间隔 1h；对于 500kW 以上电动机，停运后再次启动至少应间隔 2h。

　　4）试运过程中，应注意是否有不正常的振动、噪声或局部过热现象，如发生异常情况应立即停机查找原因，消缺后重新开始试运。

　　8. 各类搅拌器调试

　　（1）测量搅拌器的安装高度。

　　在浆液罐、箱或排水坑注水之前，应先测量搅拌器的安装高度，安装高度以搅拌叶片的上边缘为准，参考厂家说明书，确定搅拌器启动的最低液位。

　　（2）检查搅拌器齿轮箱润滑油位。

　　对于有齿轮箱的搅拌器应确认齿轮箱中加入了合适的润滑油，对于带润滑泵的齿轮箱，当润滑油泵启动进行油循环后，必须再次检查油位。

　　（3）搅拌器转向检查。

先手动盘动电动机轴，检查转动是否自如。搅拌器电动机送电前，测量绝缘应合格，如果绝缘电阻过小，可能绕组受潮，启动前应进行干燥处理。电动机绝缘合格后，点动搅拌器，检查转向是否正确。

（4）搅拌器联锁保护试验。

搅拌器的联锁试验一般包括下列内容：吸收塔（事故浆液箱、排水坑）液位合适，搅拌器允许启动；吸收塔（事故浆液箱、排水坑）液位低低，搅拌器在自动位则搅拌器自动停；吸收塔（事故浆液箱、排水坑）液位低，搅拌器保护停。吸收塔搅拌器逻辑预操作试验示例（以 A 搅拌器为例）见表 3-33。

表 3-33　　　　　吸收塔搅拌器逻辑预操作试验示例（以 A 搅拌器为例）

编号	试验条件	信号来源	定值	试验方法	备注
启动允许					
1	吸收塔液位大于 3000mm	就地	3000mm	模拟	允许启动，"与"逻辑
2	搅拌器 A 无故障报警	就地		实做	
3	搅拌器 A 远方控制	就地		实做	
自动启动					
1	吸收塔液位大于 3300mm，延迟 3s，脉冲 3s	就地	3s	模拟	自动启动
2	搅拌器处于自动位置	就地		实做	
保护停止					
1	吸收塔液位小于 3000mm，延迟 3s，脉冲 3s	就地		模拟	保护停止

（5）搅拌器试运。

在完成静态检查及联锁保护试验后，浆液罐或排水坑注水至一定液位，手动盘车观察各部件无摩擦等异常现象，即可进行搅拌器的单体试运。对于地坑搅拌器无法单独进行电动机试转的，可直接试转。对于吸收塔和事故浆液箱搅拌器，应先解下皮带进行 2h 电动机试转，试转正常后再装上皮带进行 4h 带负荷试转。试运期间定期测量振动、轴承温度等，并注意检查机械密封和法兰连接等。试运期间搅拌器应运转平稳，无异常噪声，轴承温度正常。若发现异常情况，应立即停止试运，处理正常后方可继续试运。由于浆液泵的启动条件一般要求搅拌器运行，因此吸收塔搅拌器的试运可以和浆液循环泵的试运一起进行，地坑等搅拌器则适时安排试转。

搅拌器试运中的常见问题有以下几种。

1）运行中轴承温度过高，可能原因：①润滑油过少；②润滑油过多；③润滑油油质不合格；④缺少冷却水；⑤轴承损坏。

2）机械密封问题，常见的主要是密封圈或 O 形圈损坏。

3）驱动电动机转，搅拌器不动，可能原因是：①V 形皮带打滑；②齿轮损坏；③填料箱过紧。

9. 吸收塔地坑注水

可采用吸收塔放水，或工艺水注水，吸收塔水坑注水过程中同时校验液位计。地坑液位满足要求后进行地坑搅拌器、地坑泵试运。搅拌器要求达到无异常噪声，齿轮无啮合不良等现象；润滑油脂无外溢，机械密封良好；轴承温度、振动、电动机温度等符合验收规范要求。地坑泵要求达到运行平稳，出力稳定，无异常噪声，轴承温度、电动机绕组温度、振动符合验收规范要求，润滑油脂无外溢，机械密封良好，无漏水现象。

10. 事故浆液箱上水

事故浆液箱属于公用系统，但其上水通常采用石膏排放泵或吸收塔水坑泵，上水过程中同时校验液位计，观察事故浆液箱是否有变形。

11. 事故浆液系统试运

首先进行事故返回泵、事故浆液箱搅拌器联锁与保护试验，然后进行事故返回泵、事故浆液箱搅拌器试运。事故返回泵的试运采用顺控启停，检查泵的顺控启停步骤是否正确，冲洗时间设置是否合理。

五、调试质量验收及签证

各子系统的分系统试运工作结束后，应按照 DL/T 5295—2013《火力发电建设工程机组调试质量验收及评价规程》和 DL/T 5403—2007《火电厂烟气脱硫工程调整试运及质量验收评定规程》的要求，及时办理相关系统、设备的验收签证和分系统验评工作，验收签证格式见附录部分。DL/T 5295—2013 中，SO_2 吸收系统调试质量验评标准见表 3-34。

表 3-34　　　　　　　　　　SO_2 吸收系统调试单位工程验收表

序号	检验项目		性质	单位	质量标准	检查方法
1	联锁保护及信号		主控		全部投入、动作正确	检查记录
2	顺控功能组		主控		步序、动作准确	查看记录
3	状态显示		主控		正确	观察
4	热工仪表		主控		校验准确、安装齐全	观察、检查
5	管道及箱罐系统				无泄漏	观察
6	阀门				开关位置正确、动作灵活	观察
7	浆液循环泵	轴承振动	主控	mm	符合 GB 50275—2010 的规定	测量
8		轴承温度	主控	℃	符合设计要求	测量
9		电流		A	符合设计要求	测量
10		噪声		dB	符合设计要求	测量
11		电动机轴承温度		℃	符合设计要求	在线测量
12		电动机绕组温度		℃	符合设计要求	在线测量
13		设备、管路冲洗			冲洗干净	观察、记录
14		噪声		dB	符合设计要求	测量
15	搅拌器	轴承振动		mm	符合设计要求	测量
16		轴承温度		℃	符合设计要求	测量
17	吸收塔区域地坑浆液泵		主控		正常运行，符合设计要求	观察
18	吸收塔区域地坑搅拌器				运转正常，无异常声音	观察
19	除雾器	冲洗水压力、喷射效果		MPa	符合设计要求	观测
20		压差		Pa	符合设计要求	观测
21		阀门动作			开关正常、无泄漏	观测

序号	检验项目			性质	单位	质量标准	检查方法
22	吸收塔液位指示			主控	m	指示正确	观测
23	液位报警					正确	观测
24	氧化风机	轴承振动			mm	≤0.08	测量
25		轴承温度			℃	符合设计要求	测量
26		电流			A	符合设计要求	测量
27		通风风机			〜	符合设计要求	观察
28		噪声			dB	符合设计要求	测量
29		滤网				符合设计要求	观察
30	氧化空气冷却水			主控		投运正常	观察
31	氧化风增湿后温度				℃	符合设计要求	观测
32	氧化空气压力				kPa	符合设计要求	观测
33	pH 显示值			主控		指示正确	测量
34	事故浆液泵	轴承振动			mm	≤0.08	测量
35		轴承温度			℃	符合设计要求	测量
36		电流			A	符合设计要求	测量
37		出力			m³/h	符合设计要求	检查记录
38	事故浆液箱	搅拌器	轴承振动		mm	≤0.08	测量
39			轴承温度		℃	符合设计要求	测量
40			电流		A	符合设计要求	测量
41		液位计				符合设计要求	观察
42		溢流管				符合设计要求	观察
43		排空管				符合设计要求	观察
44		冲洗机构				符合设计要求	观察
45	石膏排出泵	轴承振动				符合 GB 50275—2010 的规定	测量
46		轴承温度			℃	符合设计要求	测量
47		泵出力				符合运行要求	测量
48		法兰、盘根				严密不漏	观察
49		出口压力			MPa	符合运行要求	观测

第五节　石 膏 脱 水 系 统

一、系统组成及设备

吸收塔中的石灰石浆液吸收 SO_2 并经氧化空气氧化后生成二水合硫酸钙，即石膏。为维持吸收塔的脱硫效率，需不断向系统补充新鲜石灰石浆液，当吸收塔浆液达到一定密度后，由石膏排出泵将石膏浆液排至脱水系统进行脱水，脱水后的石膏含水率小于 10%。早期脱硫石膏有很大一部分被抛弃，利用率较低，近年来利用率不断提高，绝大部分被综合利用于建材生产。

石膏脱水系统可以分为一级脱水系统和二级脱水系统。一级脱水系统一般为单元制操作系统，包括石膏排出泵、石膏水力旋流站；二级脱水系统一般为公用系统，包括真空皮带脱水机、真空泵、冲洗水系统、滤液水系统及相应的泵、管道、阀门等。石膏脱水系统的主要设备见表 3-35。

表 3-35　　　　　　　　　　　　石膏脱水系统的主要设备

序号	子系统名称	主要设备及部件	功能	主要指标或参数
1	一级脱水系统	石膏排出泵及管道	用于石膏浆液从塔内排出，为一级脱水提供动力	(1) 出口压力； (2) 流量
		石膏水力旋流站	用于石膏浆液一级脱水，脱水后石膏浆液含固率 50% 左右	(1) 工作压力； (2) 处理量
		石膏浆液分配装置	用于选择脱水皮带单元	
2	二级脱水系统	真空皮带过滤机	完成二级脱水，将石膏含水率降至 10% 以内	(1) 脱水石膏含水率； (2) 处理能力
		真空泵	为二级脱水提供动力	(1) 真空度； (2) 电流
		滤布冲洗水箱及水泵滤饼冲洗水泵	(1) 滤布冲洗； (2) 冲洗滤饼以保证脱水石膏氯离子含量	(1) 泵流量； (2) 泵出口压力
		滤液水箱及水泵	用于滤液水的回收和为废水旋流器提供动力	(1) 泵流量； (2) 泵出口压力
3	其他辅助系统	石膏输送皮带	用于脱水石膏的转运	
		脱水区地坑、搅拌器、地坑泵	用于跑冒滴漏水的回收	

1. 一级脱水系统

由于吸收塔浆液池中石膏不断产生，为保持浆液密度在设计的运行范围内，需将石膏浆液（约 20% 固体含量）从吸收塔中抽出。一级脱水系统的典型工艺流程如图 3-15 所示。

吸收塔底部的石膏浆液通过石膏排出泵打到相应的石膏水力旋流站。石膏水力旋流站由进液分配器、若干个旋流子、上部溢流浆液箱（即废水给料箱）和底部石膏浆液分配器组成。石膏水力旋流站具有双重作用，即石膏浆液预脱水和石膏晶体分级。进入石膏水力旋流站的石膏浆液在旋流子中，在惯性作用下悬浮切向离心运动分成两部分，细小的微粒从旋流器的中心向上流动形成溢流，重的固体微粒被抛向旋流器壁向下流动，形成含固率约为 50% 的底流。石膏水力旋流站的溢流依靠重力自流至废水给料箱，底流通过底部石膏浆液分配器分配至选择的真空脱水皮带进行二级脱水。

废水给料箱内溢流浆液由废水旋流器给料泵输送至废水旋流器进一步回收固体，废水旋流器溢流作为脱硫废水排至脱硫废水处理系统进行处理，底流排至吸收塔或排入滤液水箱被收集回用。

水力旋流器的底流至真空皮带脱水机有两种设计：①通过底部石膏浆液分配器直接自流到真空皮带脱水机；②依靠重力自流至石膏浆液缓冲箱，再用石膏浆液给料泵送至真空皮带脱水机进行脱水。

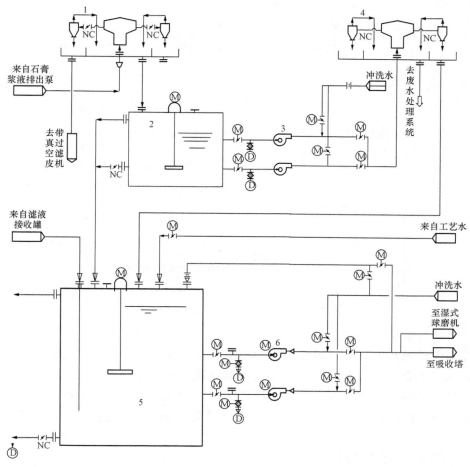

图 3-15 一级脱水系统工艺流程

1—石膏水力旋流站；2—废水旋流器给料箱；3—废水旋流器给料泵；4—废水旋流器；
5—滤液水箱；6—滤液水箱泵

2. 二级脱水系统

二级脱水系统的典型工艺流程如图 3-16 所示。

二级脱水系统主要包括真空皮带脱水机、真空泵系统及冲洗系统。在二级脱水系统中，浓缩后的石膏浆液经过真空皮带脱水机进行脱水，石膏浆液经真空皮带后含水率降至10％以内，由液态转换成固态。在真空皮带上方设置滤饼冲洗水对石膏滤饼进行冲洗以去除氯离子，从而保证石膏的品质。在真空皮带下方设置滤布冲洗水。滤饼冲洗水和滤布冲洗水排至滤液水箱。

从真空皮带脱水机滤出的滤液流至滤液水箱，并由滤液泵抽吸至吸收塔反应池或石灰石浆液制备系统循环使用。

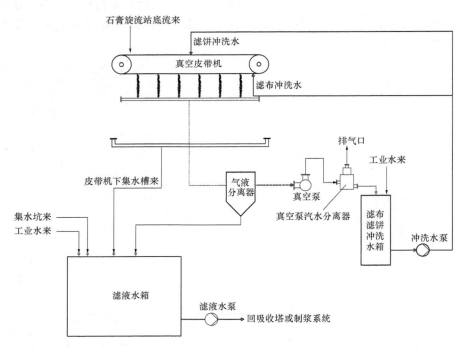

图 3-16　二级脱水系统工艺流程图

3．石膏储运系统

石膏浆液经脱水处理后，表面含水率小于 10％。对于 1000MW 机组，由于产生的石膏量很大，通常不设石膏筒仓，而是直接落入或用皮带输送机送入石膏储存间存放，利用汽车外运供综合利用。系统的工艺流程为真空脱水皮带-石膏储存间-装车外运或真空脱水皮带-石膏皮带输送机-石膏储存间-装车外运，石膏储存间一般配备铲车用于转运装车。

二、石膏脱水系统的工作原理

石膏脱水系统的核心设备是石膏旋流器和真空皮带脱水机，本节主要介绍这两种设备的工作原理。

1．石膏旋流器的工作原理

石膏旋流器主要是靠离心力的作用实现浆液的浓缩和分级。石膏旋流器的关键部件是旋流子，每台石膏旋流器安装有若干个旋流子，每个旋流子都是一个小型的水力旋流器。每个旋流子入口管设有手动阀门，用于控制旋流子的运行压力和投运数量。运行时，石膏排出泵泵来的浆液经分配管分配至各投运的旋流子。旋流子的底流汇集后通过旋流站底流管送至二级脱水系统，溢流汇集后通过旋流站溢流管送至废水给料箱或返回吸收塔。

运行时，石膏浆液以较高的速度由各旋流子的进料管沿切线方向进入旋流子，由于受到外筒壁的限制，迫使液体做自上而下的旋转运动，通常将这种运动称为外旋流或下降旋流运动。外旋流中的固体颗粒受到离心力作用，固体颗粒密度越大，它所受的离心力就越大。一旦这个力大于因运动所产生的液体阻力，固体颗粒就会克服这一阻力而向器壁方向移动，与悬浮液分离，到达器壁附近的颗粒受到连续的液体推动，沿器壁向下运动，到达底流口附近聚集成为高密度悬浮液，从底流口排出。

分离净化后的液体（当然其中还有一些细小的颗粒）旋转向下继续运动，进入圆锥段后，因旋流子的内径逐渐缩小，液体旋转速度加快。由于液体产生涡流运动时，沿径向方向的压力分布不均，越接近轴线处越小而至轴线时趋近于零，成为低压区甚至为真空区，导致液体趋向于轴线方向移动。同时，由于旋流子底流口大大缩小，液体无法迅速从底流口排出，而处于低压区的旋流腔顶盖中央设有溢流口，迫使一部分液体向其移动，形成向上的旋转运动，并从溢流口排出。

石膏旋流器的溢流含固量一般在1%～3%（质量分数），固相颗粒细小，主要为未完全反应的吸收剂、石膏小结晶等，前者继续参与脱硫反应，后者作为浆池中结晶长大的晶核，影响着下一阶段石膏大晶体的形成。旋流器的底流含固量一般在45%～50%（质量分数），固相主要为粗大的石膏结晶，真空皮带脱水机的目的就是要脱除这些大结晶颗粒之间的游离水。

2. 真空皮带脱水机的工作原理

真空皮带脱水机的工作原理是通过真空抽吸浆液达到脱水的目的。皮带由变频电动机经减速箱拖动连续运行，滤布靠与皮带间的摩擦力与电动机同步运行，皮带与真空箱滑动接触（其间有摩擦带并通有密封水，以密封润滑），当真空泵工作时，皮带下的真空箱形成真空抽滤区。浆液经进料装置均匀地分布到移动的滤布上，在真空的作用下实现固液分离，滤液（水）穿过滤布经皮带横沟槽汇流，经皮带中心孔进入真空箱，滤液和空气同时被抽送到真空总管。真空总管中的滤液和空气进入气液分离器进行气水分离，气液分离器顶部出口与真空泵相连，气体被真空泵抽走。分离后的滤液由气液分离器底部出口进入滤液水箱。

浆液经真空抽吸经过过滤区、清洗区和脱水区形成合格的滤饼，在卸料区经卸料斗落入石膏仓。滤布和皮带在返回时，经冲洗获再生。

真空皮带脱水机是二级脱水系统的核心设备，其组成及各部分的作用如下：

（1）橡胶带。

橡胶带由专业生产厂采用优质橡胶原料、合适的加工方式制成。橡胶带横断面为槽形，上部用于支撑滤布；下部形成真空室，为过滤提供通畅的排液通道，气液两相流动阻力小，抽滤时具有良好的气密性，从而获得较高的真空推动力。滤液通过橡胶带上沟槽，并经橡胶带槽形底部中央的出液孔进入真空箱。由于橡胶带两侧各有一条采用凸缘波形结构，当其橡胶带经过辊筒处转弯时，外缘波形伸展，避免了裙边绷裂的危险。

安装设备时，务必使过滤机呈水平状态。如果过滤机横向不水平，会导致滤饼厚薄不均匀，降低过滤洗涤和抽干的效率，甚至会影响滤饼的卸料。

（2）真空箱。

真空箱是由聚丙烯材料加工制作而成的。橡胶带底部中央的出液孔和真空箱上的集液孔处于对接位置，滤液经橡胶带进入真空箱后再经真空箱下部的连接真空软管排液孔排出。真空箱上部耐磨和摩擦系数很小的摩擦块和橡胶带之间有摩擦带，摩擦带采用耐磨和摩擦系数较小的材料制作，并且使摩擦带的两面摩擦系数不同，保证摩擦带随橡胶带一起运行，确保磨损只发生在摩擦带，而橡胶带不受磨损。为了便于摩擦带更换，通常设有真空箱升降装置。

（3）进料装置。

进料装置由不锈钢材料制成，它被安装在一个可移动的不锈钢滑动架上。进料装置的均布结构确保浆料沿整个过滤机的宽度方向分布均匀。进料装置的位置和角度是可调的，在过滤机调试阶段将被定位。定位时，进料装置的位置不宜过高，避免加料时料浆飞溅。加料方向应向后，充分利用进料端橡胶带与滤布压辊之间的自然沉降区，优化滤饼内的颗粒分布，从而提高过滤的速度和质量。

（4）滤饼洗涤装置。

滤饼淋洗分布器包括聚丙烯湿润部件和涂漆的碳钢支撑钢架。它采用具有溢流堰的锯齿栅式淋水装置，确保洗涤水均匀地分布在滤饼表面。每台过滤机配有两个滤饼淋洗分布器。它们的位置是可调的，在过滤机调试阶段将被定位。安装时，必须保证与滤带横向方向水平，以各锯齿中能均匀地溢流淋水为准，确保滤饼得到均匀的洗涤。安装位置不宜过高，以免淋水冲坏滤饼影响洗涤效果，位置调整好后加以固定。

（5）滤布调偏装置。

本设备有自动和手动两套滤布调偏装置。手动滤布调偏装置设置在过滤机进料端机架处，在过滤机空载运行时，通过手动调节细调螺杆使滤布两边松紧基本一致，起到滤布纠偏作用；自动滤布调偏装置由纠偏气缸和纠偏气缸动作发讯系统组成，纠偏气缸采用的是终端带缓冲装置的双作用气缸，发讯系统传感器置于滤布的两边。当滤布跑偏碰到某边发讯系统传感器的拨杆时，信号通过放大驱动器传给纠偏汽缸，使纠偏气缸活塞杆伸出或缩进，气缸带动调偏辊向前或向后摆动，从而达到调偏目的。

（6）滤布张紧装置。

环状滤布须在张紧状态下才能随橡胶带一起向前正常移动，过滤、洗涤、抽干和滤布再生才能达到理想的效果。该装置利用张紧气缸的伸缩来推动滤布张紧辊前后移动，从而张紧、松弛滤布；该装置的换向是由气控箱中的手动二位三通推拉式换向阀来控制的。张紧气缸的操作压力不宜过高，因为滤布承受的拉力过大会导致不正常的伸长和损坏。在开机时，以张紧气缸内的压力为 0.15～0.30MPa、能将滤布张紧为好；停机时，滤布应处于松弛状态，所以过滤完毕后，应清洗滤布。停止运行后，必须操作推拉式换向阀，使张紧气缸换向放松滤布。

设备运行一段时间后，当滤布的延伸长度超出张紧气缸的张紧范围时，为减少重新搭接滤布带来的麻烦，只需在停机后将滤布张紧辊向后移动一定的位置即可。

（7）橡胶带驱动轮与张紧装置。

橡胶带驱动轮及张紧轮由钢质材料外包耐酸橡胶制成。为了防止橡胶带与驱动轮之间打滑，外包橡胶表面加工有凹菱形槽。橡胶带驱动轮由驱动装置驱动，经伞形斜齿轮和斜齿轮减速器二级减速后做低速转动，超声波滤饼测厚仪输出的滤饼厚度信号经变频器对驱动电动机做无级调速。为了防止橡胶带与驱动轮之间打滑，必须将橡胶带张紧，由于橡胶带呈环状绕在驱动轮和从动辊上，所以可以通过转动手轮来改变驱动轮和从动轮间的距离，达到张紧胶带的目的。此外，橡胶带驱动轮及张紧轮的表面必须保持清洁，不允许沾有杂物，尤其是细小的颗粒状固体物，这样不仅可避免橡胶带与驱动轮之间打滑，而且可以延长橡胶带和驱动轮及张紧轮的使用寿命。

橡胶带驱动轮的轴线应与过滤机机架垂直。当橡胶带经常向某一侧跑偏时，可调节橡胶带张紧轮的张紧装置，使橡胶带的两边松紧程度基本一致，另一方面应检查驱动轮轴承座是否松动。

（8）滤布冲洗水系统。

滤布应连续清洗，减少堵塞，延长使用寿命。滤布冲洗水系统是为了清洗卸料后的滤布。通过滤布冲洗水泵从滤布冲洗水箱抽水冲洗滤布，使滤布每经过一次过滤、滤饼洗涤及卸渣后均得到彻底的清洗、再生，从而保证获得较高的过滤速度，延长滤布的使用和寿命。冲洗水通过皮带下方的池体收集后自流进入滤液水箱。

（9）扩布装置。

利用展平辊上的导向槽使滤布向两侧扩展，避免了滤布起皱，确保滤布平整，延长滤布的使用寿命。

（10）卸料装置。

当滤布连同它上面已经抽干的滤饼继续向前移动到卸料端与橡胶带脱离，在滤布拖轮处因其曲率变化使滤饼较容易剥离，再用薄片型刮刀将滤饼剥离排卸。薄片型刮刀由工程塑料制成，具有一定的耐磨性和弹性。

（11）气控箱。

气控箱主要由电控气阀、节流阀及气动三大件等组成，为滤布张紧和调偏气缸提供气源。真空皮带脱水机的气控系统在设备出厂前已经接好，设备在现场安装调试好后，开车时只需打开总气源阀。压力气源进入气控箱后经过减压阀、油水分离器，然后并联接出各分路，分路上的减压阀控制各分路的操作压力。油水分离器的作用是净化压缩空气，除去气体中夹带的水分和油中的杂质，以免启动元件和气缸等锈蚀和卡死。油水分离器在使用若干时间后，要打开底部的开关将分离积存的油水放掉。

三、调试前应具备的条件和准备工作

1. 土建施工应满足的条件

（1）石膏脱水系统土建工作已完成，防腐施工完毕，排水沟道畅通，栏杆、勾盖板齐全平整，临时孔洞装好护栏或盖板，平台有正规的楼梯、通道、过桥、栏杆及其底部护板。

（2）试运范围内场地平整，道路畅通，能满足现场调试要求。

（3）施工范围内的脚手架已全部拆除，环境已清理干净。

2. 基建安装应满足的条件

（1）分系统试运前，泵、阀门及管路、仪表安装完毕，且各系统单体试转（检查、清扫、冲洗、试压）合格。

（2）系统在线化学分析仪表应调试完毕，可以投入运行。

（3）各类阀门调试完毕，操作灵活，严密性合格。

（4）压缩空气管道吹扫结束，压缩空气系统可投入运行。

（5）热控系统安装完毕。

（6）动力电源、控制电源、照明及化学分析用电源均已施工结束，可随时投入使用，确保安全可靠。

（7）各水箱、地坑液位计安装调试结束。

（8）真空皮带机滤布、槽形皮带、滑道安装正确，各支架安装牢固，皮带上无杂物，皮带张紧适当。

（9）皮带和滤布托辊转动自如无卡涩现象，皮带主轮和尾轮安装完好，轮与带之间无异物，滤布无划伤或抽丝现象。

（10）事故按钮安装调试完毕。

（11）脱水机及附属设备润滑已经完成。

（12）密度计、流量计、石膏测厚装置等校验准确，可以正常投入。

（13）试转前，滤布和滤饼冲洗水箱液位满足要求。

（14）检查系统及滤布纠偏装置的气路是否接通。

（15）真空盒与皮带之间的间隙适当，管路畅通，密封严密。

（16）工艺水至脱水系统管道安装完毕，冲洗合格。

3. 电厂生产准备应具备的条件

（1）化学专业应具备浆液、石膏等化学分析条件，并配有操作和分析人员。

（2）参加试运的值班员需经过考试合格，分工明确，责任界限清楚，并服从调试人员的指挥。

（3）化学分析仪器、药品、运行规程及记录报表齐全。

（4）脱水系统的各种设备、阀门应悬挂编号、名称标志牌。

（5）运行值班员应熟悉本职范围内的系统及设备，熟记操作程序。试运操作记录应正确无误，操作及接班人员应签字，以明确责任。

四、调试方法及步骤

设备安装结束后，应先对照试运条件检查卡的内容对石膏脱水系统进行全面检查，将试运区域和容器内的杂物清扫干净，检验合格后进行水冲洗。冲洗水本身应无色透明，无沉淀物，无油花。水冲洗应按单个设备管段逐步进行。系统水冲洗合格后，应放尽容器与管道内的水，用干净拖把擦净酸、碱储罐内积水。以上检查完成后方可进行相关设备的试运工作。

1. 单机试运

（1）皮带脱水机和真空泵的单体试运。

1）阀门传动检查，要求阀门开关灵活，反馈正确。

2）滤布冲洗水箱、滤液水箱液位计校验。当液位计达到设定的高、低值时，远方和就地报警正常。

3）滤布冲洗泵、滤饼冲洗泵进行 4h 单体试运。要求达到无异常声音，润滑油脂无外溢，机械密封良好，无漏水现象，轴承温度、振动、电动机温度等符合验收规范要求。

4）皮带跑偏调整。启动真空皮带机，进行皮带跑偏调整。

5）滤布跑偏调整。皮带跑偏调整结束，安装滤布，启动真空皮带机，进行滤布跑偏调整。

6）皮带润滑水、真空盒密封水流量调整。启动滤布冲洗泵，调整手动阀开度，使皮带润滑水、真空盒密封水流量满足厂家设定的流量要求。

7）真空泵密封水流量调整。打开工艺水至真空泵手动总门，打开密封水阀，通过调节密封水阀后手动门的开度，使真空泵密封水流量满足厂家设定的流量要求。

8）联锁保护试验。完成拉绳开关、跑偏开关、流量开关等信号传输后进行真空皮带系统的联锁保护试验，包括滤布冲洗泵、滤饼冲洗泵、真空泵、真空皮带机的联锁保护试验。

9) 真空皮带机、真空泵试运。待皮带跑偏、滤布跑偏调整结束，先后启动滤布冲洗泵、真空泵、真空皮带机，进入试运行。真空泵要求噪声达到厂家设计的要求，润滑油脂无外溢，机械密封良好，无漏水现象，轴承温度、振动、电动机温度等符合验收规范要求。真空皮带机在无负载的情况下，一般只有皮带转而滤布不转，真空盒真空也难以形成，可在确保安全的情况下人工加负载进行短时间试运转，观察滤布是否有跑偏情况，首次带浆液运行时再进行带负荷试运考核。真空皮带机一般要进行不低于 8h 试运，试运过程中要求皮带、滤布无跑偏现象。

(2) 石膏脱水系统各搅拌器的试运。

1) 试运前的检查：搅拌器系统安装完毕；润滑油油位正常；手动转动搅拌器，检查转动是否顺畅；水位满足要求。

2) 搅拌器的联锁保护试验。

3) 搅拌器带水试运。

4) 试运期间测量搅拌器的电流，定期检查轴承温度、振动及密封。若发现异常情况，应立即停止试运，处理正常后方可继续试运。

(3) 石膏脱水系统各泵的试运。

1) 试运前的检查：泵及相关管道、阀门安装完毕；管道用工业水冲洗完毕；泵基础牢固，螺栓紧固；相应阀门开关灵活，位置反馈正确；润滑油油位正常，冷却水、密封水畅通；手动转泵，检查转动是否顺畅。

2) 电动机的联锁保护试验。

3) 各泵的联锁保护和顺控试验。

4) 确认水位满足要求。

5) 进行泵的试运。首次启动，当运行平稳后用事故按钮停下，观察各部件有无异常现象及摩擦声音，当确认没有问题后方可正式试运。

6) 试运期间测量泵的电流，进、出口压力。

7) 定期检查轴承温度、振动及密封。若发现异常情况，应立即停止试运，处理正常后方可继续试运。

(4) 石膏库皮带的试运。

1) 检查皮带安装完毕，皮带上无杂物。

2) 电动机的联锁保护试验。

3) 启动石膏转运皮带，试运 4h。

4) 检查皮带运行情况，有无跑偏、有无摩擦，电动机电流是否正常。

2. 分系统试运

(1) 石膏脱水系统的注水试验

1) 在滤液水箱、石膏浆液缓冲箱、石膏水力旋流器溢流水箱、滤液冲洗水箱等容器内注入一定高度的水。

2) 全面检查试运条件。

(2) 联锁保护试验。

根据正式出版的逻辑及定值，完成石膏脱水系统的联锁保护等逻辑试验。以石膏排出泵为例，主要逻辑见表 3-36。

表 3-36　　　　　　　　　　　石膏排出泵逻辑示例

编号	试验条件	信号来源	定值	试验方法	备注
	启动允许				
1	吸收塔石膏排浆泵 A 停止	就地		实做	允许启动，序号间"与"逻辑，序号内"或"逻辑
2	吸收塔液位大于 1200mm	就地	1200mm	实做	
3	石膏排浆泵 A 无控制回路异常	就地		实做	
4	石膏排浆泵 A 无保护动作跳闸信号	就地		实做	
5	石膏排浆泵 A 无综合故障报警	就地		实做	
6	石膏排浆泵 A 远方控制	就地		实做	
7	石膏排浆泵 B 停运	就地		实做	
8	石膏排浆泵 B 出口电动阀关闭	就地		实做	
9	石膏旋流器底流至皮带脱水机 B 电动阀已开且真空皮带脱水机 B 已运行	就地		实做	
	石膏旋流器底流至皮带脱水机 C 电动阀已开且真空皮带脱水机 C 已运行	就地		实做	
	启动顺控				
1	石膏排浆泵 A 出口阀全关	就地		实做	顺控启动，序号内"与"逻辑
	石膏排浆泵 A 排放阀全关	就地		实做	
	石膏排浆泵 A 冲洗阀全关	就地		实做	
2	进口阀全开，延时 10s	就地	10s	实做	
3	石膏排浆泵 A 运行，延时 10s	就地	10s	实做	
4	出口阀全开	就地		实做	
5	顺控启动结束				
	停止顺控				
1	石膏排出泵 A 出口阀全关	就地		实做	顺控停止
2	石膏排出泵 A 已停止	就地		实做	
3	石膏排出泵 A 冲洗阀全开，延时 60s	就地	60s	实做	
4	石膏排出泵 A 进口阀全关，如果石膏排出泵 B 在运行，关闭石膏排出泵 A 冲洗阀，停运程序结束；如果石膏排出泵 B 也停止，则继续下列程序操作	就地		实做	
5	石膏排出泵 A 出口阀全开，延时 120s	就地	120s	实做	
6	石膏排出泵 A 出口阀全关	就地		实做	
7	石膏排出泵 A 冲洗阀全关	就地		实做	
8	程控结束				

（3）真空皮带脱水机系统启动。

1）完成真空皮带脱水机和真空泵的联锁保护试验。

2）启动石膏库皮带。

3）关闭滤饼冲洗水罐排放阀。

4）打开真空泵密封水切断阀。

5）启动滤布冲洗水泵。

6）启动滤饼冲洗水泵。

7）启动真空皮带机。

8）启动真空泵。

（4）石膏排出系统和石膏旋流站启动。

1）打开各旋流子进浆阀。

2）打开溢流至吸收塔阀。

3）打开石膏排出泵入口蝶阀。

4）打开石膏排出泵冲洗水阀冲洗一段时间。

5）关闭石膏排出泵冲洗水阀。

6）启动石膏排出泵。

7）打开石膏浆液排出泵出口蝶阀。

8）检查系统运行情况。

9）调整旋流子压力。

10）检查真空皮带机上的石膏厚度是否与厚度测试仪的测量值相符，并试验脱水皮带机调节脱水石膏厚度的能力。

（5）石膏浆液排出系统停止程序。

1）停止石膏浆液排出泵。

2）关闭石膏浆液排出泵出口蝶阀。

3）打开石膏浆液排出泵冲洗水阀冲洗一段时间。

4）关闭石膏浆液排出泵入口蝶阀。

5）关闭石膏浆液排出泵冲洗水阀。

6）停止真空皮带过滤机。

7）停止真空泵。

8）停止滤布冲洗水泵。

9）停止滤饼冲洗水泵。

10）打开滤饼冲洗水罐排放阀。

11）关闭真空泵密封水切断阀，延时 5min。

12）停止石膏转运皮带。

石膏脱水系统试运过程中应注意以下几个问题：

①灌水试验时，注意校准各箱罐液位计，试运过程中也要密切监视浆液罐液位，防止溢流及打空。

②监视各电动机电流、振动等参数，防止过电流烧坏电动机。

③投入密度计和 pH 计时，要严格按设备说明书投入，否则将会造成测量不准。

④真空系统的真空不能超过规定的限值。

⑤经常检查脱水皮带润滑系统和真空泵密封水流量。

五、调试质量验收及签证

分系统试运工作结束后，应按照 DL/T 5295—2013《火力发电建设工程机组调试质量验收及评价规程》和 DL/T 5403—2007《火电厂烟气脱硫工程调整试运及质量验收评定规程》的要求及时办理相关系统、设备的验收签证和分系统验评工作，验收签证格式见附录部分。DL/T 5295—2013 中，石膏脱水系统调试质量验评标准见表 3-37。

表 3-37　　　　　　　　　　　　石膏脱水系统调试单位工程验收表

序号	项目		性质	单位	质量标准	检查方法
1	联锁保护		主控		全部投入、动作正确	检查记录
2	顺控功能组		主控		步序、动作正确	检查记录
3	状态显示		主控		正确	观察
4	管道	严密性			无泄漏	观察
5		冲洗			清洁、无杂物	观察
6	手动阀	严密性	主控		门芯严密，法兰不泄漏	查看记录
7		开关操作			方向正确操作灵活	查看记录
8	电动阀	严密性	主控		不泄漏	查看记录
9		手动、电动切换			灵活、可靠	查看记录
10		全开、全关时间			符合设计要求	查看记录
11		阀位指示			正确、可靠	观察
12		限位开关及力矩保护			正确、可靠	查看记录
13	石膏脱水皮带	皮带、滤布	主控		无跑偏	观察
14		变频设备、滤饼厚度控制	主控		符合设计要求	测量
15		转动设备振动		mm	符合设计要求	测量
16		皮带拉紧、纠偏装置			符合设计要求 投运正常	观察
17		滤布冲洗水系统			运行正常	查看记录
18		滤饼冲洗水			试运正常	查看记录
19	驱动电动机	轴承振动		mm	符合设计要求	测量
20		轴承温度		℃	符合设计要求	测量
21		电流		A	符合设计要求	测量
22	旋流器	入口压力		MPa	符合设计要求	观测
23		浆液分离效果			符合设计	观察
24	真空泵	轴承振动		mm	符合设计要求	测量
25		轴承温度		℃	符合设计要求	测量
26		电流		A	符合设计要求	测量
27		真空度	主控	kPa	符合设计要求	观察
28		密封水流量			符合设计要求	查看记录
29	汽水分离器				投运正常	查看记录
30	石膏缓冲箱				无泄漏，投用正常	查看记录
31	废水箱				无泄漏，投用正常	查看记录
32	废水旋流站供给箱				无泄漏，投用正常	查看记录

序号	项目		性质	单位	质量标准	检查方法
33	回用水箱				无泄漏，投用正常	查看记录
34	滤布冲洗水箱				无泄漏，投用正常	查看记录
35	滤液接收箱				无泄漏，投用正常	查看记录
36	石膏厚度测量仪				校验准确，投用正常	查看记录
37	流量计				校验准确，投用正常	查看记录
38	各液位指示开关				校验准确，投用正常	查看记录
39	石膏仓				投用正常	查看记录
40	石膏仓卸石膏系统				正常运行	查看记录
41	石膏脱水区域浆池泵	振动		mm	符合设计要求	测量
42		轴承温度		℃	符合设计要求	测量
43		电流		A	符合设计要求	测量
44		出力	主控	t/h	符合设计要求	查看记录
45	一级废水旋流站供给泵	轴承温度		℃	符合设计要求	测量
46		泵出力	主控	t/h	符合设计要求	查看记录
47		泵盘根			无泄漏，投用正常	观察
48	二级废水旋流站供给泵	轴承温度		℃	符合设计要求	测量
49		泵出力	主控	t/h	符合设计要求	查看记录
50		泵盘根			无泄漏，投用正常	观察
51	废水泵	轴承温度		℃	符合设计要求	测量
52		泵出力	主控	t/h	符合设计要求	查看记录
53		泵盘根			无泄漏，投用正常	观察
54	石膏脱水区域浆池搅拌器	轴承振动		mm	符合设计要求	测量
55		轴承温度		℃	符合设计要求	测量
56		电流		A	符合设计要求	测量
57	石膏浆液泵	轴承振动		mm	符合设计要求	测量
58		轴承温度		℃	符合设计要求	测量
59		出力	主控	t/h	符合设计要求	查看记录
60		泵盘根			无泄漏，投用正常	观察
61	回用水泵	轴承振动		mm	符合设计要求	测量
62		轴承温度		℃	符合设计要求	测量
63		出力	主控	t/h	符合设计要求	测量
64		电流		A	符合设计要求	测量
65		泵盘根			无泄漏，投用正常	观察

第六节　脱硫废水处理系统

燃煤中含有多种元素，在燃烧过程中生成多种化合物，存在于灰渣和烟气中。烟气经过湿法脱硫装置时，其中一部分可溶物被捕集下来溶解在吸收塔浆液中。浆液中富含氯离子，如果不定期排放废水，氯离子会和浆液中溶解的钙离子反应生成氯化钙（$CaCl_2$），阻碍亚硫酸根离子与钙离子的化合反应，一方面降低了脱硫效率浪费脱硫剂，另一方面降低了石膏的品质。此外，高浓度氯离子的存在还会造成设备腐蚀和结垢等一系列问题。燃煤烟气湿法脱硫过程产生的废水来源于废水旋流站的溢流。脱硫废水中的杂质主要包括悬浮物、亚硫酸盐、硫酸盐、氯离子及多种微量重金属，含有多种国家环保标准中要求严格控制的第一类污染物。

一般说来，脱硫废水的超标项目主要有以下几点：

（1）pH：脱硫废水呈现弱酸性，pH 一般低于 6.0。

（2）颗粒细小的悬浮物：主要为粉尘及脱硫产物等。悬浮物含量很高，大部分可直接沉淀。

（3）重金属离子：来源于脱硫剂和煤。电厂的电除尘器对小于 $0.5\mu m$ 的细颗粒脱除率很低，而这些细颗粒富集重金属的能力远高于粗颗粒，因此 FGD 系统入口烟气中含有相当多的汞、铜、铅、镍、锌等重金属元素，以及砷、氟等非金属元素，在吸收塔洗涤的过程中进入 FGD 浆液内富集。石灰石中也存在重金属，如 Hg、Cd 等。

（4）Cl^-、Ca^{2+}、Mg^{2+}、SO_4^{2-}、SO_3^{2-}、CO_3^{2-}、铝、铁等含量较高。

脱硫废水的处理主要是以化学沉淀处理其中的重金属、以混凝沉淀处理其他可沉淀的物质，最后通过机械分离将沉淀物质从废水中分离，达到废水净化的目的，但废水中的氯离子一般不作处理。

废水处理后的最终水质需要达到 GB 8978—1996《污水综合排放标准》及 DL/T 997—2006《火电厂石灰石-石膏湿法脱硫废水水质控制指标》中规定的第一类污染物最高允许排放浓度和第二类污染物最高允许排放浓度的一级标准。废水处理系统的出水水质要求见表 3-38 和表 3-39。

表 3-38　第一类污染物最高允许排放浓度

序号	项目	单位	最高允许排放浓度
1	总汞	mg/L	0.05
2	总镉	mg/L	0.1
3	总铬	mg/L	1.5
4	总砷	mg/L	0.5
5	总铅	mg/L	1.0
6	总镍	mg/L	1.0

表 3-39　第二类污染物最高允许排放浓度

序号	项目	单位	最高允许排放浓度
1	pH	mg/L	6～9
2	悬浮物	mg/L	70
3	BOD_5	mg/L	20

续表

序号	项目	单位	最高允许排放浓度
4	COD	mg/L	100
5	硫化物	mg/L	1.0
6	氟化物	mg/L	10
7	总锌	mg/L	2.0

一、系统组成及设备

典型的脱硫废水处理系统如图 3-17 所示。

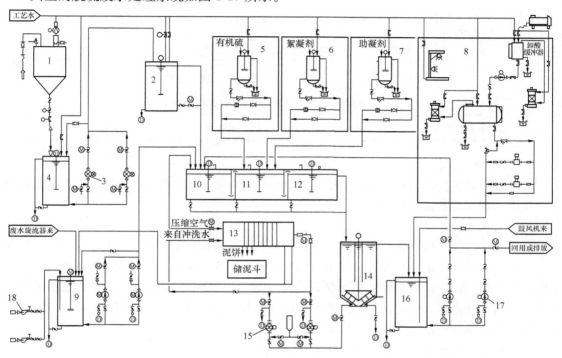

图 3-17　湿法脱硫废水处理工艺系统流程

1—石灰粉仓；2—石灰乳箱；3—石灰乳泵；4—石灰乳制备箱；5—有机硫加药装置；6—聚铁加药装置；
7—助凝剂加药装置；8—HCl加药装置；9—废水缓冲箱；10—中和箱；11—反应箱；
12—絮凝箱；13—压滤机；14—澄清/浓缩器；15—污泥输送泵；16—清水箱；
17—清水泵；18—罗茨风机

脱硫废水处理系统一般可以分为以下三个分系统：化学加药系统、反应系统和污泥脱水系统。其主要设备见表 3-40。

表 3-40　　　　　　　　　　　石膏脱水系统的主要设备

序号	子系统名称	主要设备及部件	功　能
1	化学加药系统	石灰乳制备和加药单元	提高废水的 pH； 使铁、铜、铬等重金属形成沉淀
		凝聚剂加药单元	使废水中的细小分散颗粒和胶体物质形成易沉淀的矾花
		有机硫化物加药单元	使铅、汞形成难溶硫化物沉淀

续表

序号	子系统名称	主要设备及部件	功　能
1	化学加药系统	助凝剂加药单元	降低废水中颗粒物的表面张力，促进细小絮凝物长大；用于提高污泥的脱水性能
		盐酸加药单元	调整出水 pH 至合格水平
2	反应系统	中和箱	调整废水的 pH 至 9.0 以上；完成铁、铜、铬等重金属的氢氧化物沉淀的形成
		反应箱	使残余的重金属与有机硫化物形成微溶的化合物；加入絮凝剂使水中的悬浮物、沉淀物形成易于沉降的大颗粒絮凝物
		絮凝箱	通过投加助凝剂，加速、加快悬浮物、沉淀物絮凝，提高絮凝效果，完成絮凝反应
		澄清/浓缩池	凝聚、澄清、污泥浓缩
3	污泥脱水系统	污泥脱水机	用于废水处理产生的污泥的减量化处理

1. 化学加药系统

化学加药系统包括石灰乳加药系统、凝聚剂加药系统、有机硫加药系统、助凝剂加药系统、脱水助剂加药系统及盐酸加药系统。

（1）石灰乳加药系统。

石灰乳加药系统包括熟石灰储存及计量给料系统、石灰乳制备箱、石灰乳循环泵、石灰乳计量箱、石灰乳计量泵。消石灰粉由散装石灰罐车用气力输送入石灰粉仓内，再通过星型给料机送至制备箱中，加水搅拌和配制成质量分数为 10% 的石灰乳浆液，通过石灰乳循环泵打入石灰乳计量箱。计量箱的石灰乳通过计量泵加入到中和箱中，控制中和箱出水 pH 到设定值。石灰乳加药系统原则流程如下：

消石灰→石灰粉仓→制备箱→计量泵→中和箱。

石灰乳加药系统控制原理：

1）当工作中的计量箱液位达到设定下限时，系统自动报警，通过控制管路阀门启用备用计量箱，同时可以对停用的药箱进行配药备用。

2）系统设置安全回路，当工作压力超出设定压力时，安全阀自动打开，部分流体被回流至药箱进行泄压，并在回流上设有流动指示器。

3）当计量泵出现故障时，系统自动报警，自动启用备用泵工作。

（2）凝聚剂加药系统。

凝聚剂加药系统由凝聚剂加药单元组成，加药单元设备安装在一个整体框架上，安装在框架上的设备包括计量箱（含液位计）、计量泵（一用一备）、平台扶梯、就地控制柜及相应的管路（含压力表、脉动阻尼器）、管件、阀门、电缆管、电缆等配件。外购液体凝聚剂由液体抽吸器吸入溶液箱配制成浓度约为 10% 溶液，由调节计量泵投加到絮凝箱中，最佳的投药量视现场试验而定。凝聚剂加药系统原则流程如下：

絮凝剂→搅拌溶液箱→计量泵→絮凝箱。

凝聚剂加药系统控制原理：

1）当工作中的计量箱液位达到设定下限时，系统自动报警，通过控制管路阀门启用备用计量箱，同时可以对停用的药箱进行配药备用。

2）系统设置安全回路，当工作压力超出设定压力时，安全阀自动打开，部分流体被回流至药箱进行泄压，在回流上设有流动指示器。

3）当计量泵出现故障时，系统自动报警，自动启用备用泵工作。

（3）有机硫化物加药系统。

有机硫化物加药系统由有机硫化物加药单元组成，加药单元设备安装在一个整体框架上，安装在框架上的设备包括计量箱（磁翻板液位计）、计量泵（一用一备）、平台扶梯、就地控制柜及相应的管路（含压力表、脉动阻尼器）、管件、阀门、电缆管、电缆等配件。外购液体有机硫化物（浓度约为15%）由人工加入计量箱，再由调节计量泵投加到反应箱中，最佳的投药量视现场试验而定。有机硫化物加药系统原则流程如下：

有机硫化物→计量箱→计量泵→反应箱。

有机硫化物加药系统控制原理：

1）当工作中的药箱液位达到设定下限时，系统自动报警，通过控制管路阀门启用备用药箱，同时可以对停用的药箱进行配药备用。

2）系统设置安全回路，当工作压力超出设定压力时，安全阀自动打开，部分流体被回流至药箱进行泄压，在回流上设有流动指示器。

3）当计量泵出现故障时，系统自动报警，自动启用备用泵工作。

（4）助凝剂加药系统。

助凝剂加药系统由助凝剂加药单元组成，加药单元设备安装在一个整体框架上，安装在框架上的设备包括计量箱（含搅拌机、液位计）、计量泵（一用一备）、平台扶梯、就地控制柜及相应的管路（含压力表、脉动阻尼器）、管件、阀门、电缆管、电缆等配件。外购助凝剂由自动投加装置或人工加入计量箱，配制成浓度约为0.2%溶液，再由调节计量泵（一用一备）投加到絮凝箱，最佳的投药量视现场试验而定。其原则流程如下：

助凝剂→溶液制备箱→计量泵→絮凝箱。

有的电厂在污泥进入脱水装置前，还向污泥输送管路中投加少量助凝剂，以提高脱水性能。污泥脱水助凝剂通常和絮凝箱助凝剂共用一套助凝剂制备系统，但使用单独的计量泵，其流程如下：

助凝剂→溶液制备箱→计量泵→脱水机入口管。

助凝剂加药系统控制原理：

1）当工作中的药箱液位达到设定下限时，系统自动报警，通过控制管路阀门启用备用药箱，同时可以对停用的药箱进行配药备用。

2）系统设置安全回路，当工作压力超出设定压力时，安全阀自动打开，部分流体被回流至药箱进行泄压，在回流上设有流动指示器。

3）当计量泵出现故障时，系统自动报警，自动启用备用泵工作。

（5）盐酸加药系统。

盐酸加药系统由盐酸加药单元组成，加药系统包括盐酸储存罐、盐酸计量箱、卸酸泵、酸雾吸收器、计量泵、就地控制柜及相应的管路（含压力表、脉动阻尼器）、管件、阀门、电缆管、电缆等配件。除盐酸储存罐和卸酸泵外，其他所有组件安装在一个整体框架上。盐酸加药系统接电厂盐酸储存罐或槽车来盐酸，通过计量泵投加到出水箱中，将出水 pH 控制在设定范围。盐酸加药系统流程如下：

盐酸计量箱→计量泵→出水箱

考虑到盐酸系统的使用安全性，在系统旁设有安全淋浴器，以备人员接触盐酸后进行冲洗。

盐酸加药系统控制原理：

1）盐酸计量箱的加料由液位进行控制，当药箱液位达到设定下限时，系统自动报警，此时需进行投料。

2）系统设置安全回路，当工作压力超出设定压力时，安全阀自动打开，部分流体被回流至药箱进行泄压，在回流上设有流动指示器。

3）系统的投药根据出水箱 pH 进行变频调节计量泵加药量，自动加药。

4）当计量泵出现故障时，系统自动报警，自动启用备用泵工作。

为方便维护和检修，以上每个箱体均设置放空管和放空阀门，各类计量泵均设有备用泵。所有计量泵出口均装有逆止阀，在排出和吸入侧设置隔离阀，并装有抽空保护装置。计量泵采用隔膜计量泵，带有变频调节和人工手动调节冲程两种方式。计量泵过流材质应能够耐化学溶液侵蚀，可采用 PVC 或 PP，膜采用 PTFE。在每条计量线上一般安装有流量计和压力缓冲容器。加药系统中，石灰乳加药系统管道采用碳钢管，其他加药系统管道采用 ABS 塑料材质。

所有废水处理工艺需要的化学药品均应储存在符合药品安全标准的各个储存和加药装置中，本地可采购的化学药品一般考虑储存 7 天的量，异地采购的化学药品一般考虑储存 15 天的量。

所有与石灰浆液接触的部件都配备足够的冲洗管道和连接。其他可能出现石灰结垢的表面都配备冲洗设备。

2. 反应系统

脱硫装置产生的废水呈酸性，含有很高的固体物。经化学-物理处理后，废水中的悬浮物杂质、重金属等得到了去除，废水得到了澄清，处理过的水达标后用清水排放泵送出排放。

脱硫装置的废水排至废水处理系统，通过以下处理步骤单流程连续处理。

废水取自废水旋流器溢流液或石膏皮带脱水机产生的滤液水，废水直接自流或用泵输送至废水处理系统的废水缓冲箱，再由泵输送至中和箱、反应箱、絮凝箱（三个反应容器通常是三联箱，并各自带有搅拌器设备），进行中和、反应、絮凝处理。三个箱体的设计水力停留时间一般均不小于 30min。

在中和箱中，废水的 pH 采用投加碱液的方式进行调节，使废水呈碱性，此过程中大部分重金属形成微溶的氢氧化物从废水中沉淀出来。

在中和箱中不能以氢氧化物沉淀的重金属，在反应箱中通过投加有机硫药液，使残余的重金属与有机硫化物形成微溶的化合物，以固体的形式沉淀出来，并加入絮凝剂使水中的悬浮物、沉淀物形成易于沉降的大颗粒絮凝物。

在絮凝箱中，通过投加助凝剂，加速、加快悬浮物、沉淀物絮凝，提高絮凝效果。

澄清/浓缩池，具有凝聚、澄清、污泥浓缩的综合作用。经过絮凝后的废水在进入澄清/浓缩池后进一步絮凝并充分沉淀，絮凝物和水得到分离，上部清液溢流至清水池，连续检测排放水的 pH，当 pH 偏高时，向废水中加入盐酸，调节 pH 达到标准要求后外排。絮凝物沉降在池底部，在重力作用下形成浓缩污泥，排向池中心集泥筒，一部分回流至中和池以增强废水处理效果和充分发挥残存化学药剂的作用，另一部分周期性地通过污泥输送泵排出脱水。澄清/浓缩池池体的设计水力停留时间不小于 6h。

整个脱硫废水处理车间排水及冲洗水应收集在废水区排水坑中。车间内所有阀门均应采用耐腐蚀材质或衬里，所有管道均应采用衬塑钢管或其他耐腐蚀材质。

3. 污泥处理系统

在废水澄清过程中，沉淀池中积累污泥的厚度由沉淀时间决定，当泥位超过设定值时，系统自动开启电动蝶阀。澄清/浓缩池底部沉淀的污泥一小部分通过污泥循环泵返回中和箱，大部分通过污泥输送泵送到污泥脱水机，污泥经过脱水后含水率降低，由液态转为固态。

污泥脱水系统，通常采用厢式压滤机、板框压滤机或离心脱水机。

厢式压滤机工作时，将所有滤板压紧在活动头板和固定尾板之间，使相邻滤板之间构成周围是密封的滤室，矿浆由固定尾板的入料孔给入。在所有滤室充满矿浆后，压滤过程开始，矿浆借助给料泵给入矿浆的压力进行固液分离。固体颗粒由于滤布的阻挡留在滤室内，滤液经滤布沿滤板上的泄水沟排出，滤液不再流出时，即完成脱水过程。此时，可停止给料，将头板退回到原来的位置，滤板移动装置将滤板相继拉开。滤饼依靠自重脱落。至此，完成了压滤过程。

板框压滤机由交替排列的滤板和滤框构成一组滤室。滤板的表面有沟槽，其凸出部位用以支撑滤布。滤框和滤板的边角上有通孔，组装后构成完整的通道，能通入悬浮液、洗涤水和引出滤液。板、框两侧各有把手支托在横梁上，由压紧装置压紧板、框。板、框之间的滤布起密封垫片的作用。由供料泵将悬浮液压入滤室，在滤布上形成滤渣，直至充满滤室。滤液穿过滤布并沿滤板沟槽流至板框边角通道，集中排出。过滤完毕，可通入洗涤水洗涤滤渣。洗涤后，有时还通入压缩空气，除去剩余的洗涤液。随后打开压滤机卸除滤渣，清洗滤布，重新压紧板、框，开始下一工作循环。

离心脱水机主要由转毂和带空心转轴的螺旋输送器组成，污泥由空心转轴送入转筒后，在高速旋转产生的离心力作用下，立即被甩入转毂腔内。污泥颗粒相对体积质量较大，因而产生的离心力也较大，被甩贴在转毂内壁上，形成固体层。水密度小，离心力也小，只在固体层内侧产生液体层。固体层的污泥在螺旋输送器的缓慢推动下，被输送到转毂的锥端，经转毂周围的出口连续排出，液体则溢流排至转毂外，汇集后排出脱水机。

相比而言，厢式压滤机的滤饼含水率更低，脱水速度更快，效率更高。

脱水后的污泥储存在储泥斗中。当脱水污泥需外运时，开启污泥斗下部的电动或气动刀闸阀，将污泥卸到卡车内外运。污泥脱水系统的脱水滤液及滤布冲洗水排至废水区排水坑，由泵送回中和箱后进行再处理。

二、脱硫废水处理系统的工作原理

废水处理系统主要是为了去除废水中微量重金属元素及悬浮物等。其处理过程主要通过以下 5 个步骤完成：

1. 废水中和

反应系统由 3 个连在一起的箱体组成，每个箱体充满后自流进入下一个箱体，在脱硫废水进入第 1 箱体（即中和箱）的同时投加一定量的石灰乳浆液，通过不断搅拌，其 pH 可从 4～6 升至 9.0 以上。

石灰乳加药量通过跟踪 pH 控制，实现自动调节。

2. 重金属沉淀

$Ca(OH)_2$ 的加入一方面升高了废水的 pH，另一方面使 Fe^{3+}、Zn^{2+}、Cu^{2+}、Ni^{2+}、Cr^{3+} 等重金属离子生成氢氧化物沉淀。当 pH 达到 9.0～9.5 时，大多数重金属离子均形成了难溶氢氧化物，同时石灰浆液中的 Ca^{2+} 还能与废水中的部分 F^- 反应，生成难溶的 CaF_2 沉淀。Ca^{2+} 还能与 As^{3+} 络合生成 $Ca(AsO_3)_2$ 等难溶物质。此时，Pb^{2+}、Hg^{2+} 仍以离子形态留在废水中，为了将它们去除，在第 2 箱体（即反应箱）中加入有机硫（TMT-15），使其与 Hg^{2+}、Hg^+、Pb^{2+} 反应形成难溶的硫化物沉积下来。其化学反应式为

$$2Hg^+ + S^{2-} \longrightarrow Hg_2S \downarrow \tag{3-17}$$

$$Hg^{2+} + S^{2-} \longrightarrow HgS \downarrow \tag{3-18}$$

$$Pb^{2+} + S^{2-} \longrightarrow PbS \downarrow \tag{3-19}$$

3. 絮凝反应

经前两步的化学沉淀反应后，废水中还生成大量微小而分散的颗粒和胶体物质，所以在第 3 箱体（即絮凝箱）中加入一定比例的絮凝剂，使它们凝聚成大颗粒而沉积下来，在废水反应池的出口加入阳离子高分子聚合电解质作为助凝剂，来降低颗粒的表面张力，强化颗粒的长大过程，使细小的絮凝物慢慢变成更大、更容易沉积的絮状物，进一步促进氢氧化物和硫化物的沉淀，同时脱硫废水中的悬浮物也沉降下来。

絮凝剂和助凝剂等的加药量根据废水流量自动控制按比例加入。

4. 浓缩/澄清

絮凝后的废水从反应池溢流进入装有搅拌器的澄清/浓缩器中。在澄清/浓缩器中，絮凝物和水得到分离。絮凝物沉降在底部，在重力浓缩作用下形成浓缩污泥，浓缩污泥通过刮泥装置排除（刮泥装置在澄清/浓缩器的底部中心圆锥上有中心驱动装置）。污泥通过澄清/浓缩器底部管道由泵抽走，送入污泥脱水系统。澄清水由周边溢出箱体，自流至清水箱。从澄清/浓缩器上部集水箱中出来的澄清水流入清水箱中，连续检测排放水的 pH，达标后排放，否则将其送回废水反应池继续处理，直到合格为止。

5. 污泥脱水

污泥输送泵的启停由设置在沉淀池上的泥位计进行控制，当泥位达到设定下限时，系统自动关闭泵进口阀门，泵自动停止工作；当泥位达到设定上限时，系统自动开启泵入口阀门并开启输泥泵进行排泥。污泥输送泵由脱泥机启停进行联动控制。当排泥泵出现故障时，系统自动报警，自动启用备用泵工作。

三、调试前应具备的条件和准备工作

1. 土建施工应具备的条件

（1）废水处理系统土建工作已完成，防腐施工完毕，排水沟道畅通，栏杆、勾盖板齐全平整。

（2）道路畅通，能满足各类水处理用药品的运输要求。

2. 基建安装应具备的条件

（1）分系统试运前，系统及设备安装完毕，且各系统单体试转（检查、清扫、冲洗、试压）合格。

（2）系统在线化学分析仪表应调试完毕，可以投入运行。

（3）各类阀门调试完毕，操作灵活，严密性合格。

（4）压缩空气管道吹扫结束，压缩空气系统可投入运行。

（5）热控系统安装完毕。

（6）动力电源、控制电源、照明及化学分析用电源均已施工结束，可随时投入使用，确保安全可靠。

（7）酸槽、碱槽、计量箱、各水箱液位计应设有标尺。

（8）转动机械分部试运结束，可投入运行。

3. 电厂生产准备应具备的条件

（1）调试现场应具备化学分析条件，并配有操作和分析人员。

（2）参加试运的值班员需经过考试合格，分工明确，责任界限清楚，并服从调试人员的指挥。

（3）化学分析仪器、药品、运行规程及记录报表齐全。

（4）废水处理室的各种设备、阀门应悬挂编号、名称标志牌。

（5）运行值班员应熟悉本职范围内的系统及设备，熟记操作程序。试运操作记录应正确无误，操作及接班人员应签字，以明确责任。

（6）废水处理用药品应符合设计规定，满足设计要求，且质量符合 DL/T 5190.4—2004《电力建设施工及验收技术规范　第4部分：电厂化学》的要求，数量满足试运要求。

（7）试运所用各类药品应抽样检查合格，并有检验报告。

四、调试方法及步骤

1. 脱硫废水加药系统启动调试

（1）加药系统水冲洗。

加药设备安装结束后，应将容器内清扫干净，检验合格后进行水冲洗。冲洗水本身应无色透明，无沉淀物，无油花。水冲洗应按单个设备管段逐步进行。

酸、碱系统水冲洗、泡水试验合格后，应放尽容器与管道内的水，用干净拖把擦净酸储罐、计量箱内的积水，方可进酸。

（2）加药泵启动调试。

各药品计量箱及加药泵入口管道水冲洗结束后，各计量箱注满清水，试转各计量泵，使所有计量泵工作正常。

加药系统的所有计量泵都能正常运行后，计量箱内可以进酸、碱及其他废水处理的药品。

2. 废水处理药品的配制

（1）Ca(OH)$_2$溶液配制。

溶液配制浓度为10％。开启石灰乳制备箱上水门，石灰乳制备箱注水至1600mm液位，将阀门关闭。石灰乳制备箱搅拌器启动，通过星型称重给料机投加氢氧化钙，启动石灰乳制备箱循环泵，密度计达到1100kg/m³时，将氢氧化钙溶液打入石灰乳计量箱。

（2）絮凝剂配制。

开启进水阀门，启动絮凝剂溶解箱搅拌器，外购液体凝聚剂由液体抽吸器吸入溶液箱配制成浓度为 10% 的溶液。

（3）助凝剂配制。

先调试干粉投料机，计算出在工作转速下每分钟助凝剂粉末的投药量。开启进水阀门向计量箱补水至 1200mm，按计量箱水量、所需浓度和投药速率（g/min）计算所需投药时间。开启搅拌器和干粉投料机投药，将助凝剂粉末加入计量箱中，到投药时间即停止干粉投料机，配制溶液的浓度为 0.2%。

（4）有机硫配制。

将成品有机硫（TMT15）溶液通过液体抽吸器投入有机硫储存箱至高液位，浓度为 15%。

（5）盐酸配制。

首先用工业水给酸雾吸收器注水，用以吸收 HCl 加注和储存过程中的酸雾。将进酸阀门开启，通过槽车或电厂盐酸储罐向计量箱加注盐酸到高液位后停止加注，关闭进酸阀门。

3. 废水处理系统的调试

开启废水输送泵，当中和箱液位达到搅拌器启动允许条件后，开启中和箱搅拌器，将废水注入到中和箱，水位至运行水位。开启石灰乳计量泵，将石灰乳药液注入到中和箱，调试计量泵变频器和自动程序，设置 pH 跟踪值为 9 左右。

废水注入反应箱，此时开启反应箱搅拌器、有机硫计量泵后，将药液注入反应箱，调试变频器和泵行程，调整加药量。

废水注入絮凝箱，此时开启絮凝箱搅拌器、絮凝剂计量泵、助凝剂计量泵，将药液注入絮凝箱，调试变频器和泵行程，调整加药量。

废水流进澄清器至运行液位后，开启澄清器刮泥机和污泥循环泵及其控制阀门。

废水注入澄清水箱后，开启盐酸计量泵，调试计量泵变频器和自动程序，控制废水pH，待到运行液位后开启废水排放泵。

废水处理系统各处的 pH 计探头须定期用 3% 的稀盐酸冲洗，其中反应池的探头每 4h 冲洗一次，出水箱的探头每 8h 冲洗一次，冲洗流量为 2.5～3L/min。

4. 污泥处理系统的调试

本节以某采用板框压滤机的电厂为例，介绍污泥处理系统的调试。

污泥界面计检测到澄清器内污泥到一定液位后，排泥阀开启，污泥进入浓缩箱。浓缩箱到达最高运行液位后，开启污泥泵，将污泥输送至板框压滤机，当板框压滤机进料口压力变送器达到设计压力值后，开始计时，要继续进料一定时间，当时间到时停止进料，污泥泵关闭，进料阀同时给压滤机提供一个信号（进料结束），压滤机收到此信号后，断开信号（压滤机允许进料）。

板框压滤机的废液注入滤出液箱，待其液位达到运行液位后，开启滤出液水泵。

在板框过滤机前一工况结束后，下一工况开始运行前，开启水射器控制阀门、进水控制阀门及压缩空气控制阀门进行吹扫。

废水处理系统试运过程中应注意以下几个问题：

（1）各加药泵首次带水试运时，应将隔膜泵行程调至 30％左右运行 2h，目的是排除管道和泵体内的空气，否则容易造成泵工作单打不出水的情况。

（2）粉末助凝剂配药时，一定要缓慢投药，否则容易造成药品在页面形成黏稠状半流体，很难溶解。

（3）各加药泵的启停应按先手动后自动，变频器的调试应按先就地后远程的顺序进行，在电气和热工信号线路有问题时可避免不必要的重复试验。

（4）在进水冲洗时，应检查各箱罐的实际液位、就地磁翻板液位和远程液位三者是否一致。

（5）酸碱系统加药和调试应严格按照操作规程进行，酸罐进酸前应向酸雾吸收器中加入适量的碱液用于吸收酸雾。

五、调试质量验收及签证

分系统试运工作结束后，应按照 DL/T 5295—2013《火力发电建设工程机组调试质量验收及评价规程》和 DL/T 5403—2007《火电厂烟气脱硫工程调整试运及质量验收评定规程》的要求，及时办理试运验收签证和脱硫废水处理系统单位工程验收表，验收签证格式见附录部分。DL/T 5295—2013 中，脱硫废水处理系统调试质量验收标准见表 3-41。

表 3-41　　　　　　　　　　　脱硫废水处理系统调试质量验收表

序号	项目		性质	单位	质量标准	检查方法
1	联锁保护		主控		全部投入、动作正确	检查记录
2	顺控功能组		主控		步序、动作正确	检查记录
3	状态显示		主控		正确	观察
4	热工仪表		主控		校验准确，安装齐全	观察、检查
5	管道	严密性			无泄漏	观察
6		冲洗			清洁、无杂物	观察
7	废水旋流站	入口压力		MPa	符合设计要求	观测
8		阀门			动作灵活	观察
9	废水提升泵	出口压力		MPa	符合设计要求	查看记录
10		电流		A	符合设计要求	查看记录
11	废水箱或预沉池	液位报警			符合设计要求	观察
12		液位指示	主控		正确、可靠	观察
13		溢流管			符合设计要求	查看记录
14	加药系统	石灰浆液供应			符合设计要求	观察
15		盐酸供应			符合设计要求	观察
16		助凝剂供应			符合设计要求	观察
17		有机硫供应			符合设计要求	观察
18		絮凝剂供应			符合设计要求	观察
19		计量装置			试运正常	查看记录
20		严密性			符合设计要求	观察

序号	项目		性质	单位	质量标准	检查方法
21	搅拌器	轴承振动		mm	≤0.08	测量
22		轴承温度		℃	符合设计要求	测量
23		电流		A	符合设计要求	测量
24	污泥输送及压滤系统	压滤机			运行正常	观察
25		压滤水泵			运行正常	观察
26		高压冲洗水			运行正常	观察
27		污泥输送泵			运行正常	观察
28		仪用压缩空气			运行正常	观察
29	中和箱				满足运行要求	查看记录
30	反应箱				满足运行要求	查看记录
31	絮凝箱				满足运行要求	查看记录
32	澄清器				满足运行要求	查看记录
33	清水泵				满足运行要求	查看记录
34	阀门				操作灵活，无泄漏	观察

第四章

脱硫整套启动及 168h 满负荷试运

整套启动试运阶段从脱硫装置通烟气开始，到完成 168h 满负荷试运为止，可以分为整套启动热态调整试运和 168h 满负荷试运两部分。

1000MW 机组脱硫装置实行 168h 连续满负荷试运行，当由于非脱硫装置原因造成脱硫装置停运时，可由试运指挥部决定是否累计计时，但当停运次数超过 2 次及以上时，应重新计时。

一、脱硫整套启动的目的

整套启动的目的是为了检验调整系统的完整性、设备的可靠性、管路的严密性、仪表的准确性、保护和自动的投入效果，检验不同运行工况下脱硫系统的适应性，考验石灰石储存及浆液制备系统、公用系统满足脱硫装置整套运行情况，进行烟气系统、SO_2 吸收系统热态运行和调试，进行石膏脱水、脱硫废水处理等系统带负荷试运和调试，完善 pH 调节、密度显示与调节、增压风机热态动（静）叶调整、脱水调节、液位调节等热工自动化性能。

168h 满负荷运行期间，继续考验主要设备连续运行和满足脱硫装置满负荷运行的能力，考验主要仪表、保护、自动投入运行状况，主要运行参数控制在设计范围内，使脱硫效率及石膏脱水效果达到设计要求，废水排放达到设计要求。

二、脱硫整套启动试运的工作任务

1. 整套启动热态调整试运阶段的任务

（1）各相关系统的检查、确认与投入。

（2）按相关方案启动脱硫装置。

（3）指导运行人员的操作、调整，实现化学仪表和控制装置的投入。

（4）热态运行下主要设备运行情况的检查、检测。

（5）工作、备用设备的切换试验。

（6）SO_2 吸收系统带浆液试运调试。

（7）烟气系统带烟气热态调试。

1）烟气挡板门及其附属系统调试。

2）热态下 GGH 及其附属系统调试。

3）热态下增压风机及其附属系统调试。

4）热态下烟气系统的联锁、保护、顺序控制、自动的检查和调试。

（8）石膏脱水系统带负荷调试。

（9）石膏输送皮带带负荷调试。

（10）脱硫废水系统带负荷调试。

（11）配合厂家进行 CEMS 调试。

（12）在机组整套启动过程中，根据运行情况，投入各种控制装置。

（13）模拟量控制系统投入后，检查调节情况，整定动态参数；根据运行工况，做扰动试验，提高调节品质。

（14）投入保护和自动控制，并统计投入率。

（15）指导实验室人员进行石灰石浆液密度、石灰石细度、石灰石纯度、吸收塔内石膏浆液、脱水石膏品质、废水成分分析。

（16）50％BMCR、75％BMCR 及 100％BMCR 的工况下，脱硫装置运行参数热态调整。

2. 168h 满负荷试运阶段的任务

（1）投入相关系统，检查各系统运行情况，指导运行操作和化验分析工作。

（2）投入全部保护，配合热控检查定值。

（3）设备缺陷检查、处理及记录。

（4）记录调试数据。

3. 168h 满负荷试运后的任务

（1）配合相关单位完成消缺工作。

（2）完成调试遗留工作。

（3）整理调试记录，编写调试报告和工作总结。

（4）按规定向业主单位移交调试资料。

三、脱硫整套启动和 168h 满负荷试运前应具备的条件

1. 人员配备及技术文件准备

（1）试运指挥部及其各组人员全部到位，启动方案已经审批并进行交底，建设单位应配合试运指挥部进行启动前的准备工作检查。

（2）生产单位应按脱硫装置整套启动方案和措施，配备了各岗位的生产运行人员，有明确的岗位责任制，运行操作人员培训上岗，能胜任本岗位的运行操作和进行故障处理。

（3）施工单位应根据脱硫装置整套启动方案及调试大纲要求，配备了足够的维护巡视检修人员，并有明确责任。维护巡视检修人员熟悉本岗位设备和系统的性能，在整套试运组的统一指挥下能胜任维护检修工作。

（4）调试单位编制的整套脱硫装置启动试运方案已经由相关部门审核、试运总指挥审定，并在启动前向参加试运的有关单位进行技术和安全交底。

（5）生产单位在试运现场应备齐运行规程、系统流程图、控制和保护逻辑图册、设备保护整定值清单、主要设备说明书、运行维护手册等。

2. 脱硫整套启动试运应具备的条件

（1）脱硫装置区域场地基本平整，消防、交通和人行道路畅通，试运现场的试运区与施工区设有明显的标志和分界，危险区设有围栏和醒目的警示标志。

（2）试运区内的施工用脚手架已经全部拆除，现场（含电缆井、沟）清扫干净。

（3）试运区内的梯子、平台、步道、栏杆、护板等已经按设计安装完毕，并正式投入使用。

（4）区域内排水设施正常投入使用，沟道畅通，沟道及孔洞盖板齐全。

（5）脱硫试运区域内的工业、生活用水和卫生、安全设施投入正常使用，消防设施经主管部门验收合格、发证并投入使用。

（6）试运现场具有充足的正式照明，事故照明能及时投入。

（7）各运行岗位已具备正式的通信装置，试运增加的临时岗位通信畅通。

（8）在寒冷区域试运，现场按设计要求具备正式防冻措施，满足冬季运行要求，确保系统安全稳定地运行。

（9）试运区的空调装置、采暖及通风设施已经按设计要求正式投入运行。

（10）脱硫装置电缆防火阻燃已按设计要求完成。

（11）启动试运所需的石灰石（或石灰石浆液）、化学药品、备品备件及其他必需品已经备齐。

（12）环保、职业安全卫生设施及检测系统已经按设计要求投运。

（13）保温、油漆及管道色标完整，设备、管道和阀门等已经命名，且标志清晰。

（14）设备和容器内经检查确认无杂物。

（15）主机组运行稳定，主机与脱硫 DCS 间信号对接调试、保护传动试验完毕，电除尘投入运行，满足脱硫投运要求。

（16）在整套启动前，应进行的分系统试运、调试已经结束，并核查分系统试运记录，确认能满足整套启动试运条件。脱水系统、废水处理等系统具备带负荷试运条件，能满足脱硫整套启动需要。

（17）完成质监中心站整套启动前的检查，质监项目已按规定检查完毕，经质监检查出的缺陷已整改并验收完毕。

3. 168h 满负荷试运前应具备的条件

（1）主机组运行稳定，电除尘器投入，烟气量满足脱硫装置设计的额定工况。

（2）各系统具备连续运行条件。

（3）脱水系统带负荷运行，形成石膏。

（4）脱硫废水处理具备带负荷运行条件。

（5）主要仪表全部投入运行。

（6）保护全部投入运行。

（7）自动投入满足运行要求。

（8）主要设备出力达到设计要求。

四、脱硫整套启动试运

对于设有烟气旁路挡板的机组，当锅炉运行稳定，没有油枪投用，电除尘器已投运，机组带 30％以上负荷，电除尘器出口的烟气含尘浓度低于 $150mg/Nm^3$，FGD 进口烟气温度低于 160℃时，FGD 可投入运行。对于没有烟气旁路挡板的机组，锅炉启动产生的所有烟气必须经过 FGD 进入烟囱，所以脱硫装置必须先具备通烟气条件后机组才能启动。1000MW 机组均是在近几年新建的，仅有极少数电厂设计时设有旁路挡板，但 2010 年 6 月 17 日，国家环境保护部办公厅发文（环办〔2010〕91 号），要求各省级环保部门于 9 月 30 日前完成旁路挡板的铅封工作。所以，现在 1000MW 机组脱硫设施均按无旁路挡板方式启动。

近年，由于已运行的机组 GGH 堵塞、腐蚀等故障较多，许多新设计的机组均取消了GGH。此外，从节能的角度考虑，很多百万机组也将增压风机和引风机合二为一，取消了增压风机。这样一来，脱硫系统的启停和运行简化很多。

本节按照设有 GGH 和增压风机的系统进行介绍，对不设 GGH 和增压风机的机组在介绍过程中进行说明。

在机组分系统试运工作结束，启委会同意机组进行整套启动试运后，调试单位应首先按照本节第三部分的要求制定整套启动条件检查卡，做好整套启动前的准备工作。对于暂时无法消缺但不影响整套启动工作的缺陷，可落实好责任单位和最迟需消缺完成的时间，尽快完成消缺工作。

整套启动试运工作应按下列步骤有序开展：

1. 准备工作

(1) 对照检查卡对 FGD 系统进行全面检查。

(2) 按照预操作卡完成各系统的逻辑保护预操作试验。

(3) 在预操作试验完成后，向工艺水箱补水至高液位，并将补水阀投自动模式。

(4) 启动一台工艺水泵，另一台系统检查后投备用。

2. 除雾器冲洗系统启动

(1) 手动打开除雾器冲洗水泵入口阀门和机封水。

(2) 启动一台除雾器冲洗水泵，另一台系统检查后投备用。

(3) 吸收塔除雾器冲洗顺序控制启动。

(4) 向吸收塔补水至 8m。

3. 石灰石浆液制备系统启动

(1) 就地检查完毕后，顺控启动湿磨机浆液循环泵。

(2) 湿磨机启动条件具备后，启动湿磨机顺控启动程序。

(3) 球磨机系统运行反馈后延时 2min 启动皮带称重机。

(4) 向石灰石浆液箱制浆至高液位后湿磨机保持热备用。

4. SO_2 吸收系统启动

(1) 吸收塔补水至 8m 后启动吸收塔搅拌器，投入液位计、密度计、pH 计等测量表计。

(2) 吸收塔放空阀向地坑放水，启动地坑搅拌器和地坑泵向吸收塔打水，建立循环。

(3) 通过地坑向吸收塔投放约 200t 石膏晶种。

(4) 按照吸收塔浆液循环泵启动要求对循环泵进行检查，接通吸收塔浆液循环泵的减速机油系统冷却水及机械密封水。

(5) 依次顺控启动 3 台吸收塔浆液循环泵，启动完毕后，检查设备运行情况。未启动的浆液循环泵系统检查后设为备用。

(6) 按照氧化风机启动要求对氧化风机进行检查，确认各阀门启动前的状态。投入氧化风机冷却水。

(7) 顺控启动一台氧化风机，启动完毕后，检查设备的运行情况。检查氧化风减温水是否自动投运正常。未启动的氧化风机系统检查后设为备用。

5. 吸收塔浆液供给系统启动

(1) 在石灰石浆液箱浆液液位正常并确认湿磨机系统处于热备用后，对即将投入运行的石灰石浆液进行就地检查，投入该泵的机械密封水，设备检查完毕，确认各阀门处于启动前状态。

(2) 顺控启动一台石灰石浆液泵并投自动，另一台泵系统检查后投备用。

6. GGH 启动（不设 GGH 的机组无须此步）

（1）启动 GGH 密封风机，另一台密封风机投入联锁。

（2）启动 GGH 主驱动电动机，备用电动机投入联锁。

（3）投入转子停车报警装置。

（4）启动 GGH 低泄漏风机，另一台投入联锁。

（5）GGH 吹扫系统投入至备用状态。

7. 增压风机启动（不设增压风机的机组无需此步）

（1）确认增压风机周围无影响启动的工作和相关设施。

（2）确认润滑油站油位正常。

（3）确认原烟气挡板处于关闭状态。

（4）将增压风机静叶调至最小位置。

（5）启动增压风机电动机润滑油站，检查润滑油量及油温正常，冷却水流量正常。

（6）启动一台增压风机的轴承冷却风机，并将另一台冷却风机投入联锁。

（7）以上系统投运正常后，脱硫具备进烟条件进烟；等待主机值长通知增压风机的启动。

（8）接到主机值长可以启动增压风机的命令后，启动增压风机。

（9）开启增压风机入口烟气挡板（如果顺控启动，原烟气挡板自动打开，若原烟气挡板在 1min 内未能全开，则增压风机应自动停止运行）。

（10）根据进烟量的需要，缓慢开启增压风机静叶调节挡板，加强与锅炉运行人员的配合，确保锅炉运行正常，检查增压风机各参数无异常后投静叶开度自动。

（11）操作完毕，汇报值长。

8. 脱硫系统的热态运行调整

（1）监控系统运行设备的运行状况，监视脱硫装置各设备的运行参数。

（2）调试人员对化学分析人员进行 FGD 系统的化学分析指导，使运行分析人员能熟练掌握 FGD 系统内各种化学分析的方法，为 168h 试运及试生产打下基础。

（3）锅炉点火正常运行后，调试人员根据运行情况指导运行人员对一些运行参数进行初步优化调整，主要有吸收塔浆液 pH、吸收塔浆液密度、废水排放量、石灰石浆液密度、石膏品质等。配合厂家完成 CEMS 的调试。

（4）在各设备运行稳定之后，视情况完成各工作、备用设备的热态切换试验，记录试验结果。

（5）整套启动试运期间，调试人员需投入并完善各控制系统，对一些不合理的逻辑、控制方法提出修改意见，按程序审批后进行修改，保证系统的安全稳定运行。

（6）设备运行稳定后，调试机务和热控专业负责依次投入各联锁保护和自动，根据运行工况和各自动调节的品质对相关设置参数进行调试并进行相关的扰动试验，以提高自动调节的品质。

（7）在 50%、75%、100%BMCR 工况下，进行运行参数的热态调整试验。

（8）热态试运过程中，调试和监理应对设备的缺陷检查、处理和记录严格把关，在确保不影响人员和系统安全的前提下方可签发消缺工作单。有重大影响安全运行需停机整改的缺陷，需要汇报试运指挥部后，按程序停机处理。

（9）在初步热调结束、168h 试运启动前，根据机组情况，一般会停机消缺，对 FGD 系统也要进行全面检查和消缺工作。检查的重点是烟气系统（增压风机、再热器、烟道挡板、烟道防腐等）和 SO_2 吸收系统（喷淋层、除雾器等）。

（10）当化验浆液成分和密度等满足脱水条件后，视情况启动石膏脱水系统和废水处理系统，进行热态调试。

9. 石膏脱水系统启动

石膏脱水系统的运行取决于石膏浆液浓度。当石膏浆液密度不到设定值时，按照石膏脱水系统启动要求进行启动条件检查，将石膏脱水系统投入热态备用状态。当石膏浆液密度达到设定值时，并满足启动条件后，投入石膏脱水系统。石膏脱水系统启动步骤如下：

（1）真空皮带脱水机启动。

1）开启滤布冲洗水泵。

2）延时 5s。

3）打开真空泵入口密封水阀门。

4）启动皮带脱水机（以 25Hz 的频率运行）。

5）延时 10s。

6）启动真空泵。

（2）石膏排出泵和石膏旋流器启动。

1）对石膏排出泵和石膏旋流器系统内阀门状态进行检查确认。

2）投入石膏旋流器旋流子。

3）关闭石膏浆液排出泵冲洗阀门、放空阀门。

4）冲洗阀门、放空阀门关到位，打开石膏浆液排出泵入口阀门。

5）石膏浆液排出泵入口阀门开到位反馈后，延时 5s，启动石膏浆液排出泵。

6）石膏浆液排出泵运行反馈后，延时 1s，开启石膏浆液排出泵出口阀门。

7）开启滤饼冲洗水泵。

8）调整旋流子工作压力，指导化学人员对石膏旋流器底流溢流和脱水石膏进行取样化验，并根据化验结果进行参数调整。

10. 废水处理系统启动

（1）反应和加药系统的启动。

1）按照脱硫废水处理系统启动条件进行系统检查，按要求配制好足够的各种药剂。

2）关闭脱硫废水处理系统内的箱体储罐的全部放泄阀或排空阀。

3）向处理系统内的中和箱、沉降箱、絮凝箱、澄清器、出水箱内注入清洁工艺水。可通过开启澄清器冲洗水管线阀门，向澄清器内注入工艺水。同时利用污泥循环泵回流，将三联箱内充满水。出水箱内的清洁水来源于澄清器溢流出水。

4）标定后投入 pH 计、污泥浓度计、浊度计。

5）启动废水给料泵，向废水处理系统供应废水。

6）按以下次序开启系统装置：

中和箱搅拌器—沉降箱搅拌器—絮凝箱搅拌器—澄清器刮泥机—出水箱搅拌器。

7）按以下次序开启加药计量泵：

石灰乳计量泵—混凝剂计量泵—有机硫计量泵—絮凝剂计量泵。盐酸计量泵设好自动。

计量泵的频率可以通过自动控制系统给定，或由手工给定。加药系统开始工作后，pH 曲线会出现反复属正常现象，在大约 2h 内曲线会逐渐趋向平稳。

（2）污泥处理系统的启动。

1）检查确认压滤机具备启动条件。

2）当澄清器底部污泥浓度达到 60g/L 时，启动压滤机"顶紧"按钮，油泵开始工作，顶板开始向前运动。

3）当压滤机油缸压力达到 20MPa 时，油泵自动停止进油工作。

4）开启澄清器至污泥输送泵电动门，启动污泥输送泵。

5）待污泥输送泵工作时间达到设定时间，停止污泥输送泵，关闭冲洗电磁阀；启动"松开"按钮。

6）启动压滤机"翻板开"按钮，打开接水盘。

7）当顶板回复到初始位置后，启动压滤机就地控制柜"自动拉板"按钮，自动拉板机构开始拉板操作。

8）自动拉板结束，启动"翻板关"按钮，关闭接水盘。

9）压滤机正常操作如 1）～7）步序，其他无需操作。压滤机工作时，需有专人在现场观察，防止拉板出现故障造成事故。

五、脱硫系统 168h 满负荷试运

168h 满负荷试运的目的是考核 FGD 系统带满负荷连续运行的能力，以确认 FGD 系统能够安全稳定的投入正常生产。

在各项指标基本达到技术规范要求时，有关各方确认后，FGD 系统按正常方式启动，投入各控制装置后机组逐步增加负荷至满负荷，进行 168h 连续运行。

168h 满负荷试运期间，连续平均负荷率应在 90% 以上，热控自动投入率大于 90%，各项保护 100% 投入运行，FGD 系统的所有设备（含辅助设备）应同时或陆续投入运行。168h 满负荷试运期间，原则上不再做较大的调整试验，但应严密监视 FGD 系统的运行状况，各系统均应工作正常，其膨胀、严密性、轴承温度及振动等均应符合技术要求，FGD 系统各项运行参数均基本达到设计要求。

在 168h 满负荷试运过程中，调试单位应如实、全面地做好记录。机务专业认真监视各系统的运行情况，指导运行操作和化验分析工作，配合热控检查定值，投入全部保护。热控专业负责投入相关系统保护和自动。

在 168h 连续试运期间，如果由于机组或其他非施工和调试原因，使试运 FGD 系统在此阶段不能带满负荷时，由总指挥报请启委会决定应带的最大负荷。

FGD 装置完成连续 168h 试运行，有关各方进行签字确认后，由试运总指挥宣布 168h 满负荷试运结束，试运即告结束，由试生产组接替整套试运组的试运领导工作，并办理脱硫装置 168h 验收交接书。

对于暂时不具备处理条件，但不影响安全运行的项目，由试运指挥部决定负责处理问题的单位和时间，如果 FGD 系统有影响继续运行的较大缺陷，可以停下消缺。如果 FGD 系统运行正常，可继续运行下去，并由总指挥报请启委会决定移交生产单位进入试生产运行。

六、FGD 系统的化学分析

1. 化学分析的作用

在 FGD 系统整套启动和 168h 满负荷试运过程中，需要对湿法烟气脱硫系统中的各类原料和产物进行化学分析。化学分析的作用有以下几点：

（1）为脱硫原料进行把关，保证原料品质。

（2）进行日常运行的工艺控制。

（3）检验在线仪表的准确性。

（4）确定和分析 FGD 工艺运行过程中出现的问题。

（5）进行 FGD 系统的性能评价和优化。

（6）积累调试期间的 FGD 系统性能试验数据，便于日后运行的问题分析判断。

（7）监测处理后的废水水质是否符合环保要求。

（8）检验石膏品质是否满足设计和综合利用的品质要求。

2. 化学分析的分类

按照化学分析的目的，FGD 化学分析可分为四类：

（1）针对运行参数的常规比对分析。这类分析的主要目的是校验在线运行仪表，为运行工艺控制提供准确的参考数据，如吸收塔 pH 计、密度计等。这类分析的频率取决于工艺和参数的变动情况，一天或一周分析数次。

（2）日常分析。这类分析监测吸收塔和其他辅助系统，如吸收剂制备、副产品处理系统等，目的是确定它们是否符合设计性能及当 FGD 系统性能发生变化或恶化时，能较早得到提示，属于日常监测分析。例如，石膏品质分析可以确定浆液中碳酸钙的利用率和氧化风的氧化效果，液相可溶性离子分析可以评价液相 SO_2 的吸收能力和潜在的腐蚀情况等。

（3）FGD 出现异常情况或进行性能试验时进行的非日常分析，如脱硫系统出现工艺问题时的分析、评价 FGD 工艺性能、进行 FGD 工艺性能优化时进行的分析。在 FGD 系统启动阶段和最初的性能测试阶段，这类分析是为了提供基本的性能和工艺特征信息。在 FGD 出现异常情况时，这类分析则可以帮助确定工艺问题，从而对 FGD 工艺进行优化，包括吸收塔浆液、工艺水、吸收剂、固体副产品、废水等的常规和非常规检测因子的分析。

（4）脱离副产品和废水品质的分析，包括监测废水达标情况和脱水石膏品质的分析。例如，FGD 废水处理后的 pH、悬浮物、可溶性固体和重金属离子等，脱水石膏的含水率和氯离子含量。

3. 调试过程中的化学分析

在 FGD 系统热态调试中，化学分析工作同样十分重要，它可以帮助调试人员及时判断 FGD 系统是否保持良好的运行状态，分析脱硫率下降、脱水石膏品质不高等问题发生的原因，然后通过运行参数的调整，使 FGD 系统在更合适的参数下运行，为以后的运行管理提供原始数据。在 FGD 系统热态调试阶段，化学分析工作一般比正常运行阶段内容更多、频率更高，这是因为新投运的脱硫装置的很多运行参数都还处于调整摸索阶段，为找出最佳的运行工况，需要进行很多工况的对比试验。例如，各水力旋流器调试时，为了满足产物密度要求，需要在不同旋流子喷嘴口径、不同旋流子投入数量、不同工作压力等工况下对各水力旋流器底流/溢流浆液的含固率也作大量的密度和粒径分析。在 CEMS 仪表标定调试时，会根据需要对烟气成分（如粉尘、SO_2、O_2 浓度等）做一些取样分析。

　　然而，在 FGD 装置推广应用的早期，化学分析工作的重要性没有得到应有的重视。即使在现在，很多电厂管理、运行和检修人员也很少会结合系统运行现状对化学分析结果进行深入分析，并改进系统的运行操作。电厂通常把精力集中在设备检修问题上，如清洗堵塞的喷嘴，清除烟道的结污、结垢，清洗 GGH、除雾器的堵塞，修补被腐蚀的箱/罐衬胶或防腐涂层、泄漏的浆液输送管线等。其实，很多问题都可以通过化学分析有效地进行源头控制，通过 FGD 运行参数的调整，可以解决如吸收塔和除雾器结垢、石灰石吸收剂利用率低、脱硫效率低、腐蚀等问题，可提高 FGD 系统的可靠性，减少由于检修等所需的停工期，并节省运行和检修保养的费用。

　　通常，在调试阶段为了更及时地对运行参数进行检测以便做出调整，需要进行的化学分析项目比正常运行阶段要多，频率也更高。调试中要求进行的主要化学分析项目如下：

　　（1）石灰石的分析。

　　1）石灰石纯度。

　　2）石灰石粒度。

　　3）水分。

　　4）氧化钙（CaO）。

　　5）氧化镁（MgO）。

　　6）石灰石的活性。

　　7）石灰石浆液的浓度。

　　8）盐酸不溶物。

　　（2）吸收塔浆液的分析。

　　1）pH。

　　2）吸收塔浆液密度和质量浓度。

　　3）浆液中 $CaCO_3$ 含量。

　　4）浆液中 SO_3^{2-} 含量。

　　5）浆液中 Cl^- 含量。

　　6）浆液中 F^- 含量。

　　7）盐酸不溶物。

　　（3）脱水石膏的分析。

　　1）含水率。

　　2）石膏纯度（$CaSO_4 \cdot 2H_2O$ 含量）。

　　3）碳酸钙（$CaCO_3$）。

　　4）亚硫酸钙（$CaSO_3$）。

　　5）石膏中 Cl^- 含量。

　　6）盐酸不溶物。

　　（4）脱硫废水。

　　1）pH。

　　2）悬浮物。

　　3）氟离子 F^-。

　　4）COD_{Cr}。

5）汞（Hg）。

6）镉（Cd）。

7）其他需达标的成分。

（5）各旋流器底流/溢流。

1）密度。

2）含固率。

脱硫系统样品的采样与分析频次如下：

石灰石的采样应按 GB/T 15057.1—1994《化工用石灰石采样与样品制备方法》进行，采集的石灰石充分混合，再进行制样；石灰石粉可在运输罐车内采集。一般每车/罐分析一次表 4-1 中的项目，来料稳定时也可减少分析频率。

对于浆液（石灰石浆液、吸收塔内浆液等），应在各设备设计安装的采样点处采样。为使采集的样品具有代表性，所有样品采样前，都必须把采样点内的残留物冲洗干净，然后将热浆液灌入保温瓶中尽快送到实验室，到达后立即开始过滤样品，进行分析。调试时，根据需要随时进行浆液成分分析，分析项目根据调试需要确定，分析频率高的时候每班一次或数次。

对于脱水石膏，在皮带脱水机卸料口或设备设计安装的采样点处采样，应使采集的样品具有代表性，并尽快送到实验室进行分析。调试时，根据需要随时进行石膏成分分析。

脱硫废水应在 FGD 废水处理设备入口及废水排放出口处取样，调试时 pH 随时可分析，其他的项目至少分析一次。

调试时，根据需要随时进行烟气的采样和分析，如流量、温度、SO_2 浓度等，测得数据与 FGD 在线监测仪表进行对比并校正。烟气的采样和分析，均按有关标准进行。

表 4-1   FGD 系统调试主要分析项目的推荐分析方法

序号	样品	分析项目	分析方法
1	石灰石（粉）	粒径	光度法
		水分	重量法
		氧化钙（CaO）	EDTA 容量法
		氧化镁（MgO）	EDTA 容量法
		盐酸不溶物	重量法
		化学活性	滴定法
2	石灰石浆液	密度（含固率）	重量法
3	吸收塔浆液	pH	玻璃电极法
		密度（含固率）	重量法
		碳酸钙（$CaCO_3$）	容量法
		亚硫酸根（SO_3^{2-}）	碘量法
		氯离子（Cl^-）	硫氰酸汞分光光度法
		氟离子（F^-）	氟试剂分光光度法
		盐酸不溶物	重量法

续表

序号	样品	分析项目	分析方法
4	脱水石膏	水分	重量法
		纯度（CaSO$_4$·2H$_2$O）	重量法
		碳酸钙（CaCO$_3$）	容量法
		亚硫酸钙（CaSO$_3$）	碘量法
		盐酸不溶物	重量法
		氯离子（Cl$^-$）	硫氰酸汞分光光度法
5	工艺水	pH、硬度、氯离子（Cl$^-$）、悬浮物等	FGD 系统正常时不作要求，有异常时才分析
6	FGD 废水	pH	玻璃电极法
		悬浮物	重量法
		氟离子（F$^-$）	氟试剂分光光度法
		COD$_{cr}$	重铬酸钾法
		汞（Hg）	冷原子吸收法
		镉（Cd）	直接吸入火焰原子吸收分光光度法
		其他需达标的成分	一般电厂实验室不具备分析废水中的一些重金属的条件，只需定期分析

七、整套启动阶段的质量验收与签证

湿法脱硫系统整套启动和 168h 满负荷试运单位工程验收表见表 4-2 和表 4-3。

表 4-2　　　　　石灰石-石膏湿法脱硫系统整套启动试运单位工程验收表

序号	检验项目	性质	单位	质量标准	检查方法
1	联锁保护	主控		全部投入、动作正确	查看记录
2	联锁投入率	主控	%	90	统计
3	FGD 启动步序调整			已完成	查看记录
4	FGD 停用步序调整			已完成	查看记录
5	增压风机叶片调整	主控		满足系统要求	查看记录
6	SO$_2$吸收系统调整试验			已完成，试验结果正常	查看记录
7	烟气处理量			符合设计要求	测量
8	脱硫率		%	符合设计要求	测量
9	FGD 进口烟气温度	主控	℃	符合设计要求	测量
10	事故喷淋后烟气温度	主控	℃	符合设计要求	测量
11	GGH 单侧压差		Pa	符合设计要求	查看
12	GGH 主轴温度		℃	符合设计要求	测量
13	GGH 转速		r/min	符合设计要求	测量
14	低泄漏风系统			符合设计要求	查记录

序号	检验项目	性质	单位	质量标准	检查方法
15	GGH 吹灰器			符合设计要求	查记录
16	GGH 高压水冲洗系统			符合设计要求	查记录
17	GGH 密封风系统			符合设计要求	查记录
18	FGD 进口烟尘浓度		mg/Nm³	符合设计要求	测量
19	FGD 出口烟尘浓度		mg/Nm³	符合设计要求	测量
20	原烟气入口 SO_2 浓度	主控	mg/Nm³	符合设计要求	依据 GB/T 16157 测量
21	净烟气出口 SO_2 浓度	主控	mg/Nm³	符合设计要求	依据 GB/T 16157 测量
22	增压风机电动机轴承温度		℃	符合设计要求	查看记录
23	增压风机前负压	主控	Pa	符合设计要求	观察
24	增压风机油站			正常投用	观察
25	增压风机冷却水			正常投运，符合要求	观察
26	增压风机密封风机			正常投用	观察
27	增压风机轴承振动	主控	μm	符合设计要求	观察
28	增压风机轴承温度		℃	符合设计要求	观察
29	增压风机电动机绕组温度		℃	符合设计要求	观察
30	工艺水压力		MPa	符合设计要求	查看记录
31	除雾器			正常投运	观察
32	除雾器水泵出口压力	主控	kPa	符合设计要求	观察
33	除雾器差压		Pa	符合设计要求	观察
34	除雾器冲洗功能	主控		符合设计要求	观察
35	吸收塔			安装正确，无泄漏	观察
36	氧化风机	主控		运行正常	观察
37	氧化风机出口压力			符合设计要求	观测
38	喷淋层	主控		喷嘴分布合理符合 脱硫率设计要求	观察
39	吸收塔搅拌器			运转正常，无异常声音	观察
40	浆液循环泵	主控		出力、压力符合设计要求	观察
41	循环泵组功能投入	主控		符合设计要求	观察
42	吸收塔搅拌器		台	运行正常	观察
43	浆液循环泵投运数	主控	台	3	观察

续表

序号	检验项目		性质	单位	质量标准	检查方法
44	石膏排出泵	冲洗			冲洗干净，系统无沉淀	观察
45		功能组投入	主控		符合设计要求	观察
46		出口压力		MPa	符合设计要求	观测
47	吸收塔区域池浆液泵				正常运行，符合设计要求	观察
48	吸收塔区域池搅拌器				运转正常，无异常声音	观察
49	氧化风增湿前温度			℃	符合设计要求	观察
50	氧化风增湿后温度			℃	符合设计要求	观察
51	吸收塔液位			m	符合设计要求	观察
52	吸收塔浆液密度		主控	kg/m³	符合设计要求	观察
53	吸收塔浆液 pH		主控		5.2～5.8	测试
54	石灰石浆液供给量			m³/h	满足设计和运行需要	观测、对比
55	石灰石区域浆池				正常投用	观察
56	石膏旋流效果				符合设计要求	观察
57	皮带脱水机	石膏厚度	主控	mm	20～30	测量
58		系统真空	主控	kPa	−30～−65	观测
59	石膏输送皮带带负荷试运				符合设计要求	观察
60	事故浆液系统				正常投用	观察
61	挡板密封风机				正常投用	观察
62	化学加药系统严密性				无泄漏	观察
63	化学加药计量装置		主控		准确	查看记录
64	中和箱 pH 控制				符合设计要求	测试，查看记录
65	污泥处理系统				符合设计要求	观测
66	排水	pH	主控		符合 GB 8978 要求	测试，查看记录
67		悬浮物	主控		符合 GB 8978 要求	测试，查看记录
68	CEMS	远方就地显示	主控		符合设计要求	观察，查看记录
69		气体标定	主控			观测
70		定期吹扫				观察
71	制浆	石灰石浆液细度		目	符合设计要求	依据 GB/T 15057.1 测定
72		石灰石浆液密度对比		kg/m³	符合设计要求	依据 GB 5484 测试
73	石膏	脱水石膏纯度		%	符合设计要求	依据 GB 5484 测试
74		碳酸钙含量		%	符合设计要求	依据 GB 5484 测试
75		亚硫酸钙含量		%	符合设计要求	依据 GB 5484 测试
76		石膏中 Cl⁻ 含量		mg/kg	符合设计要求	依据 GB 5484 测试

表 4-3　　　　　　　　　　　　湿法脱硫系统 168h 满负荷试运单位工程验收表

序号	检验项目		性质	单位	质量标准	检查方法
1	主要运行参数	烟气流量		m³/h	符合设计要求	检查在线测量值
2		入口烟气 SO₂ 含量		mg/m³	符合设计要求	依据 GB/T 16157 测量
3		出口烟气 SO₂ 含量	主控	mg/m³	符合设计要求	依据 GB/T 16157 测量
4		入口烟气 O₂ 含量		%	符合设计要求	依据 GB/T 16157 测量
5		出口烟气 O₂ 含量		%	符合设计要求	依据 GB/T 16157 测量
6		入口烟气含尘量		mg/m³	符合设计要求	依据 GB/T 16157 测量
7		出口烟气含尘量		mg/m³	符合设计要求	依据 GB/T 16157 测量
8		FGD 入口烟气温度		℃	符合设计要求	检查在线测量值
9		吸收塔液位		m	符合设计要求	核查记录
10		吸收塔石膏浆液 pH 范围			符合设计要求	核查记录
11		吸收塔石膏浆液 密度范围			符合设计要求	核查记录
12		除雾器冲洗水压		MPa	符合设计要求	核查记录
13		GGH 单侧压差		Pa	符合设计要求	核查记录
14	石膏品质	石膏纯度	主控		符合设计要求	依据 GB 5484 测试
15		碳酸钙残留量		%	符合设计要求	依据 GB 5484 测试
16		半水亚硫酸钙含量		%	符合设计要求	依据 GB 5484 测试
17		氯离子含量		mg/kg	符合设计要求	依据 GB 5484 测试
18	碳酸钙消耗量		主控	t/h	符合设计要求	查记录统计
19	石灰石浆液	密度		kg/m³	符合设计要求	测试比对
20		含固率		%	符合设计要求	测试比对
21		细度	主控	目	符合设计要求	测试，查看记录
22	系统密封性				严密，不泄漏	观察，查看记录
23	废水排放				符合 GB 8978 要求	依据 DL/T 938—2005 测试
24	附属机械设备	氧化风机			满足设计、运行要求	检查记录
25		浆液循环泵	主控		满足设计、运行要求	检查记录
26		工艺水泵			满足设计、运行要求	检查记录
27		石灰石浆液泵			满足设计、运行要求	检查记录
28		增压风机	主控		满足设计、运行要求	检查记录
29		搅拌器			满足设计、运行要求	检查记录
30		石膏排出泵			满足设计、运行要求	检查记录
31		石膏脱水机			满足设计、运行要求	检查记录
32		空气压缩机			满足设计、运行要求	检查记录
33		球磨机			满足设计、运行要求	检查记录
34		GGH 及附属设备			满足设计、运行要求	检查记录

续表

序号	检验项目		性质	单位	质量标准	检查方法
35	主要指标	脱硫效率	主控	%	达到设计要求	测试，查看记录
36		出口烟气温度	主控	%	达到设计要求	查看记录
37		石膏含水率		%	≤10	测试，查看记录
38		主要仪表投入率	主控	%	100	记录，统计
39		保护装置投入率	主控	%	100	记录，统计
40		热控自动投入率	主控	%	≥80	记录，统计
41		连续运行时间	主控	h	≥168	记录，统计
42		累计满负荷时间	主控	h	≥72	记录，统计

第五章

脱 硝 分 部 试 运

第一节　氨储存及制备系统调试

一、脱硝还原剂形式及制备工艺

1000MW 机组 SCR 烟气脱硝工艺使用的还原剂主要有液氨和尿素两种。

液氨一般采用纯度为 99.5% 的无水氨，通过液氨槽车运输至电厂，储存于液氨储罐内。液氨是国家规定的乙类危险品，具有腐蚀性、毒性及爆炸危险，对安全方面要求极其严格。

尿素是一种稳定、无毒的固体物料，对人和环境均无害，可以被散装运输并长期储存。尿素不需要运输和储存方面的特殊要求，使用时不会对人员和周围环境产生不良影响。

1. 液氨制氨工艺

液氨通过槽车输送，储存于氨区中球形或圆柱形压力容器内。通过加热减压方式将液氨转换成气氨，制气氨过程无化学反应，这是目前 1000MW 机组普遍采用的还原剂制备工艺，具体工艺在原理及流程中介绍。液氨法制氨工艺具有工艺简单及具有较低的运行投资费用等优点。

液氨由液氨槽车运送至现场，利用液氨卸料压缩机将液氨由槽车输入液氨罐内。液氨罐中的液氨利用压差和液氨自身的重力或通过液氨供应泵输送到液氨蒸发槽内蒸发为氨气，经氨气缓冲槽控制一定的压力后，送至 SCR 脱硝反应器区的氨/空气混合器。氨气系统紧急排放的氨气则排入氨气稀释槽中，经水的吸收后排入废水池，再经由废水泵送至化学工业废水处理系统。氨储存及制备系统还设有氮气吹扫及事故喷淋系统。氨储存及制备系统工艺流程如图 5-1 所示。

2. 尿素制氨工艺

尿素制氨工艺系统由尿素颗粒储存和溶解系统、尿素溶液储存和输送系统及尿素分解系统组成。根据尿素制氨工艺的不同，分为尿素水解系统和尿素热解系统两类。尿素水解系统可布置于尿素溶解车间。当尿素水解系统布置于 SCR 脱硝反应器区域时，应采用单元制模式。尿素热解系统一般布置于 SCR 脱硝反应器区域时，应采用单元制模式。

尿素水解系统和尿素热解系统由于温度压力条件不同，有不同的化学过程。

水解法制氨化学反应方程式为

$$CO(NH_2)_2 + H_2O \longrightarrow NH_2COONH_4 \tag{5-1}$$

$$NH_2COONH_4 \longrightarrow 2NH_3 + CO_2 \tag{5-2}$$

热解法制氨化学反应方程式为

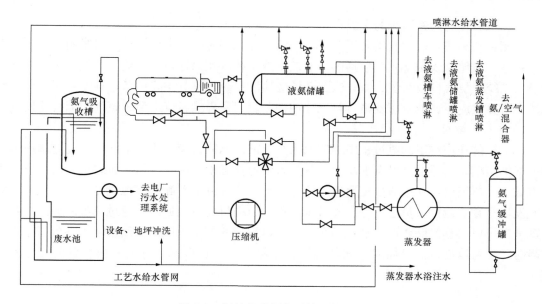

图 5-1　氨储存及制备系统工艺流程

$$CO(NH_2)_2 \longrightarrow NH_3 + HNCO \qquad\qquad (5-3)$$
$$HNCO + H_2O \longrightarrow NH_3 + CO_2 \qquad\qquad (5-4)$$

3. 液氨制氨与尿素制氨工艺系统比较

对于 1000MW 机组 SCR 脱硝工艺而言，还原剂是选择液氨法制氨还是尿素法制氨各有利弊，需要综合考虑经济性、安全性等因素。1000MW 机组脱硝液氨制氨与尿素制氨工艺特点比较见表 5-1。

表 5-1　　　　　　　　　　1000MW 机组常用还原剂特点比较

项目	液氨	尿素
品质要求	GB 536，纯度为 99.5% 及以上合格品	GB 2440，纯度应保证总氮含量在 46.3%
还原剂费用	低	高
运输费用	低	较高
安全性	有毒	无害
存储条件	高压	常压，干态
存储方式	液态	微粒状
制备方法	蒸发	热解、水解
初投资费用	低	高
运行费用	低	高
设备安全要求	应符合 GB 150、《危险化学品安全管理条例》等相关规定	无
环境敏感区	见 2008 年版《建设项目环境影响评价分类管理名录》（中华人民共和国环境保护部令第 2 号）	

注　以产生单位物质的量的 NH_3 比较得出。

在本书中，主要对液氨法制氨工艺系统的调试过程进行介绍。

二、氨储存及制备系统的主要设备

氨储存及制备系统为脱硝公用系统，一般设计能同时满足多台锅炉烟气脱硝运行还原剂的消耗量。氨储存及制备系统包括的子系统有液氨卸载及储存系统、液氨蒸发系统、氨气泄漏检测系统、氨气排放系统、氮气吹扫系统及喷淋系统等。其主要设备包括卸料压缩机、储氨罐、液氨供应泵、液氨蒸发槽、气氨缓冲槽、氨气稀释槽、废水泵、氨气泄漏检测仪等。

1. 卸料压缩机

压缩机的作用在于卸氨过程中当液氨槽车与液氨储罐自流至压力平衡后，将储罐中的气相氨气抽至槽车，通过对槽车加压使液氨流入液氨储罐中。卸料（氨）压缩机目前一般使用活塞式气体压缩机，在进口处配置有气液分离器。气液分离器配有液位检测开关，检测到液位时发出报警，运行人员进行分离器排水工作。压缩机配有四通阀，通过调整四通阀，氨气流动方向可以由液氨储罐流向液氨槽车，也可以由液氨槽车流向液氨储罐，当某台储罐出现故障时，也可以进行液氨储罐之间的倒罐。氨储存及制备系统设计上一般配置两台卸料压缩机。

2. 液氨储罐

液氨储存方式由于温度、压力的条件不同，应按照国家的规定选用，目前火力发电厂SCR 脱硝系统液氨储存方式一般为加压常温，储罐一般为卧式圆柱形。储备的液氨量设计一般满足 7 天的用量。液氨储罐上装有安全阀、逆止阀和关断阀，并装有压力、温度、液位测量装置。除设有氮气吹扫及废气排放功能外，罐底部还设有疏水系统。储罐四周设有喷淋水管和氨气泄漏检测仪，当罐体温度过高时或检出有泄漏时，对罐体进行自动喷淋，起到降温或吸收氨气的作用。

3. 液氨供应泵

液氨供应泵设置的目的是冬季环境温度较低时，保障向蒸发槽连续稳定地供给液氨。

4. 液氨蒸发槽

液氨蒸发槽是将储罐的液氨气化为气氨的装置，其结构为螺旋管式，管道内为液氨，管道外为温水浴，向水浴中注入蒸汽，一般水浴温度控制在 $50 \sim 60 \text{℃}$。进入蒸发槽的液氨，在热媒的加热下蒸发为气态氨，达到一定压力时，从蒸发槽上的气氨出口经自力调压阀送至气氨缓冲槽。蒸发槽中液氨配有液位开关，并与液氨进口气动关断阀联锁，当液位高位开关动作时，进口关断阀关闭，蒸发槽停止进氨。当液位低位开关动作时，液氨向蒸发槽供料。保证液氨蒸发槽的液氨稳定在一定范围。

5. 气氨缓冲槽

液氨经过蒸发槽后变为气氨，进入气氨缓冲槽，目的是为了稳定向脱硝反应器的氨气供给压力。其主要包括的设备有进口阀、出口阀、安全阀及排污阀等。

6. 稀释槽

设置氨气稀释槽的目的是将氨储存及制备系统各排放处排出的氨气由管线汇集后，从稀释槽底部进入，通过分散管将氨气分散至稀释水槽，避免直接排入环境空气中。氨气吸收槽的液位控制和喷淋系统均采用自动控制方式，在稀释槽的气氨进口管线上设置压力检测仪表，当检测到氨气压力达到设定限值时，喷淋水自动开启；当稀释槽液位达到低位定值时，自动打开稀释槽进水阀，当液位至高位时，进水阀自动关闭。

7. 废水泵

废水泵的作用是将稀释槽排向废水池中的废水排至电厂废水处理系统。

8. 氨气泄漏检测仪

在液氨储存及制备系统区域内设置氨气泄漏检测仪以监测氨泄漏。当检测到空气中氨的浓度至一个限定值时，现场及控制室应发出报警。并通过氨储存及制备系统的自动喷淋系统喷水，以吸收环境空气中的氨气。同时采取必要措施，防止氨气泄漏。

9. 喷淋系统

喷淋系统设置的目的是当液氨储罐内温度或压力高时报警，并开启降温喷淋装置。液氨储罐顶部设有遮阳篷，四周安装有工业水喷淋管线及喷嘴，当液氨储罐罐体温度过高时或罐内压力高时，自动淋水装置启动，对罐体自动喷淋减温；当有微量氨气泄漏时，也可启动自动喷淋水装置，对氨气进行吸收。喷淋用水点另包括液氨槽车喷淋及液氨蒸发系统喷淋。

三、调试前应具备的条件

氨储存及制备系统调试前应具备以下条件：

（1）氨储存及制备系统范围内的建筑工程、安装工程完成，并经验收合格。

（2）现场沟道畅通，盖板齐全。

（3）照明、通信能满足现场调试工作的要求。

（4）单体/单机试运完成并验收合格，遗留项目应不影响系统的调试安全。

（5）调试所需的蒸汽、压缩空气、喷淋水及工艺水能够投运并且满足调试要求，废水排放系统已具备投用条件。

（6）系统内部清理干净并验收合格，所有的人孔门封闭完毕。

（7）有关的安全阀校验合格，并有检验机构的校验记录。

（8）氨区的所有电气设备防静电措施验收合格。

（9）氨储存和供应系统水压试验验收合格。

（10）氨气缓冲槽至反应器管道气密性试验验收合格。

（11）氨储存和制备系统（包括储存罐、卸车液氨管道、液氨蒸发槽及相关管道等）气密性试验已完成，并经监理等单位验收合格。

（12）氨气泄漏检测仪调试完毕，并能够准确、可靠地投运。

（13）氨区内的防爆装置器材配备齐全，并验收合格可用。

（14）调试期间，液氨区应挂有禁止明火和禁止吸烟等警告牌。

（15）建立并健全氨区防火、防爆管理制度。

（16）完成氨区的事故预想及应急预案，并进行氨区的事故预演。

（17）氨区调试期间需要的 2%～3% 硼酸水、硫代硫酸钠饱和溶液、柠檬水等准备充足。

（18）调试方案/措施的技术交底工作已经完成。

（19）所有运行人员都经过岗位培训并合格，熟悉系统，能够上岗。

（20）各单位人员到位，组织分工明确。

四、调试内容、方法及步骤

1. 阀门检查试验

对氨储存及制备系统所有阀门进行检查，确保阀门安装正确合理，符合设计要求，编码正确；具备远控操作的气动阀和电动阀，逐一进行检查试验，确保在 DCS 上操作正常，开关反馈正确。对于调节阀，分别对 0、25%、50%、75% 和 100% 五个开度进行操作，确保就地指示与 DCS 的反馈一一对应。

2. 联锁保护试验

根据正式出版的逻辑及定值，完成氨储存及制备系统的联锁保护试验。其主要逻辑见表 5-2。

表 5-2　　　　　　　　　　　　　氨储存及制备系统逻辑

设备名称	条件类型	内容	备注
废水泵	启动允许	废水池液位"非低"	
	自动启动	联锁投入，废水池液位"高"且备用泵未运行	
	联锁停止	联锁投入，废水池液位"低"或备用泵已运行	
	保护停止	废水池液位"低"	
卸料压缩机	保护停止	(1) 卸料压缩机出口压力"高"； (2) 卸料压缩机气液分离器液位"高"； (3) 液氨罐车至液氨储罐气动阀已开且液氨储罐液位"高"	"或"逻辑
液氨泵	启动允许	液氨蒸发槽入口气动阀"已开"	
	保护停止	(1) 液氨蒸发槽入口气动阀"已关"且液氨蒸发槽入口气动阀"已关"； (2) 液氨泵出口压力"高"	"或"逻辑
罐车区事故喷淋气动阀	保护打开	氨卸载槽车区氨气泄漏浓度"高"	
	联锁关闭	氨卸载槽车区氨气泄漏浓度"非高"，延时 1min	
压缩机和蒸发槽区喷淋气动阀	保护打开	(1) 卸氨压缩机区氨气泄漏浓度"高"； (2) 液氨蒸发区氨气泄漏浓度"高"； (3) 氨气缓冲槽区氨气泄漏浓度"高"	"或"逻辑
	联锁关闭	(1) 卸氨压缩机区氨气泄漏浓度"非高"； (2) 液氨蒸发区氨气泄漏浓度"非高"； (3) 氨气缓冲槽区氨气泄漏浓度"非高"	"或"逻辑
氨气稀释槽喷淋气动阀	保护打开	(1) 氨气稀释槽液位"低"； (2) 氨气稀释槽入口压力"高"	"或"逻辑
	联锁关闭	联锁投入，氨气稀释槽液位"高"	
氨储存区事故喷淋气动阀	保护打开	(1) 液氨储罐温度"高高"； (2) 液氨储罐压力"高高"； (3) 液氨储罐区氨气泄漏浓度"高"	"或"逻辑
	联锁关闭	(1) 液氨储罐温度"非高"； (2) 液氨储罐压力"非高"； (3) 液氨储罐区氨气泄漏浓度"非高"	"或"逻辑
液氨罐车至液氨储罐气动阀	打开允许	(1) 液氨储罐液位"非高"； (2) 液氨储罐压力"非高"	"与"逻辑
	保护关闭	(1) 液氨储罐液位"高"； (2) 液氨储罐压力"高"	"或"逻辑

设备名称	条件类型	内容	备注
液氨罐车至液氨储罐液相阀	打开允许	液氨罐车至液氨储罐气动阀已开时且液氨储罐液位"非高"、压力"非高"	
	保护关闭	液氨罐车至液氨储罐气动阀已开时且液位"高"，液氨储罐压力"高"	
液氨蒸发槽伴热蒸汽气动阀	打开允许	液氨蒸发槽热媒水温度"非高"	
	保护关闭	(1) 液氨蒸发槽出口压力"高"； (2) 液氨蒸发槽热媒水温度"高"	"或"逻辑
液氨蒸发槽入口气动阀	打开允许	(1) 液氨蒸发槽氨液位"非高"； (2) 液氨蒸发槽热媒水温度"非低"	"与"逻辑
	保护关闭	(1) 液氨蒸发槽氨液位"高"； (2) 液氨蒸发槽出口压力"高"； (3) 液氨蒸发槽热媒水温度"低"	"或"逻辑
液氨蒸发槽出口气动阀	保护关闭	氨气缓冲槽压力"高"	

3. 喷淋系统调试

（1）系统冲洗。

冲洗前，检查确认管路安装完整，冲洗时控制冲洗水量。管路冲洗以目测水质干净、无杂质为冲洗终点，并检查喷嘴水量分配是否均匀及是否出现喷嘴堵塞情况。

（2）联锁动作试验。

根据表 5-2 中相关喷淋系统阀门联锁逻辑试验，检查动作是否准确、可靠。

4. 氨泄漏检测仪调试

氨泄漏检测仪在完成测点的传动试验及涉及相关的联锁保护试验后，可以实际校验氨气泄漏检测仪。将 1:1 摩尔比的氨水置于氨泄漏检测仪探头处，检查氨气泄露仪检出值与喷淋系统联锁保护的动作情况（每只氨泄漏检测仪应分别进行实校）。

5. 液氨蒸发槽带水、带蒸汽调试

（1）准备工作。通过工业水向蒸发槽进水冲洗，蒸汽管道、蒸发槽本体通蒸汽前检查，确保具备试投蒸汽条件。

（2）蒸发槽投蒸汽加热调试。蒸发槽水浴注入工艺水至溢流口溢流，打开辅汽至氨区的蒸汽管道沿程的疏水阀，蒸汽管道通小流量蒸汽进行暖管。暖管后吹扫蒸汽管道，将管道内的铁锈等杂物吹扫干净后恢复系统。投蒸发槽蒸汽加热，初步检查加热效果，实际校验蒸发槽蒸汽加热部分的逻辑。

6. 氮气吹扫

液氨储存及制备系统需保持系统的严密性，防止氨气的泄漏和氨气与空气的混合而造成爆炸。基于安全方面的考虑，在本系统的卸料压缩机、液氨储罐、氨气蒸发槽、氨气缓冲槽等都备有氮气吹扫管线。在氮气置换前投氮气吹扫并检查管线的严密性，特别是与液氨/气氨管线的接口位置。

7. 氮气置换

氨储存及制备系统氮气置换工作是 SCR 脱硝系统调试中极为重要的环节之一，一般采取"先本体，后管线"的顺序对系统进行氮气置换。氮气瓶通过汇流排将纯度为 99.9% 的氮气送至液氨储罐，将储罐内先行置换，每次置换储罐升压控制在 0.4MPa 左右，储罐氮气排放后，罐内压力控制在 0.05～0.1MPa，一般在 3 次左右基本能够置换合格。其基本步骤如下：

（1）将液氨储罐气密性试验后的混合气体（一般气密性试验是通过压缩空气将储罐内压力升至 0.7MPa，再注入氮气，使压力升至系统设计压力）排气至压力为 0.05～0.1MPa。

（2）通过氮气汇流排接入氮气，注入储罐，压力升至 0.4MPa 后，将储罐氮气进行排放，排放至压力为 0.05～0.1MPa。

（3）重复多次直至液氨储罐中氧气的含量低于 2% 为合格。储罐合格后，通过氨气供给管道将氨储存及制备区域至锅炉氨管、氨卸载管线等进行置换，目标是管道系统不留氮气置换死角。

（4）储罐排污口、供氨管道等处测量氧量值低于 2% 时为置换合格，氮气置换工作结束。系统氮气置换工作中，应做好置换过程签证工作。

8. 液氨卸载

（1）首次卸氨前的注意事项：

1）卸氨操作人员应穿戴好劳动防护用品，严格执行卸氨操作规程。

2）确认液氨储罐、管道等的安全阀的一次阀全部打开。所有手动阀门均在关闭位置。

3）卸氨前，确认氨区喷淋水系统、生活水设备及系统处于良好的备用状态。

4）稀释槽及废水池的液位满足设计要求，检查所有的排污管插入水中。废水泵投入联锁，处于备用状态。

5）系统内氮气置换后，应保证系统存留氮气压力控制并检查在 0.05～0.1MPa。

6）液氨槽车开至卸氨位置后熄火，做好槽车制动措施并将罐车防静电接地导线接好，停车位置应避免阳光直晒。并在液氨槽车身前、后位置放置醒目的安全警示牌。

7）首次卸载时，应将消防水管和消防栓接通敷设好，有条件时，厂消防车应就位待命。

8）液氨卸载应在光线良好的情况下进行，若在卸载过程中出现雷电天气、管道系统泄漏等应停止卸载，汇报试运指挥部。

9）卸氨过程中，卸氨管道液氨流速应加以控制，液氨槽车驾驶员、押运员、运行卸载人员必须在氨区现场，不得离开。

10）卸载过程中，应注意观察氨区风向标，掌握风向。

11）卸氨时，氨区周围禁止动火，不得使用产生火花的工具及物品。

12）槽车与液氨储罐连接完毕后，应向系统少量进氨充压，确认管道、阀门、接口无泄漏方可进行液氨的卸载操作，相关阀门开关应缓慢进行。

13）首次卸载液氨时，因液氨储罐内仅余残存氮气，压力较低。初始卸载时，应控制好卸载流速，不宜过快。

14）储罐首次进氨量应不大于储罐有效容积的 50%，之后每次储罐进氨量应不超过储罐有效容积的 80%，禁止超压、超装。在夏季时，应稍稍减少储罐的装载量。

15）液氨卸载结束 5～10min 后，应确认空气中无残氨，方可启动槽车。

（2）首次液氨卸载。

由于氨属于危险化学品，因此在卸载过程中应严格按照运行规范进行操作，避免出现人身伤害和环境污染事故。

具体卸氨步骤如下：

1）液氨槽车停车稳定，制动可靠，熄火后连接好槽车的防静电接地线。

2）分别将卸载臂上气、液相软管上快速接头与槽车连接液相、气相的管路连接。

3）卸载作业人员到位，风向确认。

4）将液氨储罐与液氨槽车的气相、液相管路接通，再次确认管道连接正确。

5）用槽车手动油泵打开槽车的紧急切断阀，确认进氨储罐（一般氨区设置有两个液氨储罐），打开储罐气相阀及液相进液阀，打开卸载臂气相管阀门，缓慢打开槽车气相阀门，打开卸载臂上液相管阀门，缓慢打开槽车卸氨液相阀，因槽车内压力高于储罐内压力，先通过自流使槽车与储罐间压力达到基本平衡。

6）打开压缩机气液分离器排液阀，排净液体后关闭。打开压缩机进出口阀，切换压缩机四通阀使气体由储罐流向液氨槽车，管路贯通，启动卸氨压缩机。

7）启动压缩机后，抽取液氨储罐氨气，抽出的氨气经压缩机加压后注入槽车，给槽车内加压，使得槽车与液氨储罐间形成压力差以形成液氨流动。注意检查两罐之间的压差和卸氨压缩机进出口压差，槽车与储罐间压差大于 0.2MPa 时，进行液氨卸载。

8）卸车时，严格监视液氨储罐的压力、液位、温度参数，保持汽车槽车内压力比储罐内压力高 0.2MPa 左右，发现泄漏等异常等情况，并及时采取处理措施。

9）液氨卸载结束后，停止卸载压缩机，关闭槽车液相阀、卸车臂液相阀、储罐进液阀等液相管路阀门。

10）切换压缩机四通阀，再次启动压缩机，将槽车内的剩余的气氨抽入储罐中。此时压缩机将槽车内气相抽入储罐。根据槽车内气氨压力情况及压缩机温度等参数以确定停运卸氨压缩机，关闭槽车气相阀门，关闭压缩机进出口阀，关闭储罐气相阀，关闭卸车台气相各阀。

11）打开槽车气液相接头泄压阀，泄压后关闭，拆下快装接头。打开压缩机气液分离器排液阀排液，排净后关闭。

12）对系统进行全面检查。

13）待空气中无残氨，拆下防静电接地线，液氨槽车驶出氨区。

14）液氨卸载工作结束。

五、调试质量验收及签证

1. 质量验收

氨储存与制备分系统调试验收内容应符合 DL/T 5295—2013《火力发电建设工程机组调试质量验收及评价规程》中氨储存与制备系统调试项目进行验收，见表 5-3。

2. 氨储存及制备系统验收签证

氨储存及制备系统试运结束后，调试单位填写分系统调试质量验收表及签证，由监理单位组织调试、施工、监理、建设、生产等单位完成验收签证。

六、职业防护、事故的预防及处理

以液氨作为还原剂的 SCR 脱硝系统。根据《危险货物品名表》《危险化学品名录》的规定，液氨属于危险化学品。同时根据 GB 18218—2009《重大危险源辨识标准》的规定，氨的储存量达到 50t 时为重大危险源。由于液氨属于有毒、易爆物质，与空气混合后能形成爆炸混合物（15％～28％），遇明火、高温能引起燃烧爆炸，对人体的皮肤、眼睛、黏膜有刺激和腐蚀性。因此，针对氨区危险点，需要做好职业防护、事故预防与处理等工作。

表5-3　　　　　　　　脱硝系统调试—氨储存与制备系统调试单位工程验收表

	检验项目	性质	单位	质量标准	检查方法
箱罐管道阀门	箱罐水压试验	主控		符合安全要求	查阅水压试验报告
	管道			安装正确、严密不漏	观察
	固定			牢固	观察
	安全阀	主控		符合安全要求	查阅校验记录
	气动截止阀			开关灵活、动作正确，严密不漏	查阅调试记录
	气动调节阀			调节灵活，阀位指示正确	查阅调试记录
监视仪表	温度		℃	符合设计要求	在线表计观测
	压力		kPa	符合设计要求	在线表计观测
	液位		m	符合设计要求	在线表计观测
	联锁保护	主控		全部投入、动作正确	检查记录、抽查
氨品质	产氨量	主控	t/h	符合设计要求	查阅测试记录
	氨气纯度		%	≥90	查阅测试记录
氨泄漏控制与防范	严密性试验	主控		符合安全要求	查阅试验记录
	喷淋系统			符合安全要求	查阅记录
	稀释槽吸收			投运正常	查阅记录
	泄漏检测仪			投运正常	查阅记录

1. 氨的理化性质

（1）物理性质。

液氨是一种无色气体，有刺激性恶臭味，分子式为 NH_3，分子量为17，相对密度为 $0.771kg/m^3$。熔点为 $-77.7℃$，沸点为 $-33.3℃$，自燃点为 $651.1℃$。氨气与空气混合物爆炸极限为15％～28％时。氨在20℃水中的溶解度为34％，氨的水溶液呈碱性，0.1当量水溶液的 pH 为11.1，与空气混合后达到上述浓度遇明火会燃烧和爆炸。若有油类或其他可燃性物质存在，则危险性更高。

（2）化学性质。

1）可燃性。氨在常温常压下是气体，在空气中难以燃烧，但在空气中持续接触火源，会发出绿色火焰，燃烧后生成氮气和水。

2）爆炸性。氨与空气混合达到一定的比例时，遇火源会发生爆炸。另外，液氨与氟、氯、溴、碘、强酸接触会发生剧烈反应而爆炸、飞溅。

3）腐蚀性。对铜、铜合金等有强烈的腐蚀性，故氨系统中不宜使用铜质零部件。

2. 职业防护

氨是敏感性气体，很低的浓度即可被察觉，通常 $5～10mg/m^3$ 即可闻到臭气。即使很少量的氨，一进入眼睛就会因刺激而流泪，一接触伤口就会感到剧痛。即使是极稀薄的氨气，持续吸入也会引起食欲减退，并对胃有损害。浓度高的氨气，会直接侵害眼、咽喉等部位，引起呼吸困难、支气管炎、肺炎等，严重时会导致死亡。液氨及高浓度的氨，一旦进入眼睛，不仅感到疼痛，而且会溶入泪水之中，侵害眼内部。不仅要长期治疗，还可能使视力减退，甚至失明。液氨如直接接触皮肤，会引起冻伤等症状。

人员防护要求：

（1）对呼吸系统的保护。

在氨供应区开展巡视、检修、维护等工作时，必须佩戴专用面罩，紧急情况下必须使用正压式空气呼吸器方可进入。

1）当明确氨气浓度小于2%时，可以使用呼吸罐式氨用防毒面具。

2）当氨气浓度不小于2%或者不清楚的情况下，必须穿戴送风式面罩，送入空气或者氧气以供呼吸。

3）需要进入密闭、换气不良的场所时，在戴上呼吸保护器的同时，另外安排一人（或多人）并穿戴好防护用具在外面作为警戒，以防不测。

4）使用的气体面具和呼吸防护用具应定期检查，使用后要保持清洁，以备后用。

（2）对眼的保护。

在氨供应区开展工作时，要佩戴安全眼镜。当连接、断开气路或打开氨储存罐时，必须使用防护眼镜和面罩。

（3）对皮肤的保护。

当连接、断开氨储存罐时，必须戴橡胶手套，穿安全鞋，穿化学防护服。当进入大规模泄漏区时，需使用全身封闭防护服。紧急情况下需使用防火服及手套。下列保护器具适用于皮肤、黏膜及眼睛的保护。

1）棉比羊毛的防护性更好，所以使用木棉衬衫、裤子和内衣。

2）橡胶比皮革的防护性好，所以使用橡胶靴子、手套、围裙和外衣。

3）宽沿橡胶帽子或毡帽。

4）护眼镜等。

（4）其他设备。

氨区应设有安全淋浴及洗眼器，具备正常投入使用。

3. 氨区管理

（1）试运期间氨区的防护用品配置。

氨区应配备防护用品，以有效地监控氨区的安全状况及减小泄漏后的人员伤亡和财产损失。配置的防护用品有正压式空气呼吸器、隔离式防化服、橡胶防冻手套、胶靴、化学安全防护眼镜、便携式氨气浓度检测仪、防爆对讲机等应急通信器材、救援绳索、堵漏器材、毛巾等。防护用品应集中摆放以便于使用。运行管理人员及消防人员每月对防护用品状况进行检查，及时更换。氨区应按要求储备适量2%～3%的硼酸水等。

氨区的液氨卸车臂、液氨储罐、蒸发槽、氨区围墙处等重要部位安装氨气泄漏检测仪及视频监控系统。氨气泄漏检测仪应有检测报告，确保检测仪可靠、准确地投入。

（2）消防水管理。

氨区消防喷淋水系统应采用双路水源，确保不断水，做到备用良好。液氨槽车站车位置应设置消防喷淋水系统，防止槽车漏氨扩散。氨区消防喷淋水系统应每月试喷一次。试喷时，采用氨气触发氨气泄漏检测仪以联动和CRT画面操作两种方式打开消防喷淋阀。消防喷淋因检修退出运行后再次投运，需进行喷淋试验，保障可以正常投入。氨区周围消防器材齐全、完整，氨区周围消防栓及消防带数量充足。氨区洗眼器应采用生活水，冬季做好防冻措施，保证随时可用。稀释槽应良好备用，每周换水一次，冬季做好防冻措施。

（3）试运期间管理。

试运期间，运行人员应定期对氨区设备进行巡检，发现问题，及时消除缺陷和隐患，发现泄漏时立即报警。加强对液氨储罐的液位、压力、温度等参数的监视，掌握参数的变化情况。对氨区储罐、蒸发槽等进行切换、启停等操作时，现场必须要做好充分检查。氨区阀门应采用失电、失气关闭型，确保液氨储罐气相、液相进出口阀门在 CRT 上进行操作，确保事故状态下能可靠关闭。

4. 事故的预防及处理

（1）事故预防。

氨区严禁烟火，电气设备和电控设备须采用防爆装置，液氨储罐等应避免阳光直射、通风良好等。液氨工作人员应穿戴防护用具。

（2）泄漏事故的处理。

发生泄漏时，必须及时通知试运小组，向试验指挥部汇报，同时立即通知撤离受影响区域的所有无关人员。在保证人员安全的情况下，及时清理所有可能燃烧的物品及阻碍通风的障碍物，保持泄漏区域内通风畅通。立即组织人员隔离所有泄漏设备及系统。立即启动现场的水喷淋系统来控制泄漏的氨气；为防止吸收氨气后的水造成二次污染，应立即启动废水排放系统。所有参加抢险的人员都必须穿戴好个人保护用品后，方可进入泄漏区域，开展事故处理工作。

（3）火灾和爆炸采取的处理。

立即通知消防队、试运小组，向试运指挥部汇报，同时组织泄漏区域内所有无关人员疏散到集散地。抢险人员佩戴正压式空气呼吸器，穿专用的防护工作服，在确认无爆炸危险的情况下，切断泄漏源。抢险人员要根据事故现场的燃烧物质，选择使用干粉、二氧化碳或水进行灭火。邻近的储罐用水冷却，以防事故的扩大。

（4）中毒的处理。

发生吸入中毒时，采取措施使中毒人员迅速离开现场，将其转移到空气清新处，保持呼吸道畅通。若有人发生昏迷，则立即进行人工呼吸抢救，并及时联系当地医院或直接拨打120急救中心请求急救。当呼吸已变得很弱时，应立即用2%～3%的硼酸水洗鼻腔，让其咳嗽。如呼吸停止的话，应马上进行人工呼吸，此时，为了不伤及肺，应采用口对口呼吸法从口中向伤者口中送入空气。立即通知试运小组，向值长、试运指挥部汇报情况。发生皮肤接触时，立即除去受污染的衣物，将受损的部位用充足的冷水冲洗 10min 以上，接着用2%～3%的硼酸水冲洗，最后用清水洗净。禁止在受伤部位涂软膏之类的药，要用经过硫代硫酸钠饱和溶液湿润的布把伤口盖上。发生眼睛接触时，立即翻开上下眼睑，用流动的清水或生理盐水冲洗至少20min，并送医院急救。如果要用2%～3%的硼酸水来冲洗，在准备硼酸水的过程时段里也必须用水不断地洗眼。

（5）人员的疏散救援。

发生事故后及时通知试运小组，同时向试运指挥部汇报，由试运指挥部立即启动应急预案进行事故处理。试运小组组织人员迅速撤离到疏散集合地，同时清点人员，无关人员不得围观，时刻保持撤离通道的畅通，听从指挥，服从命令。对于发生爆炸火灾等严重事故的应紧急实施抢救工作，紧急抢救伤员，做好现场临时处理，并组织紧急送往医院救治。同时，由试运指挥部决定是否下令通知消防、医院、劳动保障、公安等部门。对于事故现场，应立即划出隔离区域，并安排专人看守，并做好安全警示，严防无关人员误入。

第二节 SCR 催化反应系统调试

一、系统组成及主要设备介绍

SCR 催化反应系统布置于锅炉省煤器与空气预热器之间，烟气与喷入烟气中的氨气混合后进入反应器内的催化剂，烟气中的氮氧化物与氨气在催化剂的作用下反应生成氮气和水。系统主要设备包括烟气导流整流装置、静态混合器、反应器、催化剂、稀释风机、吹灰器、喷氨格栅及烟气排放连续监测系统（CEMS）等。

1. 催化剂

催化剂是 SCR 系统中最关键的设备，其成分、结构、类型和表面积对脱硝效率及运行工况都有很大影响。目前，火电厂脱硝常用催化剂为金属氧化物型，常见的是氧化钛基－WO_3/TiO_2 催化剂，该催化剂各活性成分的主要作用如下：①V_2O_5 是催化剂中最主要的活性成分和必备组分，又称主催化剂。其价态、晶粒度及分布情况对催化剂的活性均有一定的影响。其含量并非越高越好，往往和反应助剂、载体的品种及数量、制备方法、控制条件等有关。另外，V_2O_5 将 SO_2 氧化成 SO_3，其含量不能过高。②WO_3 为催化剂中加入的少量物质，称为助催化剂。这种物质本身没有活性或活性很小，但却能显著地改善催化剂的活性、选择性和热稳定性，延长催化剂的寿命。③TiO_2 为催化剂载体，主要对催化剂活性组分及催化助剂起机械承载和抗磨蚀作用，并可增加有效的催化反应表面积及提供合适的孔结构，使催化剂具备适宜的形状。钒的氧化物在 TiO_2 表面有很好的分散度。由于载体有微弱的催化能力，它减少了催化剂活性组分的用量，降低了制备成本。载体在催化剂中的质量含量是最大的。

催化剂在使用过程中，因各种原因发生中毒、老化、活性下降，催化性能降低。在正常运行中，当反应器出口烟气中氨逃逸率升高至一定程度时，表明可能需更换催化剂。

（1）SCR 脱硝催化剂的主要特性。

1）具有较高的化学稳定性、热稳定性和机械稳定性。

2）具有较高的氮氧化物的选择性。

3）在较低的温度下和较宽的温度范围内具有较高的催化活性。

4）较低的 SO_2/SO_3 转化率。一般脱硝催化剂的 SO_2/SO_3 转化率小于 1%。

（2）催化剂形式。

目前，火力发电厂中主要使用三种催化剂：蜂窝式、平板式、波纹板式。其中，蜂窝式催化剂占火力发电厂 1000MW 机组 SCR 脱硝的绝大部分份额。催化剂形式的比较见表 5-4。

2. 吹灰器

燃煤机组的烟气中，飞灰在催化剂上沉积，不仅会降低催化剂效率，还可能引起催化剂的堵塞与中毒。因此，必须在 SCR 反应器中安装吹灰器，以去除可能覆盖在催化剂表面及堵塞气流通道的颗粒物，从而使催化剂及反应器压降保持在较低水平。SCR 脱硝使用的吹灰器目前主要有两种，一种为蒸汽吹灰器，另一种为声波吹灰器。

表 5-4　　　　　　　　　　蜂窝式、平板式及波纹板式催化剂比较表

项目	蜂窝式	板式	波纹板式
抗堵性	中等	强	中等
抗磨性	强	强	中等
抗中毒能力	强	强	中等
SO_2转化率	一般	较低	较低
综合成本	低	较低	一般

　　蒸汽吹灰器通常为可伸缩的耙形结构，吹灰介质采用过热蒸汽，布置于每层催化剂的上部。各层吹灰器吹扫采用程控步序控制，即每次只吹扫一层催化剂。吹灰蒸汽汽源来自锅炉蒸汽吹灰减压站后和辅助蒸汽联箱，吹灰压力一般为 1.0～1.5MPa，温度为 300～350℃。但蒸汽吹灰器在使用过程中存在一些问题，较典型的是吹灰蒸汽中夹带水滴，蒸汽带水随着吹灰器的吹扫造成催化剂损伤。在运行机组 SCR 脱硝装置上已经发生此类情况。另外，通过较长时间疏水后，蒸汽温度仍不易达到 300～350℃，根据饱和蒸汽压力/温度对照表参数，控制蒸汽过热度在 40～50℃之间即可进行吹扫，相应压力下饱和蒸汽温度对照表（部分）见表 5-5。

表 5-5　　　　　　　　　　相应压力下饱和蒸汽温度对照表

压力（MPa）	温度（℃）	压力（MPa）	温度（℃）
0.60	158.84	1.30	191.60
0.70	164.96	1.40	195.04
0.80	170.42	1.50	198.23
0.90	175.36	1.60	201.37
1.00	179.88	1.70	204.30
1.10	184.06	1.80	207.10
1.20	187.96	1.90	209.79

　　声波吹灰器在压缩空气作用下，通过发射低频高能声波，利用声波使粉尘颗粒产生共振，从设备表面脱落的原理来清除催化剂表面积灰。声波的能量是由频率与声压决定的。低频声波的波长相对于高频长，能量衰减少，不容易被粉尘吸收。因此，同样分贝的声波，频率越低，对粉尘的作用也就越大。声波吹灰器不会损坏催化剂，因此可以连续运行。

　　采用声波吹灰器的吹灰频率比蒸汽吹灰要高，主要原因是声波吹灰的强度比蒸汽吹灰小，需要避免灰尘积聚过于严重的现象；但是声波吹灰每个流程的能耗要远远小于蒸汽吹灰，总能耗与蒸汽吹灰相比也是经济的，同时带来的好处是吹灰时产生的瞬间烟气含尘量大大降低。相对于蒸汽吹灰器而言，声波吹灰器的优点在于：无吹灰死区；能够持续对催化剂进行吹灰而不影响催化剂寿命；故障率低，维护成本低；结构紧凑，占地面积小；压缩空气耗量少；能量衰减慢。

　　对于蒸汽吹灰及声波吹灰两种脱硝吹灰形式，蒸汽吹灰除灰效果好，价格较高。声波吹灰器吹灰效果较蒸汽吹灰要差一些，但运行成本低，维护也很方便。当催化剂积灰较少时，声波吹灰与蒸汽吹灰效果相近。当燃烧煤种灰分变化或随运行时间增长时，催化剂表面大量

积灰，蒸汽吹灰效果相较于声波吹灰效果更好。

3. 稀释风机

稀释风机的作用是供给稀释风将氨区来的氨气通过氨气/空气混合系统、喷氨格栅送入烟气中与氮氧化物反应，稀释风量一般根据氨气/空气的体积比不大于5%进行设计。稀释风一般为常压且无腐蚀性。风机出口处设置止回阀，避免备用风机投入时，停运风机发生倒转。

4. 氨气/空气混合器

SCR烟气脱硝装置中氨气/空气混合器是将氨气与空气充分混合均匀的装置，将稀释后的氨气与空气体积比控制在5%以内。

5. 喷氨格栅

喷氨格栅是目前SCR脱硝系统普遍采用的方法，即将烟道截面分成若干个控制区域，每个区域有若干个喷射孔，每个分区的流量单独可调，以匹配烟气中氮氧化物的浓度分布。喷氨格栅包括喷氨管道、支撑、配件和氨气分布装置等。喷氨格栅的位置及喷嘴形式选择不当或烟气气流分布不均匀时，容易造成与烟气混合反应不充分，不但造成局部喷氨过量，而且影响脱硝效果及经济性。此外，脱硝装置投运时，应根据烟气流场分布情况，调整各氨气喷嘴手动阀的开度，使各氨气喷嘴流量与烟气中需还原的氮氧化物含量相匹配，以免造成局部喷氨过量。

6. 反应器

反应器是SCR脱硝装置的核心设备，对于1000MW机组一般配置两台反应器，催化剂置于反应器内，每台反应器内一般按照三层催化剂进行设计，每层催化剂有若干催化剂模块。在SCR脱硝系统初装时，仅安装两层催化剂即可满足环保对氮氧化物的排放要求。当催化剂失效后，安装第三层催化剂。当三层催化剂运行还不能满足要求时，更换第一层催化剂，依此进行其他催化剂层的更换。

7. CEMS系统

SCR脱硝装置的CEMS是对烟气中部分气态污染物进行实时监测并将监测数据传输至DCS控制系统的装置。在脱硝系统中，烟气连续监控项目包括进口氧量、氮氧化物，出口氧量、氮氧化物及氨逃逸等。

二、原理及流程

1. 工作原理

氨储存及制备系统来的氨气与稀释空气在氨/空气混合器内充分混合，为保证安全（氨气的爆炸极限为15%～28%），对氨气与空气的体积混合比设计为不大于5%。氨的注入量控制是由SCR进、出口NO_x、O_2监视分析仪测量值，烟气温度测量值，烟气流量来控制的。混合气体进入位于烟道内的氨注入格栅，在注入格栅前设有手动调节和流量指示。混合气体与烟气充分混合后进入SCR反应器。在SCR反应器内氨气与氮氧化物在催化剂作用下反应生成氮气和水，反应方程式如下：

$$4NO + 4NH_3 + O_2 \longrightarrow 6H_2O + 4N_2 \tag{5-5}$$

$$NO + NO_2 + 2NH_3 \longrightarrow 3H_2O + 2N_2 \tag{5-6}$$

反应生成的水和氮气随烟气进入空气预热器。在SCR进、出口设置NO_x、O_2分析仪及温度测点，NH_3 监视分析仪监视 NH_3 的逃逸浓度小于 3×10^{-6}，超过则报警。

2. 系统流程

SCR 催化还原系统流程图如图 5-2 所示。

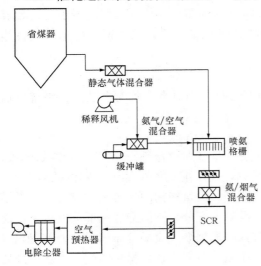

图 5-2　SCR 催化还原系统流程图

三、调试前应具备的条件

（1）设备本体和附件，系统的主辅设备和管道安装完毕、正确、完整。

（2）安装技术记录齐全、正确，符合指导书或验收标准规定要求，按质量检验计划要求办理签证。

（3）催化剂已按要求进行安装，密封符合要求，安装质量经过验收签证。

（4）阀门动作方向正确，动作灵活，严密性达到规范要求。

（5）所有控制、保护、信号及报警装置已经过传动试验，动作正确，传动试验记录齐全，保护定值的设置符合定值通知单的要求。

（6）设备带电部分的绝缘性能试验合格，试验记录齐全、完整、真实。

（7）所有开关动作灵活、方向正确，标志明显；电动机旋转方向正确，标志明显。

（8）热控表计、继电器、变送器经过校验，精度符合设计要求，校验记录齐全、真实、完整。

（9）稀释风机系统单体、单机试运合格并签证。

（10）系统氨气/空气管道严密性试验合格。

（11）蒸汽吹灰器单体、顺控试运满足要求。

（12）脱硝 CEMS 系统静态安装、调试工作完成。

（13）设备、管道、阀门的保温、油漆、防腐完整、坚固、清洁、不留施工痕迹。

（14）设备和系统的接地完整、可靠，接地符合规范要求。

（15）露天布置的电气设备应有可靠的防雨、防尘设施。

（16）调试现场指挥系统建立，通信畅通。

（17）反应区调试期间需要的 2%～3%硼酸水、硫代硫酸钠饱和溶液、柠檬水等备足。

（18）调试方案已经交底，明确各方职责。

四、调试方法程序及步骤

1. 阀门检查试验

对氨储存及制备系统所有阀门进行检查，确保阀门安装正确合理，符合设计要求，编码正确；具备远控操作的气动阀和电动阀，逐一进行检查试验，确保在 DCS 上操作正常，开关反馈正确。对于调节阀，分 0、25%、50%、75% 和 100% 五个开度进行操作，确保就地指示与 DCS 的反馈一一对应。

2. CEMS 系统调试

CEMS 厂家在系统安装完毕后负责对入口、出口氮氧化物分析仪、氧量分析仪及氨气分析仪等进行静态调试。静态调试工作结束后，联系热控专业调试人员对分析仪表进行测点传动及量程校对检查试验，以保障 CEMS 数据的准确性。在整套启动前，配合 CEMS 厂家进行分析仪表的标定及校准工作。

3. 联锁保护试验

1000MW 机组 SCR 催化反应系统的主要联锁保护逻辑见表 5-6，具体定值因设计等原因略有差异。

表 5-6   SCR 催化反应系统的主要联锁保护逻辑

编号	试验设备	项目	试验条件	定值	备注
1	A 稀释风机（以 A 风机为例）	联锁启动	B 稀释风机故障停机，A 稀释风机联锁投入		序号内为"与"，序号间为"或"
2			B 稀释风机运行，A 风机联锁投入		
			任一侧氨/空气混合器入口稀释空气流量低		
3		允许停止	B 稀释风机已运行		序号内为"与"，序号间为"或"
4			氨/空气混合器 A、B 进口气氨管道氨快关阀关到位，延时 15min		
5	稀释风机出口气动阀	联锁开	（对应）稀释风机已运行，延时 15s		
6		允许关	稀释风机已停止		
7		联锁关	稀释风机已跳闸（脉冲 3s）		
8	气氨管道氨快关阀（任一侧快关阀）	允许开	无 MFT 信号		序号间为"与"逻辑
9			送、引风机运行正常		
10			至少一台稀释风机运行		
11			机组负荷大于 50%		
12		联锁关	SCR 入口、出口温度不高（平均值）		序号间为"或"逻辑
13			SCR 入口、出口温度不低（平均值）		
14			A 氨混合器后稀释空气流量不低		
15			允许开条件不满足		
16			进口气氨管道压力低		
17			稀释空气风机出口至氨/空气混合器 1A 稀释空气流量低低，延时 1min		
18			氨气流量与稀释风量之比		
19			SCR 反应器 A 出口 NO$_x$ 含量低低		

4. 稀释风机试运及风量的调整

稀释风机试运前检查，具备试运条件。稀释风机送工作电源，关闭稀释风机入口风门挡板，启动稀释风机，延时 T（s），联锁打开稀释风机出口电动阀（出口阀一般为可控气动阀或电动阀），风机运行平稳后，手动调整风机入口挡板开度，风门挡板开度调整时要求风机电流不超过额定值及稀释风风量满足设计要求；风机 4h 试运，电流、振动、风压、风量及温度各项参数符合试运要求。

5. 注氨格栅流量均匀性的调整

启动稀释风机，通过调整喷氨格栅入口手动阀开度，使每一只喷氨格栅差压表或 U 形差压计（差压机投入前应注水）的差压基本一致，从而保证各格栅流量近乎一致，避免因流量分配不均导致喷氨格栅喷嘴堵塞，同时也是为热态试运喷氨调整做好准备工作。

6．声波吹灰器的调试

（1）声波吹灰器调试前的必备条件。

1）声波吹灰器按照图样安装完毕，压缩空气已接通。

2）单体调试工作结束。

3）DCS已完成声波吹灰器程控步序的组态工作，CRT上能够对每一只吹灰器进行操作。

4）声波吹灰器的压缩空气管路已接通，压缩空气压力符合要求。

5）注意：因声波吹灰器发出的声波声压级高达150dB左右，带压缩空气投声波吹灰器时，反应器内应无工作人员，采取封闭人孔等安全措施，避免造成人员伤害。

（2）声波吹灰器的试运。

1）确认反应器内部无人员作业，人孔门封闭并安排专人值守。

2）投入压缩空气，压缩空气质量应满足声波吹灰器的气源要求。

3）在CRT画面上，每一只声波吹灰器单独进行点操，与现场人员逐台进行核对，检查运行是否正常。

4）单试后，进行吹灰器的程控步序调试。检查组态步序是否符合设计。

5）声波吹灰器完整的程序步序试2～3个循环，即可停运，完成试运。

6）试运结束后，根据现场情况决定是否停供压缩空气。

7．蒸汽吹灰器的调试

（1）蒸汽吹灰器调试前的必备条件。

1）声波吹灰器按照图样安装完毕。

2）催化剂蒸汽吹灰系统热控测点、限位开关检查校对完毕。

3）蒸汽吹灰器单体调试工作结束。

4）DCS已完成蒸汽吹灰器程控步序的组态工作，CRT上能够对每一只吹灰器进行操作。

（2）蒸汽吹灰器的试运。

1）热控人员对吹灰系统的阀门、测点进行联合调试，确保阀门远方/就地动作灵活，状态反馈准确。各测点测量准确，CRT显示正常。

在CRT画面上点操每一只蒸汽吹灰器，与现场人员逐台进行核对，检查进退枪是否到位，有无卡塞等情况。

2）单体调试完成后，进行吹灰器的程控步序调试，检查组态程控步序是否符合设计。

3）吹灰器的程序步序调试过程中，检查吹灰器运行的各开关量信号显示是否准确。

8．供氨管道的氮气置换

氨区至脱硝反应器供氨管道必须进行氮气置换，通常是同氨储存及制备系统一起进行，氮气置换合格后管道保压至一定压力。

五、调试质量验收

SCR催化反应系统分系统调试验收内容应符合DL/T 5295—2013《火力发电建设工程机组调试质量验收及评价规程》中的要求，验收项目见表5-7。

表 5-7   SCR 催化反应系统工程验收表

	检验项目	性质	单位	质量标准	检查方法
反应器及催化剂	内部清理			洁净，无杂物	观察
	催化剂固定			牢固	观察
	催化剂密封	主控		密封良好	观察
管道与阀门	气动截止阀			开关灵活、动作正确，密封不漏	查看效验记录
	气动调节阀	主控		调节灵活，严密不漏	观察
	手动阀			开关灵活，严密不漏	观察
	氨气/空气管道	主控		安装正确，严密不漏	现场观察
热控仪表	温度		℃	指示准确	观察表计
	压力		kPa	指示准确	观察表计
	脱硝 CEMS	主控		指示准确	查看标定记录
	联锁保护	主控		全部投入，动作正确	检查记录，抽查
声波吹灰器	吹灰效能			满足催化剂吹灰要求	现场检查
	顺序控制	主控		步序正确	查阅记录
稀释风机	出口压力	主控	kPa	符合设计要求	观察表计
	出口流量	主控	m³/h	符合设计要求	观察表计
	状态显示			正确	观察
	联锁保护	主控		全部投入，动作正确	检查记录

第六章

脱硝整套启动及 168h 试运

SCR 脱硝系统整套启动试运是该系统移交生产前的最后一个环节。整套启动试运也是对设计、设备、施工及分部调试等质量的全面检查、考验的最重要的阶段，对于各参建单位而言，也是即将出成果的时期。因此，通过规范 SCR 脱硝系统整套启动试运程序等方式以保障脱硝系统安全、有序、高效、高质量的进行，将是脱硝整套试运的核心和基础。

脱硝系统的整套启动与脱硫系统整套启动时间点是有区别的。目前，火力发电厂脱硫设施按照国家规定取消了烟气旁路，脱硫系统必须要先于主机启动。而脱硝根据其自身系统的投运特点，整套启动的投入点是在机组带上负荷后烟气温度达到一定范围，SCR 脱硝系统整套启动是以向烟气中开始喷氨为标志的。

一、SCR 脱硝系统整套启动试运范围

完整的 SCR 脱硝系统整套启动试运范围包括氨储存及制备系统和 SCR 催化反应系统。

二、SCR 脱硝系统整套启动试运必备条件

调试单位按照 SCR 脱硝系统整套启动条件组织施工、调试、监理、建设、生产等单位对以下条件的检查确认签证，报请试运总指挥批准。

（1）脱硝装置区域场地基本平整，消防、交通和人行道路畅通，试运现场的试运区与施工区设有明显的标志和分界，危险区设有围栏和醒目警示标志。

（2）试运区域内的施工用脚手架已经全部拆除，现场（含电缆井、沟）清扫干净。

（3）试运区域内的梯子、平台、步道、栏杆、护板等已经按设计安装完毕，并正式投入使用。

（4）试运区域内排水设施正常投入使用，沟道畅通，沟道及孔洞盖板齐全。

（5）通知试运区域内的工业、生活用水和卫生、安全设施投入正常使用，消防设施经验收合格并投入使用。

（6）试运现场具有充足的正式照明，事故照明能及时投入。

（7）各运行岗位已具备正式的通信装置，试运增加的临时岗位通信畅通。

（8）在寒冷区域试运，现场按设计要求具备正式防冻措施，满足冬季运行要求，确保系统安全稳定地运行。

（9）试运区域内的空调装置、采暖及通风设施均已经按设计要求正式投入运行。

（10）脱硝系统电缆防火阻燃已按设计要求完成。

（11）整套启动期间所需还原剂、备品备件及其他必需品已经备齐。

（12）环保、职业安全卫生设施及检测系统已经按设计要求投运。

（13）保温、油漆及管道色标完整，设备、管道和阀门等已经命名，且标志清晰。

（14）主机组运行稳定，主机与脱硝信号对接调试、保护传动试验完毕，满足脱硝投运要求。

（15）在整套启动前，应进行的分系统试运、调试已经结束，并核查分系统试运记录，确认能满足整套启动试运条件。

（16）脱硝系统整套启动措施已组织相关单位人员学习，完成安全技术交底工作。

（17）配合完成质监中心站整套启动前的检查，质监项目已按规定检查完毕，经质监检查出的缺陷已整改并验收完毕。

（18）脱硝试运小组人员全部到位，职责分工明确。

（19）各参建单位参加 SCR 脱硝系统试运值班的人员及联系方式已上报指挥部并公布。

（20）生产运行人员培训合格上岗，有明确的岗位责任制，能胜任本岗位的运行操作和进行故障处理。

（21）生产单位在试运现场应备齐运行规程、系统流程图、控制和保护逻辑图册、设备保护整定值清单、主要设备说明书、运行维护手册等。

三、SCR 脱硝系统整套启动前的检查

（1）脱硝压缩空气系统能够为脱硝系统供应合格的压缩空气。

（2）液氨存储和蒸发系统区域的喷淋水系统（水源来自工业水及消防水）可投入使用。

（3）液氨存储及制备系统区域的洗眼器的生活水供应正常。

（4）辅助蒸汽能够正常稳定地向氨储存及制备区域供给。

（5）液氨存储和蒸发系统区域的氮气吹扫可正常投入使用，氮气瓶备足。

（6）反应器的蒸汽吹灰器冷态试运已经合格，进退枪到位、无卡塞，动力电源已送上。

（7）SCR 脱硝 CEMS 已经过标定校准，可以正常投入。

（8）系统内的阀门已经送电，开关位置准确，反馈正确。

（9）液氨存储系统已经存储足够的液氨，液氨储罐储存量不超过额定储罐理论储存量的 80%（首次 50%）。

（10）卸料压缩机各部位润滑良好，安全防护设施齐全，可以随时启动进行卸氨。

（11）液氨储罐周围的氨气泄漏检测装置工作正常，高限报警值已设定好。

（12）氨气稀释槽已经按照要求注水，水位满足要求。

（13）氨区废水泵已送电，可以正常投用。

（14）液氨卸载和存储系统的相关仪表已校验合格，已正确投用，显示准确，CRT 相关参数显示准确。

（15）注氨系统的氨气流量计已经校验合格，电源已送，工作正常。

（16）注氨系统相关仪表已校验合格，已经正确投用，CRT 相关参数显示准确。

（17）稀释风机试运合格，转动部分润滑良好，绝缘合格，动力电源已经送上，可以正常投用。

（18）脱硝系统相关的热控设备已经送电，工作正常。

（19）电厂废水处理系统可以接纳及处理由脱硝氨区来的废水。

（20）氨储存及制备系统与 SCR 催化还原系统的各项联锁保护试验、定值均按照正式出版的逻辑及定值清单检查试验完毕。

四、SCR 烟气脱硝系统的启动

1. 稀释风机的投运

在风烟系统启动前，启动一台稀释风机以避免堵塞喷氨格栅的喷嘴，另一台稀释风机投入备用联锁。稀释风机投运后，应检查稀释风的风压风量是否符合设计要求，并对每只喷氨格栅流量进行检查。

注意，为了避免堵塞喷嘴，在锅炉冲管期间须投运稀释风机。

2. 吹灰器的投运

（1）蒸汽吹灰器。

机组整套启动后，SCR 入口烟气温度达到 250℃ 以上时，及时投入 SCR 的吹灰器，防止可燃物沉积在催化剂的表面上。在投蒸汽吹灰器吹灰前，蒸汽管道要经过充分的暖管疏水，只有蒸汽温度达到要求后，才能启动吹灰器程控进行吹灰。吹灰时，蒸汽压力、温度达到设计参数。

（2）声波吹灰器。

采用声波吹灰的脱硝系统，在机组整套启动后，即可投入声波吹灰器程控（连续循环）吹扫。

注意，在采用蒸汽吹灰器的脱硝系统中，应保证蒸汽参数符合要求，避免因吹灰蒸汽带水对催化剂造成损伤。

3. 氨气的制备

脱硝系统投入喷氨一般是在机组带负荷之后。在锅炉点火后，应关注试运指挥部的整套启动调试的进度计划安排，在机组带上负荷后，即可准备进行氨气的制备。在氨气制备前投入蒸汽加热系统以检查辅汽联箱至氨储存及制备系统的蒸汽管道是否存在泄漏等问题。

氨气制备的步骤：

（1）至氨储存及制备系统的蒸汽暖管，检查蒸发槽阀门状态并确认蒸发槽水浴液位，开始投入蒸发槽蒸汽加热，蒸发槽水浴温度一般控制在 50~60℃。

（2）检查液氨储罐至缓冲槽阀门，打开液氨储罐至蒸发槽手动阀（控制阀门开度）。向蒸发槽注入液氨，注入时应小流量缓慢注入，待压力等参数稳定后再增大蒸发槽入口进氨阀。

（3）打开蒸发槽出口至缓冲槽阀门，使氨气缓慢进入缓冲槽。

（4）缓冲槽压力为 200~250kPa，氨气温度建议控制在 5℃ 以上。

（5）系统稳定后，投入蒸发槽蒸汽加热调节自动、液氨供给调节自动（若有）。

4. 逻辑检查确认

投入喷氨前，必须检查快关阀开允许条件和联锁关条件，特别是在快关阀联锁关逻辑中，不应有强制等情况，若有强制逻辑，必须退出，保证逻辑能够正常触发动作。

5. SCR 催化反应系统的氨气注入

（1）如果脱硝反应器入口的烟气温度满足催化剂厂家规定的要求，机组运行稳定，则基本具备向 SCR 催化反应系统供给氨气的条件。

（2）打开氨气供应控制平台的各个手动阀。

（3）打开氨气缓冲槽出口手动阀，将氨气供应至快关阀前。

（4）检查供氨平台快关阀前的手动阀、压力测点等处是否有氨气泄漏情况（很重要）。

（5）再次检查确认快关阀是否满足开条件：主要包括脱硝反应器入口的烟气温度；反应器进、出口的氮氧化物分析仪、氨气分析仪、氧量分析仪已经正常投入，CRT 上显示数据准确；已有一台稀释风机正常运行，风机出口风压、风量满足喷氨投入要求。

（6）上述条件满足后，打开任一侧反应器 SCR 系统供氨快关阀。

（7）手动缓慢调节反应器注氨流量调节阀，先进行小流量试喷氨，目的有三：①检查氨气快关阀至喷氨格栅间是否存在漏点；②在查漏的同时检查当调阀打开后，CRT 上脱硝出口氮氧化物数据变化情况；③检查氨气流量变送器的氨气流量数据变化是否准确。异常时，必须停止喷氨，把氨气泄漏点或氨气流量数据不准等问题处理好后再投入喷氨。初步投入喷氨时，脱硝效率暂时控制在 30%～40%。按照同样的步骤，投入另一侧喷氨。

注意，脱硝系统初次投入喷氨时，可能出现微量泄漏情况。在热态初投喷氨时，调试人员应有安全意识，安排专人进行氨气管道泄漏检查，确保安全。

（8）根据 SCR 脱硝反应器出口氮氧化物的浓度及氨逃逸浓度，逐渐开大喷氨流量调阀，控制 NO_x 脱除率在 50% 左右。如果在喷氨过程中，氨气分析仪的浓度大于 3×10^{-6}，或者反应器出口 NO_x 含量无变化或者明显不准时，根据实际情况减少喷氨或停止喷氨，解决问题后方能继续加大喷氨量或投入喷氨。

6. 系统检查及调整

（1）脱硝效率稳定在 50% 左右，全面检查各个系统，特别是 SCR 催化反应系统，检查 CEMS 氮氧化物分析仪、氨气分析仪及氧量计分析仪，确保烟气分析仪都正常投入，CEMS 测量不准确，则联系厂家处理。CEMS 小室应备有标准气体以便对仪器进行标定。检查氨气制备系统，确保蒸发槽运行正常，蒸汽加热自动投入良好，参数控制稳定，能够稳定地制备出足够的氨气。

（2）在全面检查各个脱硝系统均工作正常后，可以继续手动缓慢开大氨气流量调节阀，使脱硝效率达到 80% 左右。稳定运行 2～4h 后，手动缓慢关小氨气流量控制阀，把脱硝效率降低至 50%，然后联系热工检查氨气流量调节阀的控制逻辑，如果条件具备，调阀投入自动控制，并从安全角度设定调阀门开度的上下限。然后，增加或者减少反应器出口的 NO_x 浓度的控制目标，观察控制阀的自动控制是否正常，热工优化氨气流量调节阀的自动控制参数，使氨气流量调节阀自动控制灵活好用，满足脱硝自动喷氨的控制要求。

（3）如有可能，利用网格法测量注氨格栅前烟气的速度场、NO_x 浓度场，然后根据测量结果调整注氨格栅各分支的喷氨流量，以满足不同区域对喷氨量的需求。当然，也可以通过测量 SCR 反应器出口的 NO_x 的浓度，反过来调整各注氨格栅分支的喷氨流量，同样也可以达到上述目的。

（4）在机组带上负荷后，吹灰蒸汽应从辅汽联箱供汽切至锅炉减压站供汽，提高吹灰蒸汽压力，改善吹灰效能。

五、脱硝系统整套启动质量验收

脱硝系统整套启动调试单位工程验收内容应符合 DL/T 5295—2013《火力发电建设工程机组调试质量验收及评价规程》的要求，见表 6-1。

表 6-1   **SCR 脱硝系统整套启动质量验收表**

检验项目	性质	单位	质量标准	检查方法
联锁保护及信号	主控		项目齐全，动作正确	检查记录
顺控功能组	主控		步序、动作正确	检查记录
状态显示	主控		正确	观察
热工仪表	主控		校验准确，安装齐全	检查记录
管道系统			严密不漏	现场检查
阀门			开关灵活，动作正确， 严密不漏，阀位指示正确	现场检查
反应器及催化剂	主控		安装正确，固定正确， 催化剂模块间密封良好	检查记录
稀释风机	主控		运行正常，风压风量符合设计要求	现场检查
声波吹灰器	主控		吹灰效能良好，吹灰顺控步序正确	检查记录
烟道灰斗吹灰器			吹灰效能良好，吹灰顺控步序正确	检查记录
废水泵			运行正常	现场检查
氨压缩机			运行正常	检查记录
氨蒸发槽			运行正常	检查记录
氨泄漏检测仪			正常运行	现场检查
脱硝 CEMS			正常运行，测量精度符合要求	现场检查
烟气脱硝启动步序	主控		步序正确，可靠	检查记录
氨气分布调整试验	主控		调整结果符合设计要求	检查记录
氨硝摩尔比调整试验	主控		调整结果符合设计要求	检查记录
声波吹灰器吹灰参数调整试验			已完成，吹灰效能良好	检查记录
烟气处理量			符合设计要求	现场测试
脱硝效率	主控		符合设计要求	校核计算
脱硝系统压损	主控	Pa	符合设计要求	计算，现场测试
反应器压损	主控	Pa	符合设计要求	校核计算
氨逃逸量（标准状态下）	主控	mg/m^3	符合设计要求	在线表计观测
供氨量自动控制	主控		满足脱硝系统要求	观察
顺控投入率		%	≥90	检查调试记录
联锁投入率	主控	%	≥90	检查保护动作记录
电气测量仪表			正常投用	检查记录
继电保护装置			正常投用	检查记录
满负荷调试阶段试验			已完成	检查记录
低负荷调试阶段试验			已完成	检查记录
变负荷调试阶段试验			已完成	检查记录

六、SCR 脱硝系统 168h 满负荷试运行

1. 进入 168h 试运行条件

（1）机组运行稳定，烟气量及氮氧化物浓度满足脱硝设计参数。

（2）还原剂制备系统及喷氨满足连续满负荷试运要求。

（3）催化剂差压等参数符合要求，吹灰系统正常投入。

（4）CEMS 在线表计及热控测点正常投入。

（5）主要联锁保护投入率 100%。

（6）脱硝喷氨自动投入，调节良好。

2. 168h 满负荷试运行工作

（1）进行 168h 满负荷试运。

进入 168h 满负荷试运后，脱硝系统主要进行以下方面工作：

1）检查氨储存及制备系统、SCR 催化还原系统的运行情况。

2）指导运行人员进行系统操作。

3）对于脱硝系统出现的缺陷进行检查、处理和记录。

4）记录 168h 满负荷试运行期间相关的调试数据。

（2）配合施工单位、设备厂家完成消缺工作。应注意，消缺前，应汇报试运负责人员。

（3）完成在分部试运及整套启动调试阶段遗留的调试工作。

（4）整理整套启动及 168h 满负荷试运期间的数据、曲线及拷屏等记录，编写整套启动及 168h 满负荷试运报告。

3. 168h 质量验收

脱硝系统 168h 满负荷试运单位工程验收内容应符合 DL/T 5295—2013《火力发电建设工程机组调试质量验收及评价规程》中的要求，见表 6-2。

表 6-2　　　　　　　　　　　　SCR 催化反应系统工程验收表

检验项目	性质	单位	质量标准	检查方法
声波吹灰器			正常投运	检查记录
稀释风机			正常投运	观察
烟气处理量			正常投运	在线表计观测
脱硝效率	主控	%	符合设计要求	观察
脱硝系统压损	主控	Pa	符合设计要求	计算
反应器压损	主控	Pa	符合设计要求	计算
反应器出口 NO_x 含量（标准状态下）	主控	mg/m^3	符合设计要求	在线表计观测
氨逃逸量（标准状态）	主控	mg/m^3	符合设计要求	在线表计观测
供氨量自动控制	主控		满足脱硝系统要求	观察
顺控投入率		%	≥90	统计
联锁投入率		%	≥90	统计
电气测量仪表			正常投用	统计
继电保护装置			正常投用	统计

续表

检验项目	性质	单位	质量标准	检查方法
满负荷调试阶段试验			已完成	检查记录
低负荷调试阶段试验			已完成	检查记录
变负荷调试阶段试验			已完成	检查记录

七、硫酸氢铵的生成及控制

根据目前已投运 1000MW 和其他容量机组的 SCR 脱硝系统运行情况，由于 SCR 脱硝系统逃逸的氨气与烟气中的三氧化硫反应生成硫酸氢铵和硫酸铵。反应生成的硫酸氢铵在通常运行温度下，露点为 147℃，以液体形式在物体表面聚集或以液滴形式分散于烟气中。液态的硫酸氢铵是一种黏性很强的物质，在烟气中会粘附飞灰。由于硫酸氢铵的黏性，脱硝下游的空气预热器冷端较普遍地出现了腐蚀与堵塞，影响了机组的安全、经济运行。因此，从整套启动热态试运开始，对氨逃逸给予重视，进行控制监督并对脱硝系统进行长期的数据积累。

1. 硫酸氢铵的生成

由于在锅炉烟气中还存在 SO_2 等气体，催化剂中的活性组分钒也会对 SO_2 的氧化起到一定的催化作用，烟气中约 1% 的 SO_2 转化为 SO_3。在脱硝过程中，由于氨的不完全反应，SCR 烟气脱硝过程中氨逃逸是难免的，并且氨逃逸随时间会发生变化，氨逃逸率主要取决于注入氨流量分布、烟气流场分布、NH_3/NO_x 摩尔比、烟气温度、催化剂磨损与堵塞情况、催化剂失效等参数。

烟气中的 SO_3 与逃逸氨的反应，生成硫酸氢铵和硫酸铵。其反应方程如下

$$NH_3 + SO_3 + H_2O \longrightarrow NH_4HSO_4 \tag{6-1}$$

$$2NH_3 + SO_3 + H_2O \longrightarrow (NH_4)_2SO_4 \tag{6-2}$$

2. 硫酸氢铵的控制

硫酸氢铵的生成量由烟气温度、烟气中三氧化硫浓度及氨逃逸量决定。因此，从整套启动试运过程中乃至投入生产后，均需对硫酸氢铵的生成进行重点控制。

（1）温度。

在投运脱硝系统喷氨时，其中有一个重要的条件是脱硝入口烟气温度，投入温度一般设计是在 300℃ 左右，远高于硫酸氢铵的漏点温度（硫酸氢铵的漏点温度由 NH_3、SO_3 和 H_2O 的分压决定）。其目的是在于通过设定较高的投入温度以减小硫酸氢铵的生成，减少空气预热器冷端的堵塞与腐蚀。

（2）三氧化硫及氨逃逸浓度。

根据 SO_3 与氨的反应生成硫酸氢铵和硫酸铵的方程式，生成硫酸氢铵的决定因素是氨逃逸和三氧化硫浓度。一方面，控制喷氨量也就是控制脱硝效率。在氨分布与烟气分布匹配的情况下，脱硝效率越高，氨逃逸也就越高。在试运中，虽然脱硝效率能够达到 90%，但从氨逃逸的控制角度及性能设计指标考虑（一般两层催化剂设计效率为 80%），达到设计参数即可，不片面追求高效率。另一方面，三氧化硫的生成量受煤种、催化剂影响，在试运中，煤种及催化剂基本上不在脱硝系统的可控范围。因此，主要通过喷氨调整来降低硫酸氢铵的生成。

八、氨的换算关系

常用换算公式有：

（1）工况状态下的体积流量换算成标准状态下的体积流量

$$Q_N = \frac{2695(P + 0.1013)Q_v}{273 + t} \qquad (6-3)$$

（2）工况状态下的密度换算成标准状态下的密度

$$\rho_N = \frac{(273 + t)\rho_0}{2695(P + 0.1013)} \qquad (6-4)$$

（3）质量流量换算成体积流量

$$Q_v = \frac{Q_G}{\rho_0} \qquad (6-5)$$

（4）氨质量流量与体积流量换算关系

$$Q_G = \frac{2695(P + 0.1013)}{(273 + t)} \times \rho_v \times Q_v \qquad (6-6)$$

式中　Q_G——工况下的氨气质量流量，kg/h；

　　　Q_v——工况下的氨气体积流量，m^3/h；

　　　ρ_0——工况状态下的密度，kg/m^3；

　　　ρ_N——氨气标况状态下的密度，$0.771kg/m^3$；

　　　P——工况下的氨气压力，MPa；

　　　T——工况下的氨气温度，℃。

第七章

1000MW 超超临界机组调试典型案例

第一节 1000MW 机组脱硫调试案例

一、工程概况

某电厂新建 2×1000MW 级超超临界燃煤机组，其西侧为已于 1999 年 7 月建成投产的 4×350MW 燃煤发电机组。新建的两台百万机组除必要的辅助生产设施需增加建设外，其他化学水处理等辅助生产、生活设施充分利用原有电厂已建设施扩建增容。

该厂 1000MW 机组锅炉为上海锅炉厂引进 ALSTOM 公司技术制造的超超临界参数、变压直流锅炉、四角切圆燃烧方式、固态排渣、单炉膛、一次中间再热、平衡通风、露天布置、全钢构架、全悬吊塔式炉结构，同时安装脱硝、脱硫装置。炉膛上部依次布置有一级过热器、三级过热器、二级再热器、二级过热器、一级再热器、省煤器。燃烧系统按配中速磨正压直吹式制粉系统设计，配置 6 台磨煤机，每台磨煤机引出 4 根煤粉管道到炉膛四角，煤粉管道上安装煤粉分配装置，每根管道分配成两根管道分别同两个一次风喷嘴相连，共计 48 只直流式燃烧器，分 12 层布置于炉膛下部四角，在炉膛中呈四角切圆方式燃烧。过热器汽温通过煤水比调节和两级喷水来控制。再热器汽温采用燃烧器摆动调节和喷水调节。尾部烟道下方设置两台转子直径 16 421mm 三分仓受热面旋转容克式空气预热器。炉底排渣系统采用带式干除渣方式。锅炉蒸汽主要参数见表 7-1。

表 7-1　　　　　　　　　锅 炉 蒸 汽 主 要 参 数

序号	过热蒸汽	
1	最大连续蒸发量（B-MCR）	3100t/h
2	额定蒸发量（BRL）	2950.7t/h
3	额定蒸汽压力（过热器出口）	27.56MPa（g）
4	额定蒸汽压力（汽轮机入口）	26.25MPa（a）
5	额定蒸汽温度	600℃
	再热蒸汽	
1	蒸汽流量（BMCR）	2585t/h
2	进口/出口蒸汽压力（BMCR）	6.18/5.98MPa（a）
3	进口/出口蒸汽温度（BMCR）	376/603℃
4	给水温度（BMCR）	298℃

锅炉烟气相关系统简介如下：

1. 辅助蒸汽系统

辅助蒸汽系统供除氧器启动用汽、给水泵汽轮机、引风机汽轮机调试及启动用汽、汽轮机轴封、锅炉空气预热器吹灰、磨煤机灭火用汽、锅炉露天防冻等用汽。

2. 制粉系统

采用中速磨煤机正压直吹式制粉系统，每台锅炉配置6台高效可靠的中速磨煤机和电子称重式给煤机，其中5台运行、1台备用。每台磨煤机出口经动态分离器后引出4根煤粉管道至炉前，在煤粉燃烧器前，煤粉管道经煤粉分配器一分二后接入煤粉喷嘴。每台给煤机的出力为15~150t/h。其抗爆能力按0.35MPa设计。通过调节给煤机的转速，控制给煤量以满足锅炉需要。每炉设2台密封风机，一运一备，密封风机进风取自一次风机出口母管。

3. 烟风系统

锅炉烟风系统采用平衡通风方式，满足锅炉在燃用设计煤种和校核煤种时，从启动至最大连续蒸发量（BMCR）的风量和排出烟气量的需要。在空气预热器出口的二次风管上引一路热风再循环管至送风机入口风道，以加热空气预热器进口二次风，防止空气预热器低温腐蚀。热风再循环风量由制造厂根据传热元件的保护性能确定。每台锅炉设两台轴流式静叶可调汽动引风机，两台轴流式动叶可调式一次风机，两台轴流式动叶可调式送风机。设两台火焰检测冷却风机，一运一备配置。每台锅炉设两台三室四电场电除尘器，在空气预热器与除尘器之间布置低温省煤器。

4. 点火及助燃油系统

本工程采用等离子点火，保留助燃油系统，助燃油采用0号轻柴油。油箱与华能南通电厂二期工程公用，配置3台离心式供油泵（其中2台变频供油泵、1台工频供油泵），锅炉低负荷稳燃时运行1台供油泵。

5. 除灰渣系统

飞灰的输送系统采用浓相正压气力输送方式，将电除尘器灰斗飞灰送入灰库储存、转运，将脱硝反应器进口灰斗灰输送至渣仓储存、转运。除渣系统采用干式钢带冷渣机的干式排渣。

6. 脱硝、脱硫系统

脱硝装置采用选择性催化还原法（SCR）脱硝装置，SCR反应器直接布置在省煤器之后、空气预热器之前的烟道上，采用双反应器，布置有吹灰器系统，不设置SCR烟气旁路，催化剂布置采用"2+1"模式。脱硫系统采用一炉一塔方案，吸收塔形式为空塔喷淋式，每套脱硫装置的烟气处理能力为一台锅炉燃用设计煤种BMCR工况时的烟气量，不设GGH、增压风机。

二、烟气脱硫系统

本工程采用石灰石-石膏湿法脱硫工艺，采用一炉一塔布置，不设烟气旁路，不设增压风机和GGH。每套脱硫装置的烟气处理能力为一台锅炉100%BMCR工况时的烟气量，石灰石浆液制备、石膏脱水、脱硫废水处理装置按电厂2台1050MW机组脱硫所需容量一次建成。整套烟气脱硫装置按脱硫设计煤种的含硫量1.5%进行设计，设计脱硫效率为98.65%。FGD工艺系统主要由石灰石浆液制备系统、烟气系统、SO_2吸收系统、排空系统、石膏脱水系统、工艺水系统、废水处理系统、压缩空气系统等组成。

1. 石灰石储存和浆液制备系统

脱硫吸收剂石灰石采用外购粒径小于 20mm 的石灰石碎石，经船运至电厂已建码头，通过带式输送机系统运至厂内石灰石仓中储存。石灰石也可由自卸卡车接卸，运至厂内，自卸入卸料斗中，通过卸料斗下所设给料机、给料入斗式提升机，将石灰石提升，送入石灰石仓中储存。

厂内新建 3 座石灰石仓，总容积满足储存不低于 2×1050MW 机组烟气脱硫系统 7 天的石灰石的耗量（BMCR 工况下）。存储在石灰石仓的石灰石经称重式皮带给料机输送至湿式球磨机内制浆。2 台炉设一套公用的石灰石浆液制备系统，配 3 台湿式球磨机，2 用 1 备，每台球磨机的出力按 2 台炉 BMCR 工况下所需的石灰石总耗量的 70% 设计。石灰石浆液用石灰石浆液泵送至吸收塔。设计用石灰石性质见表 7-2。

表 7-2　　　　　　　　　　　设 计 用 石 灰 石 性 质

序号	项目	单位	数值
1	$CaCO_3$	%	90.00
2	MgO	%	2
3	SiO_2	%	1.45
4	粒径	mm	<20

2. 烟气系统

本系统不设置 GGH，不设置脱硫用增压风机，不设置 FGD 烟气旁路。其入口烟气参数见表 7-3。

表 7-3　　　　　　　　　　　设计 FGD 入口烟气参数

序号	项目	单位	数值
1	RO_2	Vol%	14.02
2	SO_2	Vol%	0.14
3	O_2	Vol%	5.42
4	N_2	Vol%	80.42
5	FGD 入口干烟气量	Nm^3/s	960.5
6	FGD 入口烟气温度	℃	145
7	引风机出口烟气压力	Pa	2300

注　表中数值为干基，设计煤种，BMCR 工况，标准状况下的参数。

从锅炉引风机后的总烟道上引出的烟气，直接进入吸收塔。在吸收塔内脱硫净化，经除雾器除去水雾后，再接入主体发电工程的烟道经烟囱排入大气。在引风机后汇总烟道的上升段设置有烟气预洗涤装置，当锅炉投油启动阶段，开启该预洗涤装置用于洗涤烟气中过量的烟尘及油污。

每台机组烟气预洗涤装置设置一个预洗涤液地坑，用来收集预洗涤液，每个地坑设置一个搅拌器及两台自吸式泵（用于将地坑中的预洗涤液提升至烟气预洗涤液缓冲箱）。

FGD 岛内设置一个两台炉公用的烟气预洗涤液缓冲箱，该缓冲箱的容量为 636m^3，满足单台机组烟气预洗涤时洗涤液的缓冲要求。预洗涤液缓冲箱设预洗涤液循环泵（将浆液送至烟道预洗涤喷淋层）1台，预洗涤液外排泵（将预洗涤液外排）1台。

3. SO₂吸收系统

石灰石浆液通过循环泵从吸收塔浆池送至塔内喷嘴系统，与烟气接触发生化学反应吸收烟气中的 SO₂，在吸收塔循环浆池中利用氧化风机提供的氧化空气将亚硫酸钙氧化成硫酸钙。石膏排出泵将石膏浆液从吸收塔送到石膏脱水系统。

脱硫后的烟气夹带的液滴将在吸收塔出口的除雾器中收集，使净烟气的液滴含量不超过保证值 75mg/Nm³。

吸收塔浆池中的亚硫酸钙的氧化利用空气氧化，不再加入硫酸或其他化合物。

SO₂吸收系统包括吸收塔、吸收塔浆液循环及搅拌、石膏浆液排出、烟气除雾器、吸收塔进口烟气事故冷却和氧化空气等几个部分，还包括辅助的放空、排空设施。

吸收塔内浆液最大 Cl⁻ 浓度为 20g/L。材料选型按不小于 20g/L 考虑。

所有设备的噪声符合有关规范的要求。

4. 排空及浆液抛弃系统

FGD 岛内设置一个两台炉公用的事故浆箱，并作为吸收塔重新启动时的石膏晶种。事故储浆系统能在 12h 内将一个吸收塔放空，也能在 12h 内将浆液再送回到吸收塔。

吸收塔浆池检修需要排空时，吸收塔的石膏浆液输送至事故浆池储存，作为下次 FGD 启动时的浆池浆液和石膏晶种。

事故浆液箱设浆液返回泵（将浆液送回吸收塔）1台。

FGD 装置的浆液管道和浆液泵等，在停运时需要进行冲洗，其冲洗水就近收集在吸收塔区或石膏脱水制备区设置的集水坑内，然后用泵送至事故浆液箱或吸收塔浆池。

5. 石膏脱水系统

吸收塔的石膏浆液通过石膏排出泵送入石膏水力旋流站浓缩，浓缩后的石膏浆液直接进入真空皮带脱水机脱水，生成表面含水率小于 10% 的石膏，该石膏直接落入石膏储存间存放待运，可供综合利用。石膏旋流站出来的溢流浆液通过管道落入回收浆液箱，再通过回收浆液泵一部分返回吸收塔循环使用，另一部分送至脱硫废水处理系统进行处理。石膏脱水系统为 2 台炉公用，共设 3 套真空皮带脱水机，二用一备，每套系统的出力按满足处理 1 台机组 BMCR 工况下所产生的总石膏量的 120% 设计。

为控制脱硫石膏中 Cl⁻ 等成分的含量，确保石膏品质，在石膏脱水过程中用工业水对石膏及滤布进行冲洗，石膏过滤水同样通过管道收集在回收浆液箱中。

石膏脱水车间底层为石膏仓库，储存量满足 2 台炉 BMCR 工况下，燃用脱硫设计煤种时 5 天的石膏产量。

本工程石膏外运方式为带式输送机运送到码头或汽车运输。

石膏输送机皮带机廊道采用全封闭结构，输送机噪声、粉尘满足技术协议和国家灰尘排放相关要求。石膏输送机廊道两侧都配有维护检修的通道，配置充足的照明设施和检修电源。

6. 废水处理系统

脱硫废水的水量和水质与脱硫工艺、烟气成分、灰及吸附剂等多种因素有关，采用化学和物理的综合处理的办法，以去除水中重金属离子和氟化物，并使废水得到澄清，达标后复用或排放。经综合处理后达到 DL/T 997—2006《火电厂石灰石-石膏湿法脱硫废水水质控制指标》中的标准，处理合格后用于干灰调湿或排入下水道。脱硫废水处理装置容量按 $2×$ 1050MW 机组考虑，脱硫废水容量按 130％设计。

废水处理系统由两个部分组成：废水及污泥处理系统和化学加药系统。

废水及污泥处理系统由废水收集池、反应箱、凝聚箱、澄清浓缩箱、净水箱和脱水机等组成。

化学加药系统由石灰加药系统、有机硫或硫化钠加药系统、凝聚剂加药系统、助凝剂加药系统、盐酸加药系统组成。加药系统将根据废水水质的实际情况，进行自动控制加药。

脱硫废水处理装置容量按 $2×$1050MW 机组一次建成。脱硫废水容量按 130％设计，按照 24h 连续运行考虑，运行负荷 0～100％可调节。

7. 工艺水及工业水系统

本工程设置一套公用 FGD 供水系统，布置于公用区。从电厂供水系统引接至脱硫工艺水箱，为脱硫工艺系统提供工艺用水。设备冷却水由主体发电工程提供。

工业水主要用于真空皮带脱水机石膏冲洗，工业水直接用于真空泵及石膏冲洗。

闭式冷却水用于氧化风机和其他设备的冷却及密封，闭式冷却水设计压力按 1MPa。

工艺水主要用于为石灰石浆液制备用水；吸收塔补给水；除雾器冲洗用水；所有浆液输送设备、输送管路、储存箱的冲洗水；吸收塔干湿界面冲洗水；氧化空气管道冲洗水。锅炉补给水排水及循环水旁流系统排水引至工艺水箱。

工艺水系统将满足 FGD 装置正常运行和事故工况下脱硫工艺系统的用水。

本工程设置 1 个工艺水箱，其有效容积按两台炉脱硫装置和公用系统正常运行 1h 的最大工艺水耗量设计。

工艺水系统满足本工程 FGD 装置正常运行和事故工况下脱硫工艺系统的用水。

工艺水系统为母管制，2 台炉共用。工艺水泵按 $2×100％$容量设计（一运一备，共两台）。

每台机组吸收塔设两台除雾器冲洗水泵，每台泵的容量按每台炉 100％BMCR 工况的工业用水量设计（一运一备，两炉共四台）。

8. 压缩空气系统

压缩空气用于仪表用气和公用杂用气。脱硫岛内不设空气压缩机，岛内需要的少量仪用气由电厂提供，岛内只设气罐，杂用气从电厂公用母管引接。

三、分系统调试

在工程安装施工阶段，调试单位根据建设单位提供的设计和制造厂家的设计说明、图样、工程一级进度计划、各种管理制度等相关文件资料编制了各分系统和整套启动的调试措施、调试计划，并经过试运指挥部的审核及批准。调试单位根据经审核批准的调试措施编制了各种传动验收记录表、试运条件检查卡、试运申请单、设备试运参数记录表、试运验收签证单等过程文件。

分系统调试前，调试单位向建设、生产、监理、安装等单位进行调试措施的安全技术交底。交底完成后，首先确认所试运的分系统相关单体调试、单机试运工作已经完成并经过验收签证，然后进行阀门开关、联锁、报警、保护、启停等传动试验。在传动试验结束后，组织各分系统的试运条件检查和签证。在以上各项工作完成之后，开展各分系统的现场调试工作。

1. 调试措施的安全技术交底

在开始组织现场调试作业前，调试单位技术人员根据正式出版的各分系统调试措施，向施工、生产、建设及监理等单位进行安全技术交底。交底内容包括：调试措施的介绍、调试应具备的条件、调试程序和验收标准、明确调试组织机构及责任分工、危险源分析和防范措施及环境和职业健康要求说明、问题答疑。

2. 热控测点校对、阀门检查试验

调试热工和机务专业人员完成热控测点校对和检查，包括液位、压力、温度等各种开关量信号及模拟量信号。

调试单位在施工单位的热控与机务专业配合下完成试运系统阀门检查试验。以2号机组为例，各阀门的检查试验记录见表7-4。

表7-4　　　　　　　　　　　　2号机组阀门检查试验记录

序号	KKS码	电动阀门名称	开时间（s）	关时间（s）
1	20HTE20AA001	2号吸收塔预洗涤液喷淋阀1	18	19
2	20HTE20AA002	2号吸收塔预洗涤液喷淋阀2	19	18
3	20HTE20AA003	2号吸收塔预洗涤液喷淋阀3	19	18
4	20HTE20AA004	2号吸收塔预洗涤液喷淋阀4	19	18
5	20HTE20AA005	2号吸收塔预洗涤液喷淋阀5	18	19
6	20HTE20AA006	2号吸收塔预洗涤液喷淋阀6	19	18
7	20HTE11AA001	2号预洗涤液提升泵A出口电动阀	39	40
8	20HTF10AA001	2号吸收塔浆液循环泵A入口电动阀	112	113
9	20HTF10AA401	2号吸收塔浆液循环泵A排放电动阀	23	22
10	20HTF10AA402	2号吸收塔浆液循环泵A冲洗电动阀	22	24
11	20HTF40AA001	2号吸收塔浆液循环泵D入口电动阀	118	118
12	20HTF40AA401	2号吸收塔浆液循环泵D排放电动阀	21	22
13	20HTF40AA402	2号吸收塔浆液循环泵D冲洗电动阀	22	23
14	20HTL01AA001	2号吸收塔石膏排浆泵A入口电动阀	40	39
15	20HTL01AA002	2号吸收塔石膏排浆泵A出口电动阀	39	38
16	20HTL01AA401	2号吸收塔石膏排浆泵A排放电动阀	20	20
17	20HTL01AA402	2号吸收塔石膏排浆泵A冲洗电动阀	24	24
18	20HTK11AA003	2号吸收塔石灰石浆液泵A供浆阀	20	20
19	20HTK11AA403	2号吸收塔石灰石浆液泵A供浆冲洗阀	19	19
20	20HTT11AA001	2号吸收塔排水坑泵A出口电动阀	20	21
21	20HTT13AA401	2号吸收塔排水坑泵出口母管冲洗阀	18	17
22	20HTQ05AA001	2号吸收塔除雾器第一层冲洗电动阀1	20	20
23	20HTQ05AA002	2号吸收塔除雾器第一层冲洗电动阀2	20	20
24	20HTQ05AA003	2号吸收塔除雾器第一层冲洗电动阀3	20	20
25	20HTQ05AA004	2号吸收塔除雾器第一层冲洗电动阀4	20	20
26	20HTQ05AA005	2号吸收塔除雾器第一层冲洗电动阀5	20	20

序号	KKS 码	电动阀门名称	开时间（s）	关时间（s）
27	20HTQ05AA006	2 号吸收塔除雾器第一层冲洗电动阀 6	20	20
28	20HTQ05AA007	2 号吸收塔除雾器第一层冲洗电动阀 7	20	20
29	20HTQ05AA008	2 号吸收塔除雾器第一层冲洗电动阀 8	20	20
30	20HTQ05AA009	2 号吸收塔除雾器第一层冲洗电动阀 9	20	20
31	20HTQ05AA010	2 号吸收塔除雾器第一层冲洗电动阀 10	20	20
32	20HTQ05AA011	2 号吸收塔除雾器第一层冲洗电动阀 11	20	20
33	20HTQ05AA012	2 号吸收塔除雾器第一层冲洗电动阀 12	20	20
34	20HTQ05AA013	2 号吸收塔除雾器第一层冲洗电动阀 13	20	20
35	20HTQ05AA014	2 号吸收塔除雾器第一层冲洗电动阀 14	20	20
36	20HTQ06AA001	2 号吸收塔除雾器第二层冲洗电动阀 1	20	20
37	20HTQ06AA002	2 号吸收塔除雾器第二层冲洗电动阀 2	20	20
38	20HTQ06AA003	2 号吸收塔除雾器第二层冲洗电动阀 3	20	20
39	20HTQ06AA004	2 号吸收塔除雾器第二层冲洗电动阀 4	20	20
40	20HTQ06AA005	2 号吸收塔除雾器第二层冲洗电动阀 5	20	20
41	20HTQ06AA006	2 号吸收塔除雾器第二层冲洗电动阀 6	20	20
42	20HTQ06AA007	2 号吸收塔除雾器第二层冲洗电动阀 7	20	20
43	20HTQ06AA008	2 号吸收塔除雾器第二层冲洗电动阀 8	20	20
44	20HTQ06AA009	2 号吸收塔除雾器第二层冲洗电动阀 9	20	20
45	20HTQ06AA010	2 号吸收塔除雾器第二层冲洗电动阀 10	20	20
46	20HTQ06AA011	2 号吸收塔除雾器第二层冲洗电动阀 11	20	20
47	20HTQ06AA012	2 号吸收塔除雾器第二层冲洗电动阀 12	20	20
48	20HTQ06AA013	2 号吸收塔除雾器第二层冲洗电动阀 13	20	20
49	20HTQ06AA014	2 号吸收塔除雾器第二层冲洗电动阀 14	20	20
50	20HTE20AA071	2 号事故冷却水箱至塔入口事故喷淋阀	19	19
51	20HTQ20AA071	工艺水至 2 号吸收塔入口事故喷淋阀	19	19
52	20HTE12AA001	2 号预洗涤液提升泵 B 出口电动阀	39	40
53	20HTE13AA401	2 号预洗涤液提升泵出口母管冲洗阀	19	18
54	20HTF20AA001	2 号吸收塔浆液循环泵 B 入口电动阀	117	117
55	20HTF20AA401	2 号吸收塔浆液循环泵 B 排放电动阀	23	22
56	20HTF20AA402	2 号吸收塔浆液循环泵 B 冲洗电动阀	22	22
57	20HTF30AA001	2 号吸收塔浆液循环泵 C 入口电动阀	114	114
58	20HTF30AA401	2 号吸收塔浆液循环泵 C 排放电动阀	23	22
59	20HTF30AA402	2 号吸收塔浆液循环泵 C 冲洗电动阀	22	22
60	20HTF50AA001	2 号吸收塔浆液循环泵 E 入口电动阀	119	119
61	20HTF50AA401	2 号吸收塔浆液循环泵 E 排放电动阀	22	22
62	20HTF50AA402	2 号吸收塔浆液循环泵 E 冲洗电动阀	22	22

续表

序号	KKS码	电动阀门名称	开时间（s）	关时间（s）
63	20HTL02AA001	2号吸收塔石膏排浆泵B入口电动阀	39	38
64	20HTL02AA002	2号吸收塔石膏排浆泵B出口电动阀	39	38
65	20HTL02AA401	2号吸收塔石膏排浆泵B排放电动阀	22	24
66	20HTL02AA402	2号吸收塔石膏排浆泵B冲洗电动阀	22	19
67	20HTK21AA003	2号吸收塔石灰石浆液泵B供浆阀	19	19
68	20HTK21AA403	2号吸收塔石灰石浆液泵B冲洗阀	19	19
69	20HTT12AA001	2号吸收塔排水坑泵B出口电动阀	19	19
70	20HTQ07AA001	2号吸收塔除雾器第三层冲洗电动阀1	19	20
71	20HTQ07AA002	2号吸收塔除雾器第三层冲洗电动阀2	19	20
72	20HTQ07AA003	2号吸收塔除雾器第三层冲洗电动阀3	19	20
73	20HTQ07AA004	2号吸收塔除雾器第三层冲洗电动阀4	20	20
74	20HTQ07AA005	2号吸收塔除雾器第三层冲洗电动阀5	20	19
75	20HTQ07AA006	2号吸收塔除雾器第三层冲洗电动阀6	20	19
76	20HTQ07AA007	2号吸收塔除雾器第三层冲洗电动阀7	20	19
77	20HTQ07AA008	2号吸收塔除雾器第三层冲洗电动阀8	20	19
78	20HTQ07AA009	2号吸收塔除雾器第三层冲洗电动阀9	20	19
79	20HTQ07AA010	2号吸收塔除雾器第三层冲洗电动阀10	20	19
80	20HTQ07AA011	2号吸收塔除雾器第三层冲洗电动阀11	20	19
81	20HTQ07AA012	2号吸收塔除雾器第三层冲洗电动阀12	20	19
82	20HTQ07AA013	2号吸收塔除雾器第三层冲洗电动阀13	20	19
83	20HTQ07AA014	2号吸收塔除雾器第三层冲洗电动阀14	20	19
84	20HTK11AA001	2号石灰石浆液输送泵A入口电动阀	19	19
85	20HTK11AA002	2号石灰石浆液输送泵A出口电动阀	20	20
86	20HTK11AA401	2号石灰石浆液输送泵A排放电动阀	21	21
87	20HTK11AA402	2号石灰石浆液输送泵A冲洗电动阀	19	19
88	20HTL11AA002	2号石膏旋流器底流至脱水皮带B电动阀	18	18
89	20HTK21AA001	2号石灰石浆液输送泵B入口电动阀	20	19
90	20HTK21AA002	2号石灰石浆液输送泵B出口电动阀	21	21
91	20HTK21AA401	2号石灰石浆液输送泵B排放电动阀	20	20
92	20HTK21AA402	2号石灰石浆液输送泵B冲洗电动阀	20	19
93	20HTL11AA001	2号石膏旋流器底流至脱水皮带C电动阀	19	19
94	20HTL13AA001	回收水泵出口返回2号塔电动阀	23	23

3.联锁、报警、保护、启停等传动试验

在阀门检查试验之后，对试运系统进行联锁、报警、保护、启停等逻辑试验。以2号机组烟气系统为例，逻辑试验的内容见表 7-5。

表 7-5　　　　　　　　　2 号机组烟气系统逻辑清单

编号	试验条件	信号来源	定值	试验方法	备注
脱硫系统备妥（设备已送电，可以远方操作）锅炉启动允许条件					
1	至少 2 台循环泵运行	就地		实做	FGD 通烟气条件具备，"与"逻辑
2	石灰石浆液泵至少 1 台在工作	就地		实做	
3	至少 1 台工艺水泵在运行	就地		实做	
4	至少 1 台 2 号吸收塔除雾器冲洗水泵在运行	就地		实做	
5	5 台吸收塔搅拌器均在运行	就地		实做	
6	至少 1 台氧化风机在运行	就地		实做	
7	预洗涤液循环泵运行且至少 5 个 2 号吸收塔预洗涤液喷淋阀已开	就地		实做	
烟气系统联锁保护条件					
1	5 台吸收塔浆液循环泵均停止，延迟 5s	就地		实做	FGD 跳闸，"或"逻辑
2	原烟气温度（2/3）>180℃，延时 5min	就地	180℃	模拟	
3	净烟气温度（2/3）>70℃，延迟 5s	就地	70℃	模拟	
工艺水至 2 号吸收塔入口事故喷淋阀打开允许					
1	至少一台工艺水泵在运行	就地		实做	允许打开
工艺水至 2 号吸收塔入口事故喷淋阀保护打开					
1	原烟气温度（2/3）≥160℃	就地	160℃	模拟	保护打开；"或"逻辑
2	净烟气温度（2/3）≥60℃	就地	60℃	模拟	
工艺水至 2 号吸收塔入口事故喷淋阀自动关闭					
1	原烟气温度（2/3）≤140℃	就地	140℃	模拟	自动关闭；"与"逻辑
2	净烟气温度（2/3）≤55℃	就地	55℃	模拟	
2 号事故冷却水箱至塔入口事故喷淋阀保护打开					
1	净烟气温度（2/3）≥65℃	就地	65℃	模拟	保护打开
2 号事故冷却水箱至塔入口事故喷淋阀自动关闭					
1	净烟气温度（2/3）≤58℃	就地	58℃	模拟	自动关闭

注　"原/净烟气温度（2/3）大于/不大于/不小于 7℃"指 3 个"原/净烟气温度测点有 2 个高于/不高于/不低于 7℃，下同。

4. 试运条件检查和签证

分系统试运前，施工、调试、监理、建设、生产及主要设备厂家等单位根据试运条件检查卡对各分系统进行了联合检查。在确认各分系统具备试运条件后，调试单位组织施工、监理、建设、生产等单位按照试运条件检查卡的要求，对试运条件进行检查并进行确认、签证，然后填写分系统试运申请单，准备进行系统试运。

5. 1 号机组及公用系统分系统现场调试

1 号机组及公用系统分系统调试从 2013 年 11 月 6 日工艺水箱进水冲洗开始，于 2014 年 1 月 9 日球磨机 C 顺利完成首次制浆结束，历时 65 天。

由于工期较紧，2号机组分系统调试从 2013 年 12 月 12 日浆液循环泵入口门检查验收开始，于 2013 年 12 月 24 日石膏排出泵试运结束，仅历时 13 天即完成。

1 号机组及公用系统分系统主要调试进度：

(1) 工艺水及压缩空气系统：2013 年 11 月 6 日～11 月 28 日。

(2) SO_2 吸收系统：2013 年 11 月 6 日～11 月 26 日。

(3) 石灰石浆液制备及供应系统：2013 年 11 月 10 日～2014 年 1 月 9 日。

(4) 烟气系统：2013 年 11 月 8 日～11 月 10 日。

(5) 石膏脱水系统：2013 年 11 月 10 日～12 月 3 日。

(6) 脱硫废水处理系统：2013 年 11 月 10 日～12 月 3 日。

1）2013 年 11 月 6 日，工艺水箱进工艺水冲洗干净，液位计投用正确，补水电动阀调节好，工艺水系统管道阀门联合检查完成。

2）2013 年 11 月 7 日，工艺水泵 A 试转，振动良好，电流为 161A，出口压力为 0.7MPa，再循环压力调节阀整定良好，管道冲洗干净无泄漏点，试转 4h。

3）2013 年 11 月 7 日～11 月 25 日，工艺水系统各个用户投入运行，包括 1 号脱硫岛各个水泵的轴封冷却水，浆液管道冲洗水，吸收塔搅拌器冲洗水，制浆脱水公用区的各个用户。

4）2013 年 11 月 8 日，除雾器冲洗水泵 A、B 试转，振动良好，电流为 105A，出口压力为 0.6MPa，再循环压力调节阀整定良好，管道冲洗干净无泄漏点，试转 4h。吸收塔冲洗层母管压力 0.28MPa，就地检查除雾器冲洗阀门，部分阀门存在内漏情况，通知安装人员及阀门厂家进行处理。

5）2013 年 11 月 20 日～11 月 28 日，压缩空气管道吹扫干净，储气罐投入运行，仪用气压力正常，为 0.65MPa。各用户包括真空皮带脱水机纠偏装置，以及事故喷淋水箱气动阀，CEMS 吹扫气体投用正常。

6）2013 年 11 月 6 日，吸收塔注水完成，浆液循环泵系统检查完毕，浆液循环泵 D、E 试转，电动机轴承、泵轴承振动优良，电流分别为 123A 和 136A，出口压力 0.35～0.4MPa，试运 8h。

7）2013 年 11 月 7 日，氧化风机系统检查完成，氧化风机 A、B、C 试转，发现出口管道有异响，停止试转。初步判断为出口阀及逆止阀可能存在漏气情况，通知安装人员进行确认检查。

8）2013 年 11 月 7 日，吸收塔搅拌器 A、B、C、D、E、F 试转，E 皮带有异响，厂家要求停下检查处理，其余搅拌器运行正常，电流均在 80A 左右。

9）2013 年 11 月 8 日，浆液循环泵 A、B、C 试转，电动机轴承、泵轴承振动优良，电流分别为 105A、113A 和 123A，出口压力 0.35～0.4MPa，试运 8h。

10）2013 年 11 月 8 日，再次试转氧化风机 A、B、C，出口管道无异声，电动机及风机的轴承振动良好，在合格范围之内，电流为 54A，出口压力为 115kPa，出口放空阀和电动阀动作良好，氧化风管道冷却水投入，运行 8h。

11）2013 年 11 月 8 日，预洗涤缓冲箱、预洗涤地坑清理注水完成，液位计校准投用，预洗涤缓冲箱搅拌器、预洗涤循环泵、预洗涤提升泵、预洗涤地坑搅拌器试转。发现预洗涤提升泵出力不足，电流偏小，检查发现为提升泵入口自吸罐底部法兰漏气，经安装处理后再次试转正常。试转 4h，电动机轴承、泵轴承振动优良，无异声，管道阀门无泄漏，预洗涤循环泵电流 115A，提升泵电流 80A。

12) 2013 年 11 月 10 日，吸收塔地坑清理注水完成，液位计校准投用，吸收塔地坑搅拌器、排水坑泵试转，电动机轴承、泵轴承振动优良，无异声，管道阀门无泄漏，试转 4h。

13) 2013 年 11 月 11 日，搅拌器 E 经厂家处理后再次试转，运行正常。

14) 2013 年 11 月 24 日，石膏排浆泵 A、B 试转，发现泵电流偏大，泵体有异声，分析认为是由于出口管道管偏粗，需加装节流孔板。

15) 2013 年 11 月 24 日，监理、安装、厂家、调试联合检查吸收塔浆液循环喷淋层，确认喷淋效果良好。

16) 2013 年 11 月 26 日，加装节流孔板后，再次试转石膏排浆泵 A、B，电流正常，为 90A，电动机轴承、泵轴承振动优良，无异声，管道阀门无泄漏，试转 4h。

17) 2013 年 11 月 10 日～2013 年 11 月 18 日，石灰石储存及浆液制备系统测点、阀门传动，逻辑保护校验完成。

18) 2013 年 11 月 19 日，石灰石浆液箱 A、B 进水，石灰石浆液箱搅拌器、1 号石灰石浆液输送泵 A、B 试转，试运过程中泵出口压力正常，振动温度符合要求，管道法兰略有泄漏，经安装处理后消除漏点，试转 2h 完成。

19) 2013 年 11 月 20 日，球磨机 A 油站试转，低压油泵出口压力 0.41MPa，高压油泵出口压力 3.87MPa，球磨机 A 盘车试转无故障。

20) 2013 年 11 月 21 日，球磨机 A 空转，轴承振动、温度符合要求，高低压油泵和大齿圈喷射顺控运行良好，之后分两个阶段加入钢球至总量的 50%、100%，单台磨机加入总量为 100t。

21) 2013 年 11 月 21 日，振动格栅 A、B、C，振动给料机 A、B、C，斗式提升机 A，称重皮带给料机 A 试转，设备运行正常，振动符合要求。

22) 2013 年 11 月 23 日，石灰石上料系统 A 开始上料，各设备运行正常，顺序控制投入，石灰石仓雷达料位计投用正确。

23) 2013 年 11 月 24 日，球磨机 B 油站试转，低压油泵出口压力为 0.38MPa，高压油泵出口压力为 3.67MPa，球磨机 B 盘车试转无故障后进行空转，轴承振动偏大，减速箱至小齿轮重新校准中心后再次试转合格，开始分两阶段加入钢球。

24) 2013 年 11 月 24 日，球磨机 A 磨机再循环泵 A、B、搅拌器试转，机封水投用正常，轴承振动、温度良好，石灰石浆液旋流器入口压力为 0.15MPa，比设计值偏大，经讨论决定在旋流器入口管道加装节流孔板，装入节流孔板后，旋流器入口压力为 0.09MPa，符合设计要求。

25) 2013 年 11 月 25 日，球磨机 A 开始制浆，顺序控制系统正常，逐渐增加进料量至满负荷 30t/h，设备运转正常，磨出浆液合格，经取样测得球磨机再循环箱中浆液的密度为 1400kg/m³，旋流器出口浆液密度为 1250kg/m³，折算含固量约为 30%，再循环箱补水调门、称重皮带给料机变频器模拟量自动投入正常。

26) 2013 年 11 月 26 日，斗式提升机 B、C，称重皮带给料机 B 试转正常，石灰石上料系统 B、C 开始上料。

27) 2013 年 11 月 27 日，球磨机 B 开始制浆，各个设备运转正常，球磨机 B 振动、温度良好，磨出的浆液密度合格。

28）2014 年 1 月 2 日，球磨机 C 油站试运，低压油泵出口压力为 0.43MPa，高压油泵出口压力为 3.84MPa，球磨机 C 盘车试转无故障。

29）2014 年 1 月 4 日，球磨机 C 空转，轴承处有周期性碰撞声，停下检查认为两片大齿轮结合不够紧密，安装重新紧螺栓后重新试转合格，振动温度正常，分两个阶段加钢球。

30）2014 年 1 月 9 日，球磨机 C 制浆，各设备运转正常，振动、温度良好。

31）2013 年 11 月 10 日～2013 年 11 月 18 日，石膏脱水公用系统测点、阀门传动，逻辑保护校验完成。

32）2013 年 11 月 20 日，工艺水向滤布冲洗水箱 A、B 进水，滤布冲洗水泵 A、B、C、D、E 试转，振动良好，温度正常。

33）2013 年 11 月 21 日，回收水箱进水，回收水泵 A、B 试转，轴承温度正常，振动良好，回收水至 1 号、2 号吸收塔三通处的法兰漏水，经安装处理后解决，整体管道无泄漏。

34）2013 年 11 月 22 日～2013 年 11 月 25 日，脱水皮带机 A、C 试转，电动机振动、温度良好，滤布冲洗水量充足、自动纠偏气囊运作正常，皮带及滤布无跑偏，变频器调节正确。

35）2013 年 11 月 26 日，真空泵 A、C 试转，转向正确，振动良好，温度正常，电流分别为 32.1A、31.8A，真空泵补水流量 8t/h，顺序控制功能正确，真空泵气液分离罐能够建立足够的负压。

36）2013 年 12 月 1 日～2013 年 12 月 3 日，真空泵 B、脱水皮带机 B 试转，各辅助装置运作正常，试运合格。

37）2013 年 11 月 10 日～2013 年 11 月 18 日，脱硫废水处理系统测点、阀门传动，逻辑保护校验完成。

38）2013 年 11 月 20 日～2013 年 11 月 22 日，开始用回收水泵由废水旋流器向废水处理三联箱、沉淀池、清水池进水。三联箱搅拌器、清水池前置 pH 调节池搅拌器试转完成。废水区地坑进水，废水区地坑泵试转完成。

39）2013 年 11 月 23 日～2013 年 11 月 26 日，工艺水向有机硫、絮凝剂、助凝剂、NaOH、HCl 计量箱进水，各计量箱搅拌器、加药计量泵试转完成。

40）2013 年 11 月 28 日～2013 年 12 月 1 日，沉淀池刮泥机、pH 调节池搅拌器、清水泵、污泥输送泵、污泥循环泵、板框压滤机试转合格。

41）2013 年 12 月 3 日，各加药箱加药，卸酸、卸碱泵试转合格后，NaOH、HCl 计量箱进药。

6.2 号机组分系统现场调试

本工程的石灰石浆液制备及供应系统、工艺水及压缩空气系统、石膏脱水系统、脱硫废水处理系统属于两台机组共用的公用系统，已于 1 号机组调试的同时陆续完成调试。

2 号机组烟气脱硫分系统主要调试进度：

（1）烟气系统：2013 年 12 月 14 日～12 月 18 日。

（2）SO$_2$ 吸收系统：2013 年 12 月 12 日～12 月 24 日。

1）2013 年 12 月 12 日，完成浆液循环泵入口门检查验收。

2）2013 年 12 月 13 日，吸收塔清理结束，液位计调试结束，启动事故浆液泵向吸收塔进水，14 日吸收塔水位补至 9m，停事故浆液泵，启动六台吸收塔搅拌器，搅拌器电流、振动、温度均正常。

3）2013 年 12 月 14 日，浆液循环泵系统其他阀门和热工测点传动调试，完成五台浆液循环泵的预操作试验。系统检查发现浆液循环泵机封和油站冷却水只在进水管上装有手动门，无法在正常流量下保证机封水压力，调试单位提出在回水管加装手动门的修改意见，经厂家和电建处理后正常。

4）2013 年 12 月 14 日，2 号吸收塔预洗涤液喷淋阀、预洗涤液提升泵出口电动门、预洗涤液提升泵出口母管冲洗阀及预洗涤系统热工测点传点调试，其中，预洗涤液喷淋阀 3 打开后故障，电建检查发现阀门卡涩，力矩过载，12 月 17 日处理后正常。

5）2013 年 12 月 14 日，系统检查发现浆液循环泵机封和油站冷却水只在进水管上装有手动门，无法在正常流量下保证机封水压力，调试单位提出在回水管加装手动门的修改意见，经厂家和电建处理后正常。

6）2013 年 12 月 14 日～17 日，陆续完成五台浆液循环泵 8h 带水试转，运行正常。

7）2013 年 12 月 15 日，完成吸收区地坑系统阀门和热工测点传动调试及相关的预操作试验。

8）2013 年 12 月 16 日，石膏排出泵和石灰石浆液供应系统阀门和测点调试结束，完成石灰石浆液供应系统预操作试验。

9）2013 年 12 月 17 日，吸收塔地坑清理完毕，进水至 2.1m 校准液位，完成吸收塔地坑泵、地坑搅拌器试运，运行正常，联锁保护投入正常。

10）2013 年 12 月 17 日～21 日，完成除雾器系统相关阀门和热工测点传动调试及相关的预操作试验。

11）2013 年 12 月 17 日，2 号吸收塔预洗涤液地坑清理结束，通过自吸罐补水阀向地坑注水 2m，完成搅拌器试运和液位计调试，完成吸收塔密度计、pH 计校准，投用正常。

12）2013 年 12 月 17 日，石膏排出泵预操作后带水试运，启泵后管道振动较大，电流超标，检查发现原因是出口管道太粗，流量过大，将出口手动门关小后，电流、振动、温度、出口压力均正常，试运 8h。建议在泵出口管道法兰处加装节流孔板。

13）2013 年 12 月 18 日，完成 2 号吸收塔预洗涤系统的预操作，预洗涤系统带水试转，试运过程中发现预洗涤液提升泵自吸罐密封不严，出口管道法兰漏水，电建处理后试转正常。

14）2013 年 12 月 20 日，完成氧化风机系统的阀门和热工测点传动调试，完成三台氧化风机的预操作试验。

15）2013 年 12 月 21 日，完成三台氧化风机的试运，运行正常。

16）2013 年 12 月 22 日，完成两台除雾器冲洗水泵的试运，泵本体运行正常，冲洗顺控投运正常，冲洗效果良好，但部分除雾器冲洗阀门存在泄漏的情况，电建处理后正常。

17）2013 年 12 月 22 日，完成事故喷淋系统阀门和热工测点传动调试及相关的预操作试验。2 号机组吹管期间，事故喷淋系统运行正常，联锁保护投运正常。

18）2013 年 12 月 24 日，石膏排出泵出口管道加装节流孔板后再次试运石膏排出泵，电流、振动、温度、出口压力均正常。

四、整套启动和 168h 满负荷试运简介

1.1 号机组调试

1 号机组整套启动工作从 2013 年 12 月 16 日开始，于 2014 年 1 月 10 日 16：15 顺利完成 168h 满负荷试运行，脱硫系统移交电厂试生产。168h 试运期间脱硫主保护及主要辅机保护 100％投入，脱硫系统供浆等系统自动调节全部投入、运行正常、烟气处理量、脱硫效率、SO_2 排放浓度和 pH 控制等主要参数能达到设计指标。具体启动调试过程如下：

（1）2013 年 12 月 16 日，1 号脱硫系统开始整套启动前的准备工作。石灰石上料系统启动运行，进石灰石料至石灰石料仓 8/8.5m 高度，湿式球磨机 A 系统启动运行，开始制石灰石浆液，并放入石灰石浆液箱中备用，取样分析石灰石底流密度和溢流密度，保证系统正常。

（2）2013 年 12 月 17 日，石灰石浆液箱 A、B 通过制浆区地坑泵输送至两箱液位为 8.7/5.6m。

启动 1、2 号石灰石浆液输送泵，向 1 号吸收塔输送石灰石浆液，浓度为 1183kg/m³，吸收塔浆液再循环泵启动 A、B 运行，氧化风机 A 投入运行，预洗涤系统投入运行。

（3）2013 年 12 月 18 日，吸收塔浆液取样分析 pH 及含固量，与脱硫吸收塔 pH 计及石膏浆液密度进行对比，发现有误差，经消缺后重新投入，消除误差，保证仪表显示的准确性。

（4）2013 年 12 月 19 日，对除雾器的电动阀门进行内漏检查，无电动阀门内漏。事故喷淋进水浮球阀进行检查，无内漏，事故喷淋水箱进水至 6.1m。

（5）2013 年 12 月 20 日，浆液循环泵 A、B、C 投入运行，脱硫 CEMS 仪表投入，进、出口测得 SO_2 分别为 650mg/m³ 和 8.6mg/m³，脱硫 1 号 SO_2 吸收系统密度为 1098kg/m³ 吸收塔 pH 分别为 5.53、5.42。

（6）2013 年 12 月 21 日，球磨机 A 组启动运行，进行浆液制备，发现轴瓦冷却水管道和减速机管道接头漏水，消缺后重新启动球磨机制浆，制浆至石灰石浆液箱液位 8.5m、密度 1195kg/m³。

（7）2013 年 12 月 22 日，启动真空脱水皮带机 A、石膏排浆泵 A 进行石膏脱水，运行中滤布有跑偏现象，自动纠偏气囊重新调整后继续脱水至吸收塔密度 1060kg/m³。

（8）2013 年 12 月 23 日，1 号机组停机消缺，脱硫系统降温后，停止浆液循环泵，停止氧化风机运行，停止除雾器冲洗水泵运行。

（9）2013 年 12 月 27 日，启动浆液循环泵 B、D，氧化风机 A 投入运行，预洗涤系统投入运行，锅炉点火机组启动。

（10）2013 年 12 月 28 日，启动制浆系统 A 进行制浆，制浆至石灰石浆液箱液位 8.4m，密度 1195kg/m³。

（11）2013 年 12 月 29 日，氧化风机滤网差压大，氧化风机 A、B 清理进口滤网，石灰石供浆 B 路启动，将再循环投入备用。

（12）2013 年 12 月 30 日，启动真空脱水皮带机 C 系统进行石膏脱水，真空泵机封水流量调整至 20m³/h，制浆系统 A 制浆。

（13）2013 年 12 月 31 日，启动真空脱水皮带机 C 系统进行石膏脱水（吸收塔起泡有轻微中毒现象）。停用石膏脱水系统的石膏排浆泵，石膏排浆泵冲洗时氧化风机减温水水量小，

导致氧化风机跳闸。

（14）2014 年 1 月 2 日，1 号机组负荷继续增加，超过 500MW，启动浆液循环泵 C，保证脱硫效率。

（15）2014 年 1 月 3 日 16：15，1 号机组 168h 满负荷试验开始。

（16）2014 年 1 月 10 日 16：15，1 号机组 168h 满负荷试验结束。

1 号机组脱硫系统 168h 典型数据汇总见表 7-6。

表 7-6   **1 号机组脱硫系统 168h 典型数据**

参数	单位	数据
机组负荷	MW	1000
FGD 入口 O_2 浓度	%	4.70
FGD 入口 SO_2 浓度	mg/Nm³	890
FGD 出口 O_2 浓度	%	4.60
FGD 出口 SO_2 浓度	mg/Nm³	9.4
脱硫效率	%	98.76
FGD 除雾器差压	Pa	56
FGD 入口烟温	℃	112
FGD 出口烟温	℃	49
FGD 入口粉尘含量	mg/Nm³	45.5
FGD 出口粉尘含量	mg/Nm³	15.56
吸收塔液位	m	10～10.8
吸收塔密度	kg/m³	1050～1150
吸收塔 pH	—	5.2～5.8
除雾器冲洗水冲洗时的压力	MPa	0.21
A 浆液循环泵电流	A	114
B 浆液循环泵电流	A	123
C 浆液循环泵电流	A	136
D 浆液循环泵电流	A	144
E 浆液循环泵电流	A	152
A 氧化风机电流	A	53.9
B 氧化风机电流	A	54.6
C 氧化风机电流	A	54.7
连续运行时间	h	＞168
累计满负荷时间	h	＞168
脱水石膏 $CaSO_4 \cdot 2H_2O$	%	＞90
脱水石膏 $CaCO_3$	%	1.0
脱水石膏 $CaSO_3 \cdot 1/2H_2O$	%	0.50
脱水石膏含水率	%	＜10

2.2 号机组调试

2013 年 12 月 24 日～2014 年 1 月 2 日，2 号机组锅炉冲管期间，2 号机组脱硫系统首次通烟气热态启动，并于 2014 年 2 月 19 日 10：18～2 月 26 日 10：18 顺利完成 168h 满负荷试运行，脱硫系统移交电厂试生产。168h 试运期间，脱硫主保护及主要辅机保护 100％投入，脱硫系统供浆等系统自动调节全部投入，运行正常，烟气处理量、脱硫效率、SO_2 排放浓度和 pH 控制等主要参数能达到设计指标。

2 号机组脱硫整套启动过程如下：

（1）2013 年 12 月 24 日，完成启动前的准备工作，从 1 号塔通过事故浆液箱向 2 号塔加入少量浆液，启动吸收塔搅拌器，检查脱硫各主要保护投入后各设备送电。

（2）2013 年 12 月 25 日，投运预洗涤系统，启动浆液循环泵 D、E，电流分别为 127A、137A。

（3）2013 年 12 月 26 日，吸收塔液位显示 15.6m，溢流管开始出现溢流，开石膏排出泵 A 向事故浆液箱排浆，通知电建重新校验吸收塔液位计；取样化验吸收塔 pH 为 6.5，DCS 显示 6.3/6.6。

（4）2013 年 12 月 29 日，两只 pH 计偏差逐渐达到 0.5，重新标定 pH 计，运行加强手工化验。

（5）2013 年 12 月 30 日，主机停油枪，停运预洗涤系统。

（6）2014 年 1 月 2 日，锅炉冲管结束，停运脱硫系统，浆塔内废水用临时管排至煤场，打开人孔门进行塔内清理。

（7）2014 年 1 月 12 日，脱硫 CEMS 分析仪表标定结束，投入运行。

（8）2014 年 1 月 13 日，重新标定液位计，向吸收塔上水至 4m，启动吸收塔搅拌器，继续从 1 号机组通过事故浆液箱向 2 号吸收塔供浆至 7.8m。

（9）2014 年 1 月 14 日启动 C、D 浆液循环泵，B、C 氧化风机，18：38 氧化风管 F 玻璃钢接头处漏水，停止浆液循环泵和氧化风机，将塔中浆液向事故浆液箱排至 4m，电建处理氧化风管漏点。

（10）2014 年 1 月 15 日，氧化风管漏点已处理完毕，启动事故返回泵，向 2 号塔进浆至 7.5m，投运烟气预洗涤系统，启动 D、E 浆液循环泵、A 氧化风机，投入除雾器冲洗顺控。06：55，2 号炉投油枪试点火；22：15，切至 C 氧化风机运行。

（11）2014 年 1 月 16 日，油枪退出，电除尘投运，停运预洗涤系统，02：07，2 号机首次冲洗 3000r/min。

（12）2014 年 1 月 17 日，启动浆液循环泵 A，投供浆自动，pH 设定 5.35±0.2。

（13）2014 年 1 月 18 日，切至 A 氧化风机运行；21：47，2 号机组首次并网成功；23：21 汽轮机超速试验，负荷降至 0。

（14）2014 年 1 月 19 日 04：43，机组再次并网；通知运行化验 2 号吸收塔浆液的 pH 及密度，pH 为 5.80，密度为 1045kg/m^3；11：26，A 氧化风机跳闸，切至 C 氧化风机运行。检查发现 A 氧化风机线圈温度 3 个温度测点，电动机前轴承 1 个温度测点显示为 0，联系电建检查为接线松动，处理后正常。23：47，投 B 浆液循环泵。

（15）2014 年 1 月 21 日，投 B 氧化风机，2 号机组首次带负荷至 1000MW。

（16）2014 年 1 月 22 日，画面显示密度为 1057kg/m^3，实测为 1055kg/m^3，试投运脱

水系统，脱水系统运行正常。22：00，2号塔E浆液循环泵电流开始波动，后又逐渐发展到D泵，通过分析认为可能塔内起泡沫，联系运行部门加入10kg消泡剂后电流趋稳。

（17）2014年1月23日00：37，停运2号机组的石膏脱水系统。

（18）2014年1月24日，启动A浆液循环泵。21：47，吸收塔密度为1130kg/m³，投脱水系统。

（19）2014年1月25日12：00，机组甩50%负荷后停机，脱硫系统逐步停运，与运行讨论后对脱硫系统采取防冻保养措施。

（20）2014年2月12日～2014年2月18日，2号机组系统消缺并逐步重新启动。

（21）2014年2月18日，启动烟气预洗涤系统，投运C氧化风机，D、E浆液循环泵，投除雾器自动冲洗程控。18：30，机组并网，投运B氧化风机、B浆液循环泵。

（22）2014年2月19日，启动A浆液循环泵。10：18，脱硫系统与主机同步进入168h试运行。

（23）2014年2月26日10：18，脱硫系统168h试运行顺利完成。

2号机组脱硫系统168h典型数据汇总见表7-7。

表7-7　　　　　　　　　　　2号机组脱硫系统168h典型数据

参　　数	单　　位	数　　据
机组负荷	MW	1000
FGD入口O_2浓度	%	4.41
FGD入口SO_2浓度	mg/Nm³	2078
FGD出口O_2浓度	%	4.57
FGD出口SO_2浓度	mg/Nm³	18.05
脱硫效率	%	99.1
FGD除雾器差压	Pa	58
FGD入口烟温	℃	102
FGD出口烟温	℃	49.5
FGD入口粉尘含量	mg/Nm³	21.76
FGD出口粉尘含量	mg/Nm³	14.15
吸收塔液位	m	10～10.5
吸收塔密度	kg/m³	1080～1130
吸收塔pH	—	5.2～5.8
除雾器冲洗水冲洗时的压力	MPa	0.21
A浆液循环泵电流	A	115
B浆液循环泵电流	A	125
C浆液循环泵电流	A	138
D浆液循环泵电流	A	145
E浆液循环泵电流	A	154
A氧化风机电流	A	52.1
B氧化风机电流	A	55.7

续表

参　　数	单　　位	数　　据
C 氧化风机电流	A	54.3
连续运行时间	h	＞168
累计满负荷时间	h	＞168
脱水石膏 $CaSO_4 \cdot 2H_2O$	％	93.2
脱水石膏 $CaCO_3$	％	1.02
脱水石膏 $CaSO_3 \cdot 1/2H_2O$	％	0.08
脱水石膏含水率	％	9.3

五、调试中出现的问题及处理

1. 工艺水及压缩空气系统

工艺水至 1、2 号机组及制浆脱水公用区三路用户未设计隔离总阀，在进行调试及检修工作时无法隔离系统。经各方讨论后，在这三路用户上各增加了一个手动总阀。

2. 脱硫 SO_2 吸收系统

（1）浆液循环泵出口只有就地压力表，无法远程监控，需运行人员加强巡检监视。

（2）氧化风机原设计 6kV 开关由 DCS 指令操作，但各报警信号均由就地控制柜（PLC）上传至 DCS，为确保在突发情况下能够及时分闸 6kV，经讨论后将 6kV 合分闸指令改为由 PLC 控制，DCS 只给 PLC 启停风机信号。

（3）浆液循环泵、氧化风机冷却水设计为工业水，其回水直接排放至吸收塔地坑，破坏了吸收塔原本的水平衡，经讨论后，将冷却水回水外接至雨水井。

（4）浆液循环泵机封和油站冷却水只在进水管上装有手动门，无法在正常流量下保证机封水压力，调试单位提出在回水管加装手动门的修改意见，经厂家和电建处理后正常。

（5）氧化风母管减温水与温度测点靠得太近，导致减温后氧化风温度测量不准，易导致测量的氧化风温度高而使氧化风机误跳闸，调试单位提出修改意见，经电建将温度测点后移后正常。

（6）塔内液位在 2.5m 以下时，液位计和密度计显示不能代表实际值，调试单位提出修改意见，经组态厂家优化后正常。

（7）原组态中，预洗涤提升泵及吸收区地坑泵均不能主备投切，易造成单台泵过度使用而另一台泵极少使用，调试单位提出修改意见，经组态厂家优化后正常。

3. 石灰石储存及浆液制备系统

石灰石旋流器至球磨机再循环箱和浆液箱均设计为手动门，制浆过程中无法在远方切换旋流器去向，再循环箱液位和石灰石浆液密度难以控制。经讨论后采用以下控制策略：刚开始制浆密度未达到预期值前，旋流器全部回到循环箱，待制出的浆液密度合格后，旋流器出口手动全部切至浆液箱，然后循环箱补水调门投用模拟量自动控制循环箱液位；称重皮带给料机给料量按比例（可手动调节）跟踪补水量来控制浆液密度。经实践验证，此方法能够保证循环箱液位和浆液密度。

4. 石膏脱水公用系统

（1）真空泵补水原设计为流量开关，无模拟量信号，无法准确了解补水情况，对调试及试运造成不便，经讨论后，更换为模拟量流量计。

（2）真空泵放水电磁阀未设计接线，无法操作，经讨论改为手动阀，就地操作。

5. 脱硫废水处理系统

（1）3 台助凝剂加药泵中 2 台供絮凝箱，1 台供板框压滤机，泵出口管道设计为母管，无法实现分别向两边供应的功能，经讨论后将 A 泵出口管道与母管分离，单独接至板框压滤机。

（2）污泥管道采用玻璃钢材料，初次进水试运时漏水较严重，经厂家与安装部门多次处理后解决。

六、调试结论及建议

1. 调试结论

调试期间，1 号和 2 号机组两套脱硫系统按照预定的启动程序进行启动，系统主要保护、自动均投入正常，运行可靠。在机组燃用设计煤种时，脱硫系统能够满足机组满负荷运行的要求。

两台机组 168h 试运期间，脱硫系统的脱硫效率维持在 98％～99.5％，进出口 SO_2 浓度满足设计要求，出口 SO_2 浓度满足设计和环保小于 50mg/Nm³ 的要求。烟气系统运行稳定，CEMS 采集数据满足设计要求。系统进出口烟温分别为 102℃ 和 49.5℃，满足设计要求。

石膏脱水系统、废水处理系统运行正常，脱水石膏品质优良。

SO_2 吸收系统、工艺水系统、浆液制备系统等运行较平稳，各设备的电流、温度、振动等各项参数满足要求，并适应机组不同负荷段下稳定运行的要求。

2. 调试建议

（1）石膏排出系统至事故浆液系统和脱水系统的阀门为手动门，且处于高空，不便运行人员进行操作，建议改为电动门并优化相关组态内容。

（2）吸收塔密度和液位测量依靠一高两低共 3 只压力变送器，高位一只变送器故障后将直接导致吸收塔密度和液位突变，为保证机组安全稳定，建议至少加装一只高位变送器。

（3）应定期冲洗、标定 pH 计，以保证 pH 控制的可靠投用。

（4）吸收塔密度计要进行定期标定，定期对石膏浆液进行取样分析，以保证石膏浆液的品质达到要求。

（5）脱硫系统停运后，pH 计拆下及时进行保养。

（6）浆液循环泵油站冷却水现为使用水质合格的工业水，排水为直排至窖井，造成很大的浪费，从节水节能的角度出发，建议将排水接至工艺水箱，重复利用。

（7）石膏排出泵出口至石膏旋流站和事故浆液箱 2 只门为手动门，位置较高，不便运行操作，且影响石膏排出系统和脱水系统保护逻辑的实现，建议改成电动门。

（8）脱硫系统工艺水设计补水水源仅为全厂回用水，水质不是很稳定，调试中已发现吸收塔起泡现象，影响循环泵的安全运行。回用水的水量也不够稳定，回用水泵一旦故障检修，将影响两台机组脱硫系统的补水。建议至少增加一路工业水补水水源。

（9）从安全和方便运行角度考虑，建议以后还是要将石灰石旋流器至湿式球磨机再循环箱和浆液箱设计的手动门换成电动门，以利于制浆过程中在远方切换旋流器去向，方便控制再循环箱液位和石灰石浆液密度。

第二节　1000MW机组脱硝调试案例

一、概述

某发电厂一期工程 2×1000MW 超超临界燃煤发电机组，为满足 GB 13223—2011《火电厂大气污染物排放标准》中的氮氧化物排放限值要求，减少污染及改善生态环境。与一期工程 2×1000MW 机组同步建设选择性催化还原（SCR）烟气脱硝装置。烟气脱硝装置采用液氨制备还原剂，液储存及供应系统还原剂的储存及制备能力满足两台 1000MW 机组同时运行的需要。

本案例以一期工程 1 号（1000MW）机组 SCR 烟气脱硝装置及氨储存及制备系统调试情况进行介绍。

二、主机系统型号及参数

1. 锅炉

锅炉为东方锅炉股份有限公司生产的超超临界参数、变压直流炉、前后墙对冲燃烧、固态排渣、单炉膛、一次再热、平衡通风、露天布置、全钢构架、全悬吊 π 型锅炉结构（空预器拉出方式布置脱硝装置）。锅炉 B-MCR 工况下主要参数见表 7-8。

表 7-8　　　　　　　　　　　　　锅炉 B-MCR 工况下主要参数

编号	项目	单位	设计煤种	校核煤种
1	过热蒸汽流量	t/h	3023.99	3023.99
2	过热蒸汽压力	MPa	28.35	28.35
3	过热蒸汽温度	℃	605	605
4	再热蒸汽流量	t/h	2567.948	2567.948
5	再热器进口压力	MPa	6.286	6.286
6	再热器出口压力	MPa	6.074	6.074
7	再热器进口温度	℃	375.8	375.8
8	再热器出口温度	℃	603	603
9	省煤器入口温度	℃	298.8	
10	预热器进口一次风温度	℃	28	28
11	预热器进口二次风温度	℃	20	20
12	预热器出口一次风温度	℃	316	
13	预热器出口二次风温度	℃	326	
14	锅炉排烟温度（未修正）	℃	127	
15	锅炉排烟温度（修正后）	℃	122	
16	锅炉保证效率（LHV）BRL 工况	%	93.86	
17	锅炉不投油最低稳定负荷	%（BMCR）	30	30
18	空气预热器漏风率（一年内）	%	<5	<5
19	空气预热器漏风率（一年后）	%	8	8
20	NO_x 排放量（脱硝装置前）	mg/Nm³	300	300

2. 汽轮机

汽轮机为上海电气集团股份有限公司生产的超超临界、一次中间再热、单轴、四缸四排汽、双背压、凝汽式机组。汽轮机（TRL 工况）主要参数见表 7-9。

表 7-9 汽轮机（TRL 工况）主要参数

名　称	单　位	数　值
形式	—	超超临界、一次中间再热、凝汽式、单轴、四缸四排汽汽轮机
制造厂商	—	上海汽轮机有限公司
型号	—	N1000-27/600/600
TRL 工况功率	MW	1000
TRL 工况主蒸汽压力	MPa	27
TRL 工况主蒸汽温度	℃	600
TRL 工况高温再热蒸汽压力	MPa	5.731
TRL 工况高温再热蒸汽温度	℃	600
平均排汽背压	kPa	4.7
保证热耗率	kJ/kW·h	7318
转速	r/min	3000
转向（从汽轮机向发电机看）	—	顺时针
抽汽级数	级	8

三、设计参数

1. 主要设计原则

（1）1 号机组烟气脱硝系统采用高尘布置方式，SCR 反应器布置于锅炉省煤器与空气预热器之间，采用一炉两反应器结构，SCR 脱硝装置处理 100% 烟气量，无旁路系统。

（2）SCR 脱硝反应器设计为蜂窝式催化剂。

（3）反应器催化剂安装飞灰吹扫装置，采用蒸汽吹灰设计。

（4）SCR 烟气脱硝还原剂采用液氨，氨储存及制备系统满足一期工程 2 台 1000MW 机组液氨用量。

（5）脱硝装置的可用率不小于 98%，服务寿命 30 年。

（6）机组 SCR 脱硝装置与氨储存及制备系统控制纳入主机的 DCS 中。

2. 主要设计参数

（1）脱硝系统入口烟气参数见表 7-10。

表 7-10 脱硝系统入口烟气参数（过量空气系数为 1.15）

项目	单位	BMCR（设计煤种，湿基）	BMCR（设计煤种，干基）	BMCR（校核煤种，湿基）	BMCR（校核煤种，干基）
CO_2	Vol%	7.22	7.96	8.05	8.79
SO_2	Vol%	0.035	0.038	0.056	0.061
N_2	Vol%	80.65	88.91	80.63	88.08

续表

项目	单位	BMCR（设计煤种，湿基）	BMCR（设计煤种，干基）	BMCR（校核煤种，湿基）	BMCR（校核煤种，干基）
O_2	Vol%	2.79	3.08	2.79	3.05
H_2O	Vol%	9.29	—	8.46	—

（2）BMCR工况脱硝系统入口烟气中污染物成分见表7-11。

表 7-11　　　　　　　　　　脱硝系统入口烟气中污染物

项目	单位	设计煤种	校核煤种	备注
烟尘浓度	g/Nm^3	6.68	21	标准状态，干基，6%含氧量
NO_x	mg/Nm^3	300	300	标准状态，干基，6%含氧量
Cl（HCl）	mg/Nm^3	—		
F（HF）	mg/Nm^3	—		
SO_2	mg/Nm^3	997	1600.2	标准状态，湿基，实际含氧量
SO_3	mg/Nm^3	19.5	28.5	标准状态，湿基，实际含氧量

（3）还原剂参数。

一期工程采用液氨法制备脱硝反应剂，其品质符合国家标准 GB 536—1988《液体无水氨》技术指标的要求，具体参数见表7-12。

表 7-12　　　　　　　　　　液 氨 品 质 参 数

指标名称	单　位	合格品	备　注
氨含量	%	≥99.5	
残留物含量	%	≤0.5	质量法
水分	%	—	
油含量	mg/kg	—	质量法
铁含量	mg/kg	—	红外光谱法
密度	kg/L	0.5	25℃时
沸点	℃	—	标准大气压

（4）煤质分析。

煤质分析数据见表7-13。

表 7-13　　　　　　　　　　燃 煤 分 析 数 据

名称	符号	单位	设计煤种	校核煤种1	校核煤种2
收到基碳分	Car	%	63.01	58.52	41.30
收到基氢分	Har	%	3.90	3.68	3.36
收到基氧分	Oar	%	10.20	10.19	9.43
收到基氮分	Nar	%	0.51	0.85	0.73
收到基硫分	St，ar	%	0.40	0.57	0.80

名称	符号	单位	设计煤种	校核煤种 1	校核煤种 2
收到基灰分	Aar	%	6.08	18.69	23.00
全水分	Mar	%	15.90	7.50	9.00
空气干燥基水分	Mad	%	4.64	2.50	—
干燥无灰基挥发分	Vdaf	%	34.19	32.50	37.94
低位发热值	Qnet, ar	MJ/kg	23 850	21 500	20 908
哈氏可磨性系数	HGI	—	57.0	65.0	50.0
二氧化硅	SiO_2	%	34.40	43.40	47.46
三氧化二铝	Al_2O_3	%	15.07	45.00	4.36
三氧化二铁	Fe_2O_3	%	15.18	3.0	33.51
氧化钙	CaO	%	19.46	3.70	5.10
氧化镁	MgO	%	1.12	0.40	4.78
三氧化硫	SO_3	%	12.43	1.50	4.78
氧化钠	Na_2O	%	0.22	0.60	0.31
氧化钾	K_2O	%	0.82	0.80	0.56
二氧化钛	TiO_2	%	0.24	1.20	1.16
二氧化锰	MnO_2	%	0.17	0.05	0.06
变形温度	DT	℃	1160	>1450	>1500
软化温度	ST	℃	1170	>1500	>1500
流动温度	FT	℃	1190	>1500	>1500

3. 性能保证

脱硝系统装置性能保证值由卖方保证，主要如下（由卖方填出具体数据，以下 NO_x 含量均为标准状态，6％含氧量，干基状态下的数值）：

（1）NO_x 脱除率、氨的逃逸率、SO_2/SO_3 转化率。

在下列条件下，对 NO_x 脱除率、氨的逃逸率、SO_2/SO_3 转化率同时进行考核。脱硝装置在性能考核试验时（附加层催化剂不投运）的 NO_x 脱除率不小于 82％，氨的逃逸率不大于 $3×10^{-6}$，SO_2/SO_3 转化率小于 1％；（干基，6％含氧量）

1）锅炉 50％BMCR～100％BMCR 负荷。

2）脱硝装置入口烟气中 NO_x 含量 300mg/Nm^3。

3）脱硝系统入口烟气含尘量不大于 6.68g/Nm^3（干基，6％含氧量）。

4）NH_3/NO_x 摩尔比不超过保证值 0.82。

上述其他条件不变。

1）当烟气中 NO_x 含量 400mg/Nm^3，SCR 出口 NO_x 含量不高于 58mg/Nm^3。

2）当烟气中 NO_x 含量 350mg/Nm^3，SCR 出口 NO_x 含量不高于 56mg/Nm^3。

3）当烟气中 NO_x 含量 300mg/Nm^3，SCR 出口 NO_x 含量不高于 53mg/Nm^3。

4）当烟气中 NO_x 含量 250mg/Nm^3，SCR 出口 NO_x 含量不高于 50mg/Nm^3。

按烟气中氮氧化物含量变化提供脱除率修正曲线。卖方提供表示 SO_2/SO_3 的转换率随烟温、催化剂入口的 SO_2 浓度以及锅炉负荷等因素变化的函数曲线。

脱硝效率定义：

$$脱硝率 = \frac{C_1 - C_2}{C_1} \times 100\% \tag{7-1}$$

式中　C_1——脱硝系统运行时，脱硝入口处烟气中 NO_x 含量（标准状态，6% 含氧量，干基，mg/Nm^3）；

　　　C_2——脱硝系统运行时，脱硝出口处烟气中 NO_x 含量（标准状态，6% 含氧量，干基，mg/Nm^3）。

（2）压力损失。

1）从脱硝系统入口到出口之间的系统压力损失在性能考核试验时不大于 800Pa（设计煤种，100%BMCR 工况，不考虑附加催化剂层投运后增加的阻力）；

2）从脱硝系统入口到出口之间的系统压力损失不大于 940Pa（设计煤种，100%BMCR 工况，并考虑附加催化剂层投运后增加的阻力）。

3）化学寿命期内，对于 SCR 反应器内的每一层催化剂，压力损失保证增幅不超过 20%。

（3）脱硝装置可用率。

从首次注氨开始，直到最后的性能验收为止的质保期内，脱硝整套装置的可用率在最终验收前不低于 98%。

脱硝装置的可用率定义：

$$可用率 = \frac{A - B - C}{A} \times 100\% \tag{7-2}$$

式中　A——脱硝装置统计期间可运行的小时数；

　　　B——若相关的发电单元处于运行状态，SCR 装置本应正常运行时，SCR 装置不能运行的小时数；

　　　C——经过运行调整后，SCR 装置出口 NO_x 浓度高于 70mg/Nm^3（标准状态，6% 含氧量，干基，入口 NO_x 浓度 350mg/Nm^3）运行小时数或 SCR 装置没有达到氨的逃逸率低于 3×10^{-6} 要求时的运行小时数，或两者兼有的运行小时数。

（4）催化剂寿命。

从首次注氨开始到更换或加装新的催化剂之前，运行小时数作为化学寿命被保证（NO_x 脱除率不低于 80%，氨的逃逸率不高于 3×10^{-6}）不低于 24 000h。

卖方保证催化剂的机械寿命不少于 5 年。

（5）系统连续运行温度。

在满足 NO_x 脱除率、氨的逃逸率及 SO_2/SO_3 转化率的性能保证条件下，卖方应保证 SCR 系统具有正常运行能力。

最低连续运行烟温 300℃；最高连续运行烟温 400℃。

（6）氨耗量。

在 BMCR 至 50%BMCR 负荷，且原烟气中 NO_x 含量为 250～450mg/Nm^3 时，氨耗量随 NO_x 浓度及变化的修正曲线如图 7-1 所示。燃用设计煤时，一台机组最大氨耗量不超过 280kg/h。

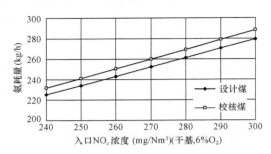

图 7-1　入口 NO_x 浓度时的氨耗量

注　BMCR 工况，80%脱硝效率，入口 NO_x
浓度不同时的氨耗量。

（7）其他消耗。

在 BMCR 工况，含尘量 $30g/Nm^3$ 时，以下消耗品的值，此消耗值为性能考核期间 48h 的平均值。

催化剂吹扫用蒸汽 4.2t/h，每天的吹扫频率为 3 次。

四、氨储存及制备系统调试

1. 系统及主要设备

由槽车运输的液氨，通过与氨储罐联通压力平衡后，再经卸料压缩机抽取氨储罐中的氨气，经压缩后将槽车中的剩余液氨压入氨储罐中。液氨的储罐容量，按照锅炉 BMCR 工况，在设计条件下，考虑两台炉的脱硝装置运行，每天运行 20h，连续运行 7 天的消耗量考虑。液氨储罐内的液氨利用储罐内自身压力（冬季罐内压力低时用液氨泵打料）将液态氨压送至蒸发槽，经气化减压后送出站区。整套装置的放空、安全放空均用管道接至氨气稀释槽用水吸收，放净管也接至废水池用水吸收，氨气稀释槽和废水池的废水为低浓度氨水，用泵送至厂区污水处理站。氨区另外设置有喷淋减温系统和氨气吹扫系统。主要设备见表 7-14。

表 7-14　　　　　　　　　　　主要设备相关参数

编号	名称	规格和型号	单位	数量
1	卸料压缩机	型号：291AM3FBBNSNN；排气量：$24m^3/h$	台	2
2	储氨罐	有效容积：$70m^3$	只	2
3	液氨供应泵	容积式，型号：YAB2-5； 流量：$1.7m^3/h$，压力：0.6MPa	台	2
4	液氨蒸发槽	水浴式，最大蒸发量：954kg/h	只	2
5	氨气稀释槽	有效容积：$8m^3$	只	1
6	氨气缓冲槽	有效容积：$5m^3$	只	1
7	废水泵	型号：FY100-80×2000	台	2

2. 调试过程

（1）调试安全技术交底。根据正式出版的《氨储存及制备系统的调试措施》，调试单位技术人员在开始组织调试作业前，向施工、生产、建设及监理等单位进行安全技术交底，交底内容包括调试措施的介绍、调试应具备的条件、调试程序和验收标准、明确调试组织机构及责任分工、危险源分析和防范措施及环境和职业健康要求说明、答疑问题。还需对液氨及氨气危害从试运安全及职业健康角度做重点介绍。

（2）试运条件检查确认。2013 年 6 月 28 日，施工、调试、监理、建设、生产及厂家等单位对氨储存及制备系统进行了联合检查，氨储存及制备系统的试运条件应包括对以下内容进行检查：

1）脱硝氨区系统设备静态验收合格。

2）压缩机、液氨泵及废水泵单体/单机试运合格。

3）氨区防雷装置验收合格，能够可靠投用。

4）氨区电气设备防静电措施经监理等单位验收合格。

5）氨区液氨罐及氨管道气压及气密性试验合格。

6）氨区系统各热工测点及测量装置准确投入。

7）氨区氨气泄漏检测仪可靠投用。

8）事故喷淋用水系统已正式投入。

9）压缩空气已供至氨区。

10）蒸汽管路系统已贯通，能够向氨区可靠供给蒸汽。

11）调试现场的消防设施验收合格并具备投用条件。

12）已建立、健全氨区防火、防爆管理制度。

13）气密性试验及置换用氮气质量应满足调试要求。

14）氨区洗眼器、风向标已安装，可靠投用。

15）现场场地清洁，道路畅通，楼梯、栏杆、平台、盖板完整，设计照明可全部投用。

16）安全防护用具齐全，如正压呼吸器等。

17）调试现场指挥系统建立，通信畅通。

18）调试方案已经交底，明确各方职责。

施工、监理、建设、生产及调试等单位对以上试运条件及检查情况进行确认、会签。试运条件满足要求后，填写分系统试运申请单，进行系统试运。

（3）热控测点校对、阀门检查试验。

调试热工专业人员于 2013 年 7 月 16 日完成热控测点校对，包括液位、压力、温度等各种开关量信号及模拟量信号。

在施工单位的热控与机务专业配合下完成氨储存及制备系统阀门检查试验，阀门的检查试验记录见表 7-15。

表 7-15　　　　　　　　　　氨储存及制备系统阀门检查试验记录

编号	阀门名称	开到位	开时间（s）	关到位	关时间（s）	备注
1	卸氨压缩机至液氨罐车气动阀	√	3	√	3	
2	液氨罐车至液氨储罐气动阀	√	4	√	4	
3	液氨罐车区事故喷淋气动阀	√	4	√	4	
4	氨卸载区及蒸发区事故喷淋气动阀	√	3	√	3	
5	液氨储罐区事故喷淋气动阀	√	4	√	4	
6	氨气稀释槽喷淋气动阀	√	3	√	3	
7	液氨罐车至液氨储罐 A 气动阀	√	3	√	3	
8	液氨储罐 A 至卸氨压缩机气动阀	√	3	√	3	
9	液氨罐车至液氨储罐 B 气动阀	√	3	√	3	
10	液氨储罐 B 至卸氨压缩机气动阀	√	3	√	3	
11	液氨储罐 A 至液氨蒸发槽气动阀	√	3	√	3	
12	液氨储罐 B 至液氨蒸发槽气动阀	√	3	√	3	
13	液氨蒸发槽 A 入口气动阀	√	3	√	3	

续表

编号	阀门名称	开到位	开时间（s）	关到位	关时间（s）	备注
14	液氨蒸发槽 A 加热蒸汽关断阀	√	3	√	3	
15	蒸发槽 A 加热蒸汽调阀		0 指令，反馈 0.5%；25% 指令，反馈 24.7%；50% 指令，反馈 49.5%；75% 指令，反馈 76.2%；100% 指令，反馈 99.4%			气动调阀
16	液氨蒸发槽 A 出口气动阀	√	3	√	3	
17	液氨蒸发槽 B 入口气动阀	√	3	√	3	
18	液氨蒸发槽 B 加热蒸汽关断阀		0 指令，反馈 0.3%；25% 指令，反馈 24.4%；50% 指令，反馈 51.1%；75% 指令，反馈 75.5%；100% 指令，反馈 98.9%			气动调阀
19	蒸发槽 B 加热蒸汽调阀	√	3	√	3	
20	液氨蒸发槽 B 出口气动阀	√	3	√	3	

（4）联锁保护试验。

氨储存及制备系统储罐内液氨由于储量很大，属于重大危险源。因此，氨区控制逻辑尤为重要，应认真进行检查试验，主要逻辑见表 7-16。

表 7-16　　　　　　　　　　　　氨储存及制备系统主要逻辑

项目	设计值	范围	限　值				单位	动　作
			低低	低	高	高高		
压缩机出口压力	1.68	0.31~3.8	—	—	2.1	—	MPa	关闭压缩机
压缩机气液分离器液位	254				180	—	mm	关闭压缩机
液氨储罐液位		180~2360	—	180	2310	2360	mm	高高：关闭液氨入口阀，停止卸载
		—		—	—			高高：关闭液氨入口阀，停止卸载
液氨储罐温度	—	−15.1~50			38	40	℃	高高：启动喷淋系统
液氨储罐压力	—	0.135~1.93			1.45	2.0	MPa	高高：启动喷淋系统
蒸发槽液氨入口压力	—	0.25~1.45		0.25	—	—	MPa	启动液氨泵
蒸发槽热媒介质温度	75	70~90		60	85	90	℃	高：报警，关闭蒸汽阀 ≤低:报警，关闭液氨阀
蒸发槽气氨出口压力	—	0.25~1.59			1.4	1.6	MPa	高高：关闭液氨阀和蒸汽阀

项目	设计值	范围	限　值				单位	动　作
			低低	低	高	高高		
废氨管道压力		0～0.1		0	0.1		MPa	高：报警，开启稀释槽进水阀 低：关闭稀释槽进水阀
氨气稀释槽液位			—	3.15	3.25	—	m	高：报警，关闭稀释槽进水阀 低：开启稀释槽进水阀
氨泄漏	—	0～100	—		35	75	10^{-6}	高：报警，高高：声光报警器报警，并启动喷淋系统

（5）喷淋系统的冲洗及投运。

2013年7月30日对喷淋水管路系统进行检查，具备冲洗条件，对各喷淋管道进行冲洗，管道冲洗干净无杂质、喷嘴水量均匀，冲洗结束并将事故喷淋系统投入。

手动点操液氨储罐事故喷淋气动阀向液氨储罐喷淋，效果满足试运要求。

手动点操卸氨区事故喷淋气动阀向卸氨区域喷淋，效果满足试运要求。

手动点操氨气缓冲槽事故喷淋气动阀向缓冲槽喷淋，效果满足试运要求。

投储罐事故喷淋气动阀自动，模拟设定温度达到40℃、模拟氨气泄漏浓度达到75×10^{-6}，储槽事故喷淋气动阀联锁打开，动作准确。

投卸氨区事故喷淋气动阀自动，模拟氨气泄漏浓度达到75×10^{-6}，卸氨区事故喷淋气动阀联锁打开，动作准确。

投氨气缓冲槽事故喷淋气动阀自动，模拟氨气泄漏浓度达到75×10^{-6}，氨气缓冲槽事故喷淋气动阀联锁打开，动作准确。

氨气稀释槽进水检查，水位至3.25m溢流。氨气稀释槽喷淋气动阀联锁开液位定值3.84m，关联锁3.94m。根据实际情况，建议开联锁液位定值为3.15m，关联锁液位定值为3.25m。

（6）液氨蒸发槽进水、试投蒸汽加热。

2013年7月28日，检查液氨蒸发槽具备调试条件，通过注水管路将水注入蒸发槽水浴从底部排出，对蒸发槽水浴进行冲洗，排水目测清澈后，关闭排污阀停止冲洗，蓄水至溢流管溢流为止。

2013年8月5日，1号机组辅汽联箱向氨区供蒸汽，蒸汽管道进行暖管。蒸汽管道通过氨区蒸汽管道排污阀进行吹扫。吹扫结束后，向液氨蒸发槽试投蒸汽加热，试投加热情况良好。由于蒸汽供给管线较长，初期投运时，至氨区蒸汽带水较大，造成对蒸发槽的冲击情况，建议氨区蒸汽管路增加一路疏水。

（7）氮气置换。

2013年7月30日接监理通知，氨区气密性试验合格。氨区系统经检查，具备氮气置换条件。7月30日～8月1日期间，每个储罐置换三次，每次储罐通过氮气吹扫系统注入氮气升压至0.4～0.5MPa后排放至0.1MPa。连续进行置换工作。经氧量仪测定，两个储罐内含氧量均小于1%，质量合格，置换工作结束。

（8）氨区首次进氨。

2013 年 8 月 2 日，氨区系统检查，具备进氨条件。

01B 液氨储罐内（氮气）压力 0.20MPa，通过液相管及气相管将 01B 液氨储罐内（氮气）压力放至 0.10MPa；01A 液氨储罐内（氮气）压力 0.3MPa，通过系统管路将 01A 液氨储罐内（氮气）压力经缓冲槽、供氨管线进行置换，同时将罐内氮气压力放至 0.10MPa。

储罐首次进氨步骤：

1）运行、调试、施工及监理等相关人员到位。

2）液氨槽车卸氨前压力 1.4MPa，拟向 01B 液氨储罐进液氨。

3）液氨槽车接地良好，检查事故喷淋已投入，检查液相管线、气相管线可靠联通。

4）打开液氨槽车液氨进氨阀，通过槽车自身压力将液氨由槽车自流至 01B 液氨储罐进液氨。

5）待自流至储罐与槽车之间压力基本平衡后，启动卸料压缩机，从液氨储罐侧抽取氨气注入液氨槽车。

6）槽车液氨卸载完成后，停卸料压缩机，并关闭液相进氨管线、气相进氨管线手动阀及气动阀。

7）完成卸氨工作，拆除槽车接地线。

五、SCR 催化反应系统调试

自脱硝剂制备区域来的氨气与稀释风机来的空气在氨/空气混合器内充分混合，为保证安全和分布均匀（氨气爆炸极限 15%～28%），稀释风机流量按氨气/空气的混合比为 5% 时，最大喷氨量的 1.15 倍设计。氨的注入量控制是由 SCR 进出口 NO_x、O_2 监视分析仪测量值、烟气温度测量值、稀释风机流量、烟气流量（由燃煤流量换算求得）来控制的。混合气体进入位于烟道内的喷氨格栅，在喷氨格栅前设有手动调节和流量指示，在系统投运初期可根据烟道进出口 NO_x 浓度来调节氨气的分配量。混合气体与烟气充分混合，进入 SCR 反应器，SCR 反应器设计运行温度在 300～400℃，SCR 反应器的位置位于省煤器与空气预热器之间，温度测点位于 SCR 反应器前的进口烟道上，出现 300～400℃温度范围以外的情况时，温度信号将自动联锁关闭氨进入氨/空气混合器的快速切断阀。主要设备及参数见表 7-17。

表 7-17　SCR 催化反应系统主要设备及参数

序 号	名　称	规格和型号	单位	数量
1	SCR 反应器	13 950×1590×12 600	套	2
2	氨/空气混合器	DN400，L2500	台	2
3	氨注射格栅	注射区域 3700×17 490×2500	套	2
4	耙式吹灰器	RK-AT	台	16
5	稀释风机	流量：14 000m³/h；压头：8000Pa	台	2
6	催化剂模块	蜂窝式，TiO_2/V_2O_5/WO_3	块	476

1. 安全及技术交底

根据正式出版的《SCR 催化反应系统调试措施》，调试单位技术人员在开始组织调试作业前，向施工、生产、建设及监理等单位进行安全及技术交底，交底内容包括调试措施的介绍、调试应具备的条件、调试程序和验收标准、明确调试组织机构及责任分工、危险源分析和防范措施及环境和职业健康要求说明、答疑问题。

2. 试运条件检查确认

（1）SCR 催化反应系统设备静态验收合格。

（2）稀释风机系统单体、单机试运合格并签证。

（3）催化剂已按要求进行安装，密封符合要求，安装质量经过验收签证。

（4）阀门动作方向正确，动作灵活，严密性达到规范要求。

（5）系统氨气/空气管道气密性试验合格。

（6）耙式蒸汽吹灰器单体调试合格。

（7）脱硝 CEMS 系统静态安装、调试工作完成。

（8）设备和系统的接地完整、可靠，接地符合规范要求。

（9）露天布置的电气设备应有可靠的防雨、防尘设施。

（10）蒸汽管路系统已按要求完成安装。

（11）现场场地清洁，道路畅通，楼梯、栏杆、平台、盖板完整，设计的照明可全部投用。

（12）安全防护用具齐全，如正压呼吸器等。

（13）调试现场指挥系统建立，通讯畅通。

（14）调试方案已经交底，明确各方职责。

施工、监理、建设、生产及调试等单位对试运条件及检查情况进行确认、会签。试运条件满足要求后，填写分系统试运申请单进行系统试运。

3. 热控测点校对、阀门检查试验

调试热工专业人员于 2013 年 7 月 16 日完成热控测点校对，包括流量、压力、温度等各种开关量信号及模拟量信号。配合 CEMS 厂家，完成 1 号机组脱硝 CEMS 调试，完成氧量、氮氧化物、氨逃逸等各模拟量及其他开关量信号的校对。

在施工单位的热控与机务专业配合下氨完成 SCR 催化反应系统阀门检查试验，阀门的检查试验记录见表 7-18。

表 7-18　　　　　1 号机组脱硝 SCR 催化反应系统阀门检查试验记录

编号	阀门名称	开到位	开时间（s）	关到位	关时间（s）	备注
1	稀释风机 1A 出口电动阀	√	65	√	65	
2	稀释风机 1B 出口电动阀	√	68	√	68	
3	反应器 1A 供氨快关阀	√	3	√	3	
4	反应器 1A 供氨调节阀	0 指令，反馈 0.2%；25% 指令，反馈 24.8%；50% 指令，反馈 49.9%；75% 指令，反馈 75.2%；100% 指令，反馈 100.0%				气动调阀
5	反应器 1B 供氨快关阀	√	3	√	3	

续表

编号	阀门名称	开到位	开时间（s）	关到位	关时间（s）	备注
6	反应器1B供氨调节阀	0指令，反馈0.3%；25%指令，反馈25.1%；50%指令，反馈50.1%；75%指令，反馈75.0%；100%指令，反馈99.8%				气动调阀
7	蒸汽吹灰器进汽电动阀	√	45	√	46	
8	蒸汽吹灰器疏水电动阀	√	35	√	35	

4. 联锁保护试验

联锁保护试验记录见表7-19。

表 7-19　　　　联 锁 保 护 试 验 记 录

编号	试验设备	项目	试验条件	定值	备注
1	稀释风机	联锁启动	备用稀释风机故障停机且联锁投入	<3330m³/h	序号内为"与"，序号间为"或"
2			备用稀释风机联锁投入		
			任一侧氨/空气混合器入口稀释空气流量低		
3		允许停止	B稀释风机已运行		序号内"与"逻辑，序号间"或"逻辑
4			氨/空气混合器1A进口气氨管道氨快关阀关到位延时15min		
5	稀释风机出口气动阀	联锁开	（对应）稀释风机已运行，延时15s		
6		允许关	稀释风机已停止		
7		联锁关	稀释风机已跳闸（脉冲3s）		
8	气氨管道氨快关阀（任一侧快关阀）	允许开	无MFT信号		序号间为"与"逻辑
9			送、引风机运行正常		
10			至少一台稀释风机运行		
11			机组负荷大于50%		
12			SCR入口、出口温度不高（平均值）	<420℃	
13			SCR入口、出口温度不低（平均值）	>285℃	
14			A氨混合器后，稀释空气流量不低	>3330m³/h	
15		联锁关	允许开条件不满足		序号间为"或"逻辑
16			进口气氨管道压力低	<0.07MPa	
17			稀释空气风机出口至氨/空气混合器1A稀释空气流量低低，延时1min	<2230m³/h	
18			氨气流量与稀释风量之比	>10%延时5s	
19			SCR反应器1A出口NOₓ含量低低，延迟30s	<40mg/Nm³	

5. 耙式蒸汽吹灰器调试

1号机组两侧反应器各8只耙式蒸汽吹灰器，吹扫时两侧反应器各一台吹灰器同时启动吹扫。蒸汽吹灰器吹灰介质引接锅炉减温减压站，并备用了一路辅助蒸汽，用于锅炉启动初期催化剂的吹扫。蒸汽气源压力为 1.5～2.8MPa，温度为 250～350℃。每只吹灰器进退总时间约 11min。催化剂全部吹扫一遍约需 90min。

单体调试时，应注意检查吹灰器进退枪是否到位，是否有卡塞情况，限位开关动作可靠情况等。检查完毕后，对 16 只耙式蒸汽吹灰器进行程控步序调试，对程控步序逻辑进行检查。

6. 稀释风机试运及风量调整

2013 年 5 月 26 日，稀释风机试运前检查，系统具备试运条件。稀释风机送工作电源；关闭稀释风机入口挡板，启动 1A 稀释风机，延时 15s，联锁打开稀释风机出口电动阀，手动调整风机入口挡板开度，电流至 79.5A，风量测量孔板尚未安装；风机 4h 试运，电流、振动及温度各项参数符合试运要求。

2013 年 7 月 29 日，对风机风量进行检查及调整。启动风机后，流量显示值两侧均约 1000m³/h，检查 DCS 组态孔板流量计算公式设定，经处理后流量显示正常，经调整后符合要求。风机流量调整合适后，对已注入液体的 40 只喷氨格栅 U 形差压计进行调整，将 40 只喷氨格栅 U 形差压计的差压值保持基本一致。

7. 供氨管道氮气置换

对氨区系统至 1 号机组脱硝反应区供氨管线进行氮气置换，并将缓冲槽至反应区氨气管路（氮气）保压至 0.17MPa。

六、SCR 脱硝系统整套启动及 168h 试运行

1. 启动前应具备的条件

1000MW 机组脱硝系统和主体工程同步进行整套启动及 168h 试运行，在整套启动前，需对脱硝系统涉及试运范围内的各个分系统调试完成情况、现场条件、程序文件及生产准备等方面进行确认。

一般情况下，包括（但不限于）对以下条件的检查确认：

（1）氨储存及制备分系统试运完毕，具备投入条件。

（2）催化剂按相关规范完成安装，催化剂的固定、密封及清理符合要求，各项目经验收合格。

（3）SCR 催化反应系统试运完毕，具备投入条件。

（4）脱硝 CEMS 系统调试完毕，具备投入条件。

（5）分系统调试技术交底、过程记录、质量验收及系统签证等文件包资料完整。

（6）配合建设单位完成省质检中心站对脱硝（专业）系统的监督检查。

（7）现场的照明、场地及消防等符合要求。

（8）运行人员培训合格，具备上岗条件。生产单位在试运现场应备齐运行规程、系统流程图、控制和保护逻辑图册、设备保护整定值清单、主要设备说明书、运行维护手册。

2. 整套启动及 168h 试运过程

（1）稀释风机投入运行，时间控制在送、引风机启动前。

（2）SCR 催化反应系统热态喷氨前，须对系统再次进行检查确认。

（3）投氨储存及制备系统蒸发槽蒸汽加热。

2013 年 8 月 5 日，检查液氨储罐至液氨蒸发槽、氨气缓冲槽及蒸汽系统，具备液氨蒸发槽带液氨试运；控制蒸发槽水浴温度为 70～75℃。

（4）蒸发槽带氨试运。

向液氨蒸发槽进液氨，手动缓慢调整 B 储罐出口手动阀开度。开 01B 蒸发槽出口气动阀，氨气缓冲槽压力升至 0.15MPa。

（5）氨区供氨试运。

1 号机组具备投脱硝系统条件，省煤器出口烟气平均温度大于 285℃，19：44 投氨气供应系统，打开液氨供应阀，缓慢打开 B 蒸发槽液氨调节阀，缓冲槽压力升至 0.15MPa，至 1 号机组脱硝氨气母管压力至 0.14MPa。

（6）热态喷氨。

氨区供氨压力 0.16MPa，打开 A 侧反应器切断阀，缓慢打开 A 侧 SCR 反应区氨气气动调阀开度至 35%，反应器 1A 侧入口 NO_x 浓度 278mg/Nm³，出口 NO_x 浓度 159mg/Nm³，反应器 B 侧入口 NO_x 浓度 368mg/Nm³，出口 NO_x 浓度 58mg/Nm³，氨气母管压力 0.13MPa。氨气流量显示值不准确，联系热控专业检查处理。

调整脱硝系统参数主要数据：供氨母管压力 0.15MPa，氨气温度 36℃，反应器 1A 侧入口 NO_x 浓度 288mg/Nm³，含氧量 3.46%，出口 NO_x 浓度 53mg/Nm³，含氧量 3.45%，脱硝效率 81.5%。A 侧催化剂差压 338Pa。反应器 1B 侧入口 NO_x 浓度 325mg/Nm³，含氧量 2.68%。出口 NO_x 浓度 48mg/Nm³，含氧量 3.34%。脱硝效率 84.4%。B 侧催化剂差压显示有误，联系电建处理。

（7）喷氨自动调试。

热控专业人员在脱硝系统运行稳定状态下，对脱硝系统喷氨自动调节系统进行调试。

（8）CEMS 标定。

在热态运行时，配合 CEMS 厂家对 CEMS 在线数据进行标定比对工作。

（9）168h 试运。

脱硝系统与 1 号机组同步进入 168h 试运，脱硝系统运行稳定，各项参数正常，喷氨自动调节投入良好。168h 试运期间系统相关参数见表 7-20，168h 试运行画面如图 7-2 所示。

表 7-20　　　　　　　　　　　1 号机组脱硝反应区系统热态试运参数

序号	参数	单位	1A 侧	1B 侧
1	机组负荷	MW	1006	
2	氨气压力	MPa	0.14	0.14
3	氨气温度	℃	38.9	39.0
4	进口 NO_x 浓度	mg/Nm³	285	285
5	进口氧量	%	3.1	3.1
6	进口烟气温度 1	℃	368	373
7	进口烟气温度 2	℃	371	375
8	进口烟气温度 3	℃	373	376
9	反应器进口压力	kPa	−0.70	−0.70
10	反应器出口压力	kPa	−1.42	−1.44
11	反应器压损	Pa	720	740

续表

序号	参数	单位	1A 侧	1B 侧
12	催化剂差压	Pa	344	308
13	出口 NO_x 浓度	mg/Nm³	55	51
14	出口氧量	%	3.2	3.4
15	氨逃逸率	10^{-6}	1.34	1.22
16	脱硝效率	%	80.2	81.8
17	氨气流量	m³/h	158	145
18	稀释空气流量	m³/h	5480	5789
19	氨气/空气比	%	3.7	3.2

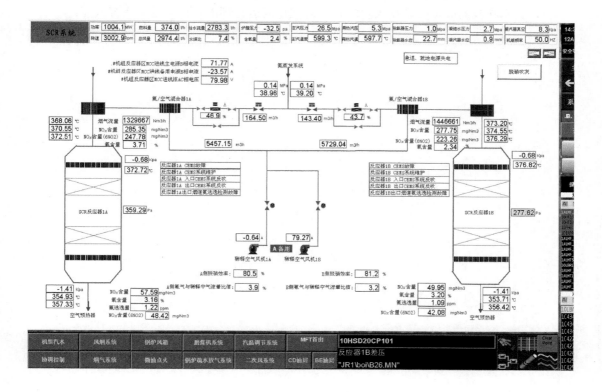

图 7-2　1 号机组脱硝反应区系统热态运行画面

七、调试中出现的问题及处理

（1）脱硝系统在线氨逃逸率数值因 CEMS 厂家缺吹扫管，热态试运前期未能投入，后经厂家处理后正常投运。

（2）稀释风机运行后流量低，后经检查确认是流量孔板计算公式未准确输入造成，已联系热控专业人员处理完毕。

（3）液氨储罐液位无法准确显示，经厂家处理后，显示准确。

（4）B 压缩机管线有漏点，联系施工单位处理后，管道严密不漏。

八、调试结论及建议

1. 调试结论

（1）氨区经过系统调试，氨存储及供应系统各项参数达到设计要求，满足机组热态运行时的供氨需要。

（2）脱硝催化反应系统经试运考核，系统运行稳定、可靠，脱硝效率、氮氧化物排放浓度等各项参数满足要求。

2. 调试建议

（1）应控制蒸汽减压降温后参数在设计范围，以保证液氨蒸发槽的气化效果。

（2）氨区手动阀较多，进氨等操作时应检查、确认清楚后再进行。

（3）建议氨区蒸汽管路加一路疏水。

（4）CEMS 系统应加强维护，保障数据的可靠性及可信性，以利于脱硝参数的控制。

（5）脱硝吹灰器应按要求投入吹扫，改善催化剂运行环境，提高设备系统效能。

第八章

试运常见问题及处理

第一节　脱硫系统试运常见问题及处理

1000MW 机组的石灰石-石膏湿法 FGD 系统在分部试运、整套启动试运实施过程中，由于设备、设计、安装、调试等多种因素，会出现各种问题和情况，给顺利完成系统试运工作带来了一定程度的影响。本节主要对 1000MW 机组石灰石-石膏湿法 FGD 系统启动试运中经常出现的问题情况进行分析，为 FGD 系统的试运提供一定参考。

一、分部试运期间常见问题及处理

1. 转动机械试运共性问题

FGD 系统包括数量众多的泵、搅拌器、风机、磨机等多种转动机械设备，这些设备在试运过程中有多种经常出现的共性问题，如频繁跳闸、振动大、噪声大、轴承温度高等。

（1）振动大。

引起振动大的原因多种多样，有时由多种因素共同作用造成，严重时将危机 FGD 系统甚至是机组的安全运行。常见引起振动的原因有以下几种：

1）转子中心不正。其属于安装质量问题，需重新找中心。

2）转动设备基础不牢固或刚性不够。例如，泵的振动大是由于地脚螺栓松动或未拧紧，地坑搅拌器晃动大往往是由于其安装在钢制盖板上而盖板厚度不够刚性不足。这种问题在加固基础后一般都能正常。

3）设备制造质量问题。例如，转动机械转子质量不平衡引起的振动大，需要厂家重新进行转子动平衡试验。

（2）启动时频繁跳闸。

许多转动机械，特别是泵与风机，试运过程中，在启动允许条件均满足时会发生频繁跳闸。常见引起频繁跳闸的原因有以下几种：

1）电气保护定值动作。启动方式不正确和设备选型不恰当都会发生启动电流超过设计值频繁保护跳闸的问题。调试时，应严格按照设备说明书的要求进行，当设备选型偏小时，要彻底解决问题需更改设计，更换设备。

2）热工保护定值动作。例如，振动超限制、润滑油流量低等。这些问题多是安装质量不高造成的，在安装单位消缺后一般都能解决。

调试中，还经常发现许多转动设备的保护跳闸并不是真的达到保护条件，而常常是热工/电气线路不正确、误动作、接线松动、电气保护定值设置不合理等引起的，启动时应认真检查，做好联锁保护试验，可以避免无谓的失败。

（3）噪声大。

噪声大一般是由于转动部分和固定部分摩擦引起的。

1）新设备的机械盘根太紧：可稍微松动机械盘根的螺栓，待泵经过一段时间磨合后再紧固。

2）电动机冷却风扇与外壳碰撞等：在设备试转前通过盘车发现并消除。

（4）轴承温度高。

引起轴承温度偏高的主要原因有以下几种：

1）润滑质量不良。润滑的目的是使转动部分不直接接触产生摩擦，而形成固体与液体之间的摩擦。假如润滑油数目不足或质量不良，会使动静部分直接摩擦发热，或热量不能通过润滑油带走，而使轴承温度升高。

2）转动轴承装配质量不良。例如，内套与轴的紧力不够，外套与轴承座间隙过大或过小。

3）轴承质量不良。例如，转动轴承转动体表面有裂纹、碎裂、剥落等，都会破坏油膜的稳定性与均匀性，而使轴承发热。

4）密封毛毡过紧而发热。

5）轴承振动过大而承受冲击负载，严重影响润滑油膜的稳定性。

6）轴承冷却水量不足或中断，影响热量的带出，而使轴承温度升高。

发生轴承温度高需要仔细分析故障原因，根据故障原因进行适当调整或维修，防止设备带伤工作造成设备损坏。

2. 水泵不出水

水泵不出水的原因分析有以下几种：

（1）进水管和泵体内有空气。

1）立式水泵启动前未灌满足够的水，有时看上去灌的水已从放气孔溢出，但未转动泵轴将空气完全排出，致使少许空气残留在进水管或泵体中。

2）立式泵入口装设的破坏真空自吸阀工作异常。在启泵时，自吸阀应自动吸合防止空气持续进入入口管，停泵时自吸阀应自动弹起，防止泵体内的存水被虹吸入地坑。

3）水泵的填料压得过松，造成大量的水从填料与泵轴轴套的间隙中喷出，外部的空气会从这些间隙进入水泵的内部，影响了水泵吸水。

4）立式泵进水管管壁有孔洞，水泵工作后水面不断下降，当这些孔洞露出水面后，空气就从孔洞进入进水管，破坏了进水管的真空。

5）进水管法兰连接处或焊接处有缝隙，使空气进入进水管破坏了进水管的真空。

（2）水泵吸程太大。

自吸离心泵吸水口处能建立的真空度是有限度的，吸程太大，容易造成真空度过大，易使泵内的水气化，产生气蚀，对水泵工作不利。

（3）水流的进出水管中的阻力损失过大。

有时，虽然蓄水池或水塔到水源水面的垂直距离还略小于水泵扬程，但还是提水量小或提不上水。其原因常是管道太长、水管弯道多，水流在管道中阻力损失过大。一般情况下，90°弯管比 120°弯管阻力大，每一个 90°弯管扬程损失约 0.5～1m，每 20m 管道的阻力可使扬程损失约 1m。此外，有些进、出水管的管径设计不合理，也会对扬程也有一定的影响。

（4）其他因素的影响。

1）立式泵底阀打不开：通常是由于水泵搁置时间太长，底阀垫圈被粘死，无垫圈的底阀可能会锈死。

2）立式泵底阀滤网被堵塞，或底阀潜在水中污泥层中造成滤网堵塞。

3）叶轮脱落。

4）管道上的闸阀或止回阀有故障或堵塞会造成流量减小甚至抽不上水。

5）出口管道的泄漏也会影响提水量。

3. 增压风机试运的常见问题

（1）润滑油温度高。

润滑油站油箱温度高，通常是由于润滑油箱冷却水流量低造成的。新投运设备出现这种情况通常有以下几种原因：

1）冷却水管路堵塞。

2）脱硫系统各设备之间冷却水的流量分配不均。

为防止出现润滑油温度高，应在设备试转前做好冷却水管道冲洗的工作，防止运行后杂物进入较细的冷却水管造成堵塞。

在某电厂调试过程中发现多台设备冷却水只在进水管上设计有手动门，出水则回收至工艺水箱，为保证循环泵机封水压力则需开大冷却水阀，造成与其他设备抢水，调试单位提出在回水管加装手动门的修改意见，经厂家和安装单位处理后正常。

（2）润滑油站压力低报警。

新建机组安装和首次加油过程中，有时会有杂物进入冷却油站的油箱，这些杂物在运行过程中逐渐被供油管路的滤网捕集造成滤网差压高，进而造成润滑油站供油压力不足。为防止发生这种情况，在安装时务必严把质量关，防止润滑油箱被污染，在启动前应按要求进行滤油至化验合格，在试运过程中还应进行必要的滤网切换和清理。

4. GGH 试运的常见问题

（1）吹灰器高压冲洗水管路堵塞。

其原因是安装过程中管路未彻底冲洗，管路中的焊渣铁锈等杂质较多，造成管路、滤网或喷嘴堵塞。出现这种情况应及时清理和更换滤网，将喷嘴拆下彻底清理，并将管路彻底冲洗干净，同时要严格控制冲洗水的水质。

（2）电动机电流波动。

电动机电流波动通常是由于转动部分与固定部分周期性摩擦引起的。GGH 启动前，应先通过手动盘车认真检查是否有摩擦异响，如果有，应及时消除摩擦。如果随着机组负荷升高才逐渐出现这种情况，则是因为转动部分受热膨胀引起的，此时应观察电流波动幅度。如果波动幅度很小，可能会随着转动部分与固定部分的磨合逐渐消失，磨合过程中应注意观察电流变化情况。如果电流波动幅度较大，应通过调整间隙的方法消除。

5. 循环泵试运常见问题

（1）轴封漏水。

轴封漏水通常有以下原因：

1）机封间隙过大。

2）机封水压力和流量不足。

轴封漏水时，应先检查机封水压力和流量是否满足设备说明书的要求，如不满足，需调整至要求的压力和流量。如果机封水没有问题，则应停泵检查机封间隙是安装问题还是装备制造质量问题，并采取检修或更换措施。

（2）运行中电流波动、流量减小。

出现这种情况可能有多种原因：

1）叶轮有异物或循环泵入口滤网堵塞。

叶轮有异物或循环泵入口滤网堵塞时，往往同时出现电流明显比正常值减小，循环泵流量减小，出口压力降低等现象。

2）有空气漏入泵体。

空气漏入泵体通常是由于密封环磨损过多引起，需通过更换密封环解决。但要注意找出引起密封环磨损的原因，防止再次出现磨损过多的情况。

3）吸收塔起泡。

吸收塔起泡后，气泡会随浆液被吸入泵体，造成浆液循环泵电流波动，流量减小。出现这种情况，通常可以通过地坑向吸收塔加入少量合适的消泡剂消除问题，使电流、流量回归正常。吸收塔起泡有多种可能原因，本节后续会专门介绍。

（3）运行中电流增大。

出现这种情况可能有以下原因：

1）吸收塔液位过低。

吸收塔液位过低后，循环泵将浆液送至喷淋层需要做更多的功，造成电流增大。

2）浆液密度增高。

有时候画面显示的吸收塔密度会不准，显示密度正常时实际密度已经很高。同样，当吸收塔实际密度增高时，循环泵将浆液送至喷淋层需要做更多的功，造成电流增大。吸收塔浆液液位计和密度计需要定期校验，并对吸收塔浆液密度定期取样化验对比。

3）喷嘴脱落。

喷嘴安装不牢固时，可能会在运行中脱落，造成浆液循环泵出口阻力减小，流量增大，电流增大。

6. 氧化风机试运的常见问题

（1）氧化风减温后温度高。

1）减温水管道或喷嘴堵塞。

其原因是安装过程中管路未彻底冲洗，管路中的焊渣铁锈等杂质较多，造成管路或喷嘴堵塞。出现这种情况应及时清理疏通，并将管路彻底冲洗干净，同时要严格控制冲洗水的水质。

2）减温后温度测点安装位置不正确。

减温后温度测点应安装在减温水喷水点后至少 1m 的位置，以上两点安装太近会导致没有经过充分的混合及减温即进行温度测量，所测量的温度不能反应实际减温效果。在多个电厂调试过程中发现过这种问题，将温度测点位置后移后均正常。

（2）氧化风压力低或氧化风机入口滤网差压高。

这两种情况均是由于入口滤网发生堵塞未及时清理造成的。基建现场环境卫生条件一般较差，但应维持氧化风机房等地的环境整洁，防止大量扬尘被氧化风机吸至入口滤网造成差压高。基建期间，需要及时清理或更换氧化风机入口滤网，滤网清理或更换频率应高于运行期间。

7. 球磨机试运的常见问题

（1）球磨机轴承温度高。

其原因是润滑油流量低或密封圈过紧与轴承摩擦。一般调整润滑油量或调整密封圈紧力即可。

（2）球磨机漏水漏浆。

其通常是由于机头机尾给水量太大造成的，调整给水量至涉及范围以内即可。

（3）下料口堵料。

1）石灰石含泥太多造成下料口结块，有效通料面积减小。

2）下料速度太快，超过球磨机设计负荷。

（4）石灰石浆液再循环箱溢流。

这种情况通常发生在启动球磨机的初期阶段，由于刚开始制浆密度低，将石灰石浆液旋流站的溢流返回石灰石浆液再循环箱，造成只进不出，再循环箱液位上升很快，出现溢流漫浆。在启动球磨机初期，短时间将浆液旋流站低密度不合格的溢流浆液送至石灰石浆液箱不会对浆液质量造成很大影响，随着球磨机给料和给水调整正常，很快溢流密度就会正常，这样就不会出现再循环箱溢流现象。

8. 水力旋流器试运的常见问题

旋流子喷嘴直径、投入数量和工作压力是影响水力旋流器分级分离能力的关键因素。当水力旋流器的底流或溢流密度不正常时，会出现"拉稀"或"拉干"现象，造成其产品不合格，此时应按设计要求通过其给料量、喷嘴直径、旋流子投入数量和工作压力进行相应调整。例如，在给料量和给水量均正常的情况下，浆液旋流站分离出的石灰石浆液却不合格，应根据石灰石浆液再循环泵的流量调整旋流子投入数量，将浆液旋流站的工作压力调整到设计值。石膏旋流站和脱硫废水旋流站的调整也是类似的。

9. 真空皮带脱水机试运的常见问题

（1）皮带跑偏。

皮带跑偏是真空皮带机常见的问题，也是最难解决的问题。

1）皮带驱动辊和皮带张紧辊的问题。这可能有两个原因：一是皮带驱动辊和皮带张紧辊不平行；二是皮带张紧辊和皮带驱动辊虽然平行，但是却没有对中，也即辊的轴线和真空室不垂直。这个问题在工厂组装的时候就应该注意。如果是正在运行中，对于第一种原因，则可以在停车后通过拉对角线和水平管或是水平仪来测定后调整，但要保证驱动辊的位置正确；对于第二种原因，则需要重新测量中心点，根据中心点调整辊筒直至合格。

2）皮带对接有问题。这是皮带跑偏中最严重的问题，主要有斜接和喇叭口两种问题。出现这种问题，除了更换新的皮带，无法采取其他的方法消除这个误差。一般在皮带对接时，应该多选择几个点进行测量，以保证皮带对接正确。

（2）滤布跑偏。

滤布跑偏也是真空皮带机常见的问题。一般的皮带机都会有滤布跑偏报警装置，并有自动纠偏装置。自动纠偏装置一般有电动或是气动两种方式，这里以气动自动纠偏装置为例进行介绍。气动纠偏装置启动纠偏装置由传感器、气源分配器、调节气囊组成。当滤布走偏时，气源分配器会根据滤布走偏的方向，由两个调节气囊分配压缩空气，进而调节辊筒角度，达到纠正滤布走向的作用。一般情况下，调整好的纠偏装置能够保证滤布自动纠偏。

值得注意的是，在安装滤布之前，要将所有的滤布托辊复查一遍，防止因运输或是其他原因造成的滤布托辊位移。保证滤布托辊的平行是很重要的。

10. 搅拌器试运的常见问题

基建机组施工现场的卫生条件较差，即使在试运进水前，箱、罐或排水坑已经检查清理干净，随着后续施工的进行也经常出现新的木板等异物落入排水坑的情况，如未及时发现和清理，就有可能造成搅拌器桨叶脱落或损坏。为了防止出现这种情况，安装单位应做好施工现场的文明施工工作，如在沟道进入排水坑的入口加装过滤网，排水坑人孔门等处设置较牢固的临时盖板等。运行人员巡检时，也应注意搅拌器的运行情况，及时发现运行中的异常情况。

11. 浆液管道堵塞

石灰石制浆系统、SO_2 吸收系统、事故浆液箱、脱水系统等子系统之间的浆液均是通过管道输送的，输送过程中经常发生管道堵塞的问题。管道堵塞的原因有：

（1）设计不合理，管道弯头太多，阻力太大。

浆液管道铺设应尽量减少直角弯头数量以降低阻力，并按管道走向设有一定的坡度，同时避免在铺设过程中出现 U 形设置，防止浆液沉积。

（2）石灰石料中二氧化硅含量偏高，管道内沉积沙子，易堵塞管道。

沙子的主要成分是二氧化硅，与碳酸钙相比其质地很硬，不宜破碎。石灰石原料中二氧化硅含量高会造成管道内沙子沉积，从而堵塞管道。

（3）浆液管道衬胶或衬塑变形或脱落造成管道堵塞。

管道衬塑前内表面有油或灰会造成衬塑易脱落，安装前应认真检查并小心施工，防止安装后的管道发生衬胶或衬塑变形或脱落，造成通流面积减小。

（4）浆液管道冲洗水压力不够或冲洗时间偏短。

很多管道堵塞情况的发生都是因为浆液输送结束后没有及时地冲洗或冲洗不彻底。浆液输送结束，一定要立即用足够压力的冲洗水把管道冲洗干净，直至出水清澈为止。冲洗水压力低或冲洗时间不够都会造成冲洗不彻底，设备停运后造成浆液中的颗粒物沉积，引起堵塞。在系统逻辑内，一般顺控停泵都设有管道自动冲洗步序，要注意的是设定的自动冲洗时间一定要足够。

（5）管道内浆液流速过低也易堵塞管道。

浆液流速越低携带浆液中悬浮颗粒的能力越小，低到一定程度就会出现颗粒物沉降趋势，逐渐堵塞管道。浆液输送过程中，应时刻注意输送的流量计读数，如果正常输送过程中流量持续缓慢降低，说明管道有堵的趋势，应对系统检查并采取措施，提高流量或冲洗管道后再输送。以上各种原因造成浆液管道堵塞后，应及时检修。

12. 冬季试运室外管道冻结

冬季试运时，常常发生夜间停运备用设备的机封冷却水等较细管道结冰冻结的问题，影响设备和系统的安全使用。为防止这种情况的发生应采取以下措施：

（1）室外管道一定要做好保温。

（2）停运设备的机封冷却水手动门保持开启足够开度以保证流速，为避免浪费冷却水出水接至地坑等处回用。

（3）运行人员做好巡检工作，当机封水流量降低时及时调整。

除了机封水管道的冻结问题，较长时间停运的箱、罐、泵体内的存水应尽可能地放干，防止其内部静止的存水结冰，影响其后续使用。

二、整套启动期间常见问题及处理

1. 吸收塔脱硫效率低

（1）液气比低。

液气比是脱硫装置的一个关键的设计参数和运行参数，试运过程中随着机组负荷不断上升，烟气流量增加循环泵运行数量应及时调整，否则会造成喷淋量不够，达不到设计液气比，导致脱硫率下降。

（2）pH 过低。

运行中通过调节进入吸收塔的石灰石浆液流量来实现 pH 的调节，增加石灰石浆液流量，可以提高吸收浆液的 pH；减小石灰石浆液流量，吸收浆液的 pH 随之降低。通常设计运行 pH 为 5.2～5.8，运行中一般都设计有根据 pH 设定值自动调节浆液供给量的逻辑，当运行设定的 pH 偏低时，脱硫效率也会明显降低。设计中，应考虑供浆系统的供浆速度，如选用合适的供浆管径或设手动门等节流装置，使运行能方便地控制好供浆系统的供浆速度，既不因供浆流量太小造成管道堵塞，也不因供浆流量太大造成吸收塔 pH 频繁剧烈地波动，引起脱硫效率高低波动。保持合适和稳定的运行 pH，还能有效防止系统的结垢问题。

（3）浆液颗粒粒度不合格。

浆液中石灰石颗粒越细，其表面积越大，吸收速率越快，反应越充分，石灰石的利用率越高。浆液粒度太大，不仅影响脱硫效率，也会造成吸收剂的浪费和脱水石膏品质降低。

（4）石灰石杂质含量高。

脱硫剂的有效成分是石灰石中的碳酸钙，石灰石中的杂质中的易溶离子会阻碍 $CaCO_3$ 在溶液中的溶解和电离。所以，石灰石中杂质含量高时，会影响脱硫效果。

（5）氧化空气量不足。

充足的氧化空气有助于浆液中 SO_3^{2-} 的消耗，从而更有利于浆液对 SO_2 的吸收。同浆液循环泵一样，随着机组负荷和烟气量的上升，氧化风供应量应及时调整。

（6）烟气含尘量过高。

烟气中的飞灰中含有很多可溶离子和不溶的多孔惰性物质，有些可溶离子会阻碍碳酸钙的溶解和电离，从而影响 SO_2 的吸收反应。在烟尘含量很高时，不溶的多孔惰性物质也会和投油枪阶段带入吸收塔的油共同作用造成吸收塔起泡，严重时降低雾化效果影响脱硫效率。所以，在油枪退出具备电除尘投运条件时，应立即投运电除尘，尽可能地减少进入吸收塔的烟尘量。

（7）Cl^- 含量过高。

氯在系统中主要以氯化钙形式存在，去除困难，影响脱硫效率，后续处理工艺复杂。在运行中，应严格控制工艺水中的 Cl^- 含量，及时排放废水，保证系统中 Cl^- 含量小于 20 000mg/L。

（8）原烟气泄漏到净烟气。

这种情况只有设有 GGH 的系统才会出现。当 GGH 密封风机和低泄漏风机故障，出力不够或 GGH 内部密封装置损坏时，造成原烟气泄漏到净烟气。这种情况也会造成脱硫率低。

2. 吸收塔起泡

吸收塔起泡是导致吸收塔溢流的主要原因，往往是吸收塔浆液恶化的反应，吸收塔起泡后通常会出现如下现象：

1）浆液循环泵电流比正常运行值低且较大幅度波动。

江苏某 1000MW 机组调试期间，吸收塔起泡后电流下降 10A 以上，波动范围也达到 10A 左右。

2）真空脱水皮带机进料口的浆液带黑泡，脱水石膏颜色异常。

3）严重时，吸收塔溢流管流出带浓黑泡沫或铁红色的浆液。

引起吸收塔起泡溢流的主要因素有以下几种：

（1）吸收塔浆液中有机物含量增加。

锅炉点火初期投油时未燃尽的燃油、燃煤飞灰中部分未燃尽碳、焦油和其他疏水成分会随着烟气进入吸收塔，使吸收塔浆液中的有机物含量增加，发生皂化反应，在浆液表面形成油膜，被氧化空气搅拌后形成泡沫。

（2）浆液中重金属含量高。

锅炉尾部除尘器运行状况不佳，烟气粉尘浓度超标，含有大量惰性疏水物质的杂质进入吸收塔后，致使吸收塔浆液重金属含量增高。与此同时，石灰石含有的微量金属元素（如 Cd、Ni 等）、湿式球磨机的钢球磨损等也会引起吸收塔浆池中重金属元素的富集。重金属离子增多会使浆液表面张力增加，从而在浆液表面产生泡沫。

（3）Mg 元素。

Mg 元素主要来源于石灰石中的 MgO，业界普遍认为 MgO 的存在会造成吸收塔大量起泡。

（4）吸收塔补充水水质达不到设计要求，COD、BOD 等含量超标。

（5）FGD 脱水系统或废水处理系统不能正常投入，致使吸收塔浆液品质逐渐恶化。

吸收塔起泡后，首先应根据起泡程度加入适量的消泡剂或加大除雾器的冲洗，加消泡剂前应注意先根据起泡程度控制好液位，避免吸收塔上层搅拌器不必要的跳闸。这种方法是应急方法，治标不治本。要从根本上解决吸收塔起泡问题，需从以下几方面入手：

1）从石灰石质量把关，减少吸收塔浆液中 Mg 元素的含量。

2）改善电除尘的运行工况，减少吸收塔浆液内的灰尘含量。

3）锅炉尽可能减少投油运行时间，在投油阶段入口烟温不高的情况下减少循环泵运行台数，从而降低对含油烟气的洗涤量。

4）加大脱硫废水的排放，减少各种杂质在吸收塔内的富集。

3. 真空泵真空度问题

（1）真空度偏低。

出现这个问题时，在控制室上可以看到，整个系统的真空度低，脱水后的石膏滤饼含水量明显偏高。主要原因有以下几种：

1）真空室对接处脱胶。

真空室一般由高分子聚合物制造，这种材料伸缩变形很厉害，如果没有及时固定或是没有固定好，那么就有可能造成脱胶。此种情况下，只有等停车后，放下真空室重新补胶并固定每段真空室。

2）真空室下方法兰连接处泄漏。

这时通常会有吹哨声。解决这种问题时，需要停车后放下真空室，检查垫片情况，如果垫片有问题则更换垫片，如果不是垫片的问题，那么只须将泄漏处的法兰螺栓拧紧即可。

3）滤液总管泄漏。

这种情况只须拧紧泄漏处的螺栓，如果是垫片有问题则需要停车后更换垫片。

预防真空泄漏，需要在系统安装好后、滤布安装前进行真空度测试。这样可以把问题控制在开车之前，避免开车后的麻烦。

（2）真空度高。

出现这种问题时，在控制室会看到真空度超出正常操作范围，并且有逐渐上升趋势。如果没有及时解决这个问题，超过一定的真空度后，为了保护整个系统，系统会自动停车。

这种问题的主要原因是气液分离器上的除雾器被石膏堵塞。此时需立即停止脱水系统，打开气液分离器顶盖，清洗除雾器。

（3）真空度呈周期性变化。

出现这种问题时，在集控室会看到真空度基本呈周期性变化，脱水效率随着真空度的变化也呈周期性的变化，真空度高时脱水率上升，真空度低时脱水率下降。

出现这种问题的时候，首先检查滤布对接处为密封所涂的硅胶。一般情况下，这主要是由于滤布对接处脱胶造成的，此时只须停车重新上胶即可。

4. 脱水石膏品质差

（1）石膏含水率高。

脱水效率不能达标，应该分以下几种情况来分析：

1）真空度正常的情况

这种情况所给的料能够完全覆盖皮带开槽区间时，但脱水效率仍然达不到要求，需要检查旋流器出口浆液的质量。根据经验，造成这种问题的原因一般是旋流器出口浆液达不到皮带脱水机所要求的50%左右的浓度。

2）真空度稍微偏高，但是没有到需要停车的地步。

这种情况需要分析浆液里面的污泥问题。污泥覆在滤饼上面，形成一层致密的污泥，隔绝了石膏滤饼和空气，滤饼中的水分无法排挤出来。对于这种情况，可以通过加装滤饼疏松器对滤饼进行适当的疏松，翻动表面的污泥，就可以解决问题了。

3）滤饼厚度太厚。

这种情况需调整进料量或皮带驱动电动机的运行频率，将滤饼厚度调整到2~3cm。

（2）滤饼中氯离子超标。

滤饼中的氯离子含量是检测脱硫系统的一个重要指标。一般比较关注的是脱水率，所以对氯离子含量没有给予应有的重视。供货商为了达到脱水率，也会有意减少滤饼冲洗水的用量，这样会造成滤饼中氯离子的含量超标。

要使滤饼中氯离子含量达标，可以采用的办法是使用正常的滤饼冲洗水量冲洗滤饼，在氯离子含量比较高的工况下，可以考虑两级冲洗，以充分脱离氯离子。当然，为减少氯离子含量，还要按照设计要求进行废水的处理的排放。如果长期不排放废水，吸收塔内的氯离子会不断浓缩，不仅会造成石膏品质差，严重时还会引起脱硫塔中毒，脱硫效率降低。

第二节　脱硝系统试运常见问题及处理

1000MW 机组的 SCR 脱硝系统在分部试运、整套启动试运实施过程中，由于设备、设计、安装、调试等多种因素原因，出现各种问题和情况，给顺利完成系统试运工作带来了一定程度的影响。因此，为了更好地完成脱硝系统的调试工作，将 1000MW 机组 SCR 脱硝装置在启动试运中出现的问题情况进行分析并提出了处理对策。

一、分部试运阶段

1. 泵/风机设备反转

在脱硝分部试运中，特别在 380V 动力设备（如泵、风机）联轴器无法拆卸的情况下，未进行电动机单体试转，如氨区废水泵出现反转情况。处理方法是调换电动机动力电缆或开关柜三相中任意两相接线，即可处理该问题。注意，操作时应遵守相关的安全规程。

2. 氨管道微量泄漏

在分部试运前或期间，施工单位负责氨区的气密性试验，范围包括氨区储罐、涉氨管道等。各设备、系统均要严格进行气密性试验，一般液氨储罐本体部分气密性试验完成较好。储罐进氨后，基本不存在漏点。发生漏点位置多发生在管道接头处、阀门盘根处、氨管道热控取源处及管道沙眼等。因肉眼无法观测微量泄漏点，通过系统隔离，刷肥皂水进行漏点检查。采取堵漏措施时，需做好人身防护并按照规范做好安全措施。

3. 卸氨缓慢

1000MW 机组脱硝还原剂基本上是采用外购方式。液氨槽车卸氨操作，卸氨速率正常为 12～15t/h，在实际操作中常常发生卸氨缓慢，增加了操作时间和液氨卸车的危险。卸氨缓慢的原因是操作人员急于卸氨，在液相管路上有限流阀进行的卸氨，液氨槽车至储罐液相管路流速压力过大时，导致限流阀动作，无法进行卸载。关闭槽车的液相出氨阀，等待限流阀回位时间较长，增加了卸氨时间。一般卸载时，应控制槽车卸氨的流速平稳。

4. 稀释风机（启动后）跳闸

稀释风机在刚启动后发生跳闸情况，可能的原因是入口手动风门挡板开度过大，启动后造成风机过载，电气过载保护动作后跳风机。处理方法是稀释风机在首次试运时应当将入口风门挡板置于关位置或小开度进行启动，缓慢调整入口风门，目标开度是稀释风机满足机组满负荷运行时脱硝所消耗氨量的稀释风量要求。

二、整套启动及 168h 试运阶段

1. 反应器出口 NO_x 浓度场分布不均

反应器出口 NO_x 浓度分布受烟气流场分布、喷氨氨气浓度场的分布及催化剂理化性能（堵塞、磨损）等因素影响，反应器出口较普遍地出现 NO_x 浓度分布不均情况。主要原因分析如下：

（1）氨气浓度场分布不均。

喷氨格栅喷入烟气中的氨气分布不均，在烟气流场分布相对均匀的情况下，催化剂局部区域氨气分配量较多处，则此局部下游催化剂出口 NO_x 浓度值相对较低；反之，则较高。

（2）烟气流场分布不均。

尽管 SCR 脱硝装置对烟气流场进行了 CFD 建模并设计了导流、整流装置，但实际上反应器内仍存在着烟气分布不均的情况。在喷氨格栅喷氨相对均匀的条件下，若反应器局部区域烟气流速较大，氨分配量则相对较少，造成该局部下游催化剂出口断面的 NO_x 浓度值相对较高；反之，则较低。在整套启动试运过程中，烟气流场分布不具备重新进行建模分析并进行导流整流装置改造的条件。

（3）催化剂性能衰减。

反应器出口 NO_x 浓度分布不均除了受到烟气流场分布及氨分布之外，还受到催化剂性能的影响。但在整套启动试运阶段，催化剂初步投用，基本上不考虑催化剂性能衰减的影响。

在启动试运阶段，催化剂不存在性能衰减情况，而且烟气导流、整流装置已无法进行调整。因此，仅能通过调整喷氨以匹配烟气流场方式进行调整。在分系统调试过程中，已将喷氨格栅流量调至基本一致。但在热态试运中，烟气流场分布并非达到理想"均匀"，因此，在热态试运中还需要根据实际运行情况进行适当调整。

2. 氨逃逸浓度偏高

由于氨气与氮氧化物的不完全反应，出现氨逃逸是难以避免的情况，并且氨逃逸量随催化剂性能衰减而呈逐步增大的情况。氨逃逸量主要取决于以下因素：

（1）反应器烟气流场分布。

限于锅炉炉型（Ⅱ型炉、塔式炉）、场地条件及燃烧煤种等各种因素，尽管脱硝装置设计有导流整流装置，但反应器内烟气流场未能达到均匀分布，烟气中气氨与烟气流场不相匹配而造成氨逃逸浓度偏高。流场分布不均在试运期间无法解决。

（2）氨气分布不均。

喷氨格栅喷入烟道中的氨气由于受到格栅结构、布置方式及烟气分布等因素影响，断面各区域氨气浓度不均匀与烟气流场分布不完全匹配，造成氨逃逸浓度偏高。通过对喷氨格栅手动阀开度的调整，提高氨气浓度场分布与烟气流场之间的匹配性。

（3）氨/氮摩尔比。

根据氨与氮氧化物反应方程式，氨气与氮氧化物反应摩尔比接近 1∶1，在脱硝反应过程中，喷入氨量越高，脱硝效率越高。随着效率的升高，未参与反应的氨量越大，造成氨逃逸量也就越大。目前，火力发电厂 1000MW 机组较多采用"低氮燃烧系统"加"SCR 脱硝系统"进行组合配置用于控制氮氧化物的生成排放，排放的浓度能够满足 $100mg/m^3$ 排放标准限值。因此，从满足环保排放的角度讲，控制在满足 $100mg/m^3$ 排放标准限值的脱硝效率即可，氨逃逸也相对较低。

3. CEMS 仪表测量数据偏差

脱硝 CEMS 虽然在整套启动前进行了标定，但在整套启动后测量数据常发生一定的偏差，主要产生偏差的测点有进出口的氧量、氮氧化物测点、出口的氨逃逸测点。当测量数据产生偏差时，对脱硝系统参数的控制、调整产生了一定的干扰，不利于系统的稳定运行。当发生此种情况时，首先 CEMS 厂家对可能存在的偏差或问题的仪表进行标定，标定后若仪表无问题，则对取样管路进行检查，检查是否存在堵塞或漏气、烟气冷凝导致仪表测量不准等情况。

4. 缓冲槽结霜、冰

储罐液氨经蒸发槽气化，经自力式调压阀进入缓冲槽，缓冲槽内氨气压力一般控制在 200kPa 左右送往脱硝反应区系统。当控制操作不当时，液氨会进入缓冲槽。表现特征为氨气温度低，缓冲槽罐体结霜，严重时结冰。影响脱硝系统的连续稳定运行。分析表面，避免发生该种问题，应控制好蒸发槽的进氨量，特别是投蒸发槽初期，应控制蒸发槽进氨的速率，不宜刚投运时，全开蒸发槽进氨手动阀，另外，应控制蒸汽加热自动投入情况，脱硝投运时，蒸汽加热投入自动调节，若自动跳手动后，也可能会发生液氨进入缓冲槽情况。因此，在投运时，特别是投运初期，应严格控制蒸发槽进氨量的速率和自动投入质量情况。

5. 蒸发槽水浴蒸汽水击

目前，液氨的气化通常采用蒸汽加热的方式，一般蒸汽引自机组的辅汽联箱。由于氨储存及制备系统因安全因素考虑布置于外围区域，蒸汽管线非常长，尽管蒸汽管道设有保温材料、疏水装置，但是进入蒸发槽的蒸汽仍旧带水，造成蒸发槽水击情况，影响了蒸发槽的安全运行。由蒸汽管道疏水装置的布置情况来看，靠近氨区及氨区内未充分设置疏水装置，应当在这两处适当加装疏水装置，特别是在蒸发槽投运初期，可有效减轻蒸发槽水击的发生程度。

6. 供氨管道"水塞"

笔者在某 B 电厂一期 $2\times 1000MW$ 工程 2 号（1000MW）机组 SCR 脱硝系统调试时，氨储存及制备系统为两台机组公用，并与 1 号机组调试时完成。2 号机组初投喷氨时，发现 2 号机组脱硝供氨管道压力较低，约为 50kPa，氨气缓冲槽内压力约270kPa，系统检查均未发现问题。后向电厂基建部询问，由于 1 号机组调试时，对氨区至机组氨气管道做过水压试验，而氨区至机组脱硝氨气管道为两台机组公用。经分析，1 号机组在做氨气管道水压试验后，对于共用氨气管道至 2 号机组脱硝氨气低点管道残水未排净，造成"水塞"现象。分析之后，当即决定投入脱硝喷氨，现场加强检查。氨气管道内压力缓慢上升，5～6h 后，压力升至 250kPa，系统逐步运行正常。

7. SCR 脱硝系统入口烟气温度高

脱硝催化剂运行温度要求一般在 $300\sim 400℃$，温度过高，催化剂易发生烧结致催化剂失活的情况。在 1000MW 机组整套启动试运中，当机组负荷较高而炉本体长吹、半长吹及短吹等未及时投入运行时，省煤器出口烟气温度较高，可达到 400℃ 以上，对催化剂寿命有较大影响。当出现入口烟气温度接近 400℃ 时，联系锅炉专业，通过锅炉运行调整，将排烟温度降至正常运行温度范围内。

8. 脱硝效率低

脱硝系统在热态投运中出现效率低情况，主要由以下原因引起：

（1）喷氨量不足。

脱硝系统热态试运过程中，出现喷氨量不足导致脱硝效率低。其处理措施有以下几种：

1）检查供氨管路手动阀开度，联系热控专业检查流量计、烟气分析仪表。

2）在试运过程中，随着储罐液氨量的减少，也会发生供氨量不足的情况，需要对液氨储罐的液位进行确认。

3）检查供氨管道是否存在堵塞的情况。

（2）效率或出口 NO_x 浓度值设置不合理。

脱硝喷氨调节通常采用设定效率或设定出口氮氧化物浓度等方式。在机组整套启动试运调试过程中，脱硝入口的氮氧化物浓度时常出现波动，效率设定值偏低或出口氮氧化物浓度值设定偏高会造成脱硝效率的降低。其解决措施有以下两种：

1) 控制锅炉燃烧相对稳定。

2) 脱硝运行人员应根据系统运行参数及时调整脱硝效率或出口浓度设定值（调整过程中，注意氨逃逸应控制在允许范围内）。

（3）信号不准确。

脱硝控制主要以脱硝 CEMS 送至 DCS 上的氧量、氮氧化物、氨逃逸等参数为依据，当数据不准确时，对运行控制产生较大影响。其处理措施为联系热控人员及厂家进行 NO_x、氧量进行标定，检查 CEMS 取样管路是否存在堵塞、漏气等情况。

（4）氨气浓度场分布不均。

氨气浓度场分布不均致氨气与氮氧化物未充分发生反应，不仅造成氨逃逸偏高及出口氮氧化物浓度场不均，而且影响脱硝效率。其处理措施为检查喷氨格栅，调整各喷氨格栅手动阀的开度。

第九章

石灰石-石膏湿法脱硫（WFGD）系统性能试验

湿法脱硫（WFGD）系统性能试验的目的是在供货合同或设计文件规定的时间内，由具有资质的第三方对 FGD 系统进行测试，以考核 FGD 系统的各项技术、经济、环保指标是否达到合同及设计的保证值，污染物的排放是否满足国家和地方环保法规的标准。性能试验一般在 FGD 系统完成 168h 满负荷试运行，移交试生产后 3～6 个月内完成，由建设单位（业主）或脱硫工程总承包公司组织，具体的试验工作由招标确定的试验单位负责。

2006 年 5 月 6 日，国家发展和改革委员会发布了 DL/T 998—2006《石灰石-石膏湿法烟气脱硫装置性能验收试验规范》，并于 2006 年 10 月 1 日实施。2008 年 3 月 12 日，国家质量监督检验检疫总局发布了 GB/T 21508—2008《燃煤烟气脱硫设备性能测试方法》，并于 2008 年 9 月 1 日实施。上述规范和方法可作为烟气脱硫装置性能试验的指导性标准。但在实际工作中，有不同的脱硫厂商或合同要求，只要相关各方认可，性能试验采用的技术标准、规程、规范等也可参考国内火力发电厂的部分标准及化学分析的一些标准方法，同时借鉴脱硫技术支持方（如美国、德国、日本等）所采用的最新标准和方法，如美国的 ASME PTC 40—1991《Flue Gas Desulfurization Units》。

不同的 FGD 系统及合同要求考核的性能指标略有不同，表 9-1 中所列的各项指标在实际考核中有所增减。这些指标大致可分为三类：

（1）技术性能指标：如脱硫率、除雾器后液滴含量、石膏质量、废水质量、球磨机出力等。

（2）经济性能指标：如系统压损、粉耗、电耗、气耗等，这直接影响 FGD 系统投运后的运行费用。

（3）环保性能指标：如 FGD 出口 SO_2 浓度、噪声、粉尘等，需满足环保标准的要求。

典型的石灰石-石膏湿法 FGD 系统性能主要考核的指标见表 9-1。

表 9-1　　　　　石灰石-石灰膏湿法 FGD 系统性能试验主要考核指标

序号	测试项目	单　位	备　注
1	脱硫效率（原/净烟气 SO_2 浓度）	%（mg/m³）	应做
2	烟尘脱除率（原/净烟气烟尘浓度）	%（mg/m³）	应做
3	石灰石（粉）消耗 S（Ca/S 摩尔比）	t/h	应做
4	工艺水平均消耗量	m³/h	应做
5	整个 FGD 装置的电耗	kW	应做

续表

序号	测试项目		单　位	备　注
6	除雾器出口净烟气液滴含量		mg/m³	应做
7	FGD 压力损失		Pa	应做
8	石膏品质	石膏表面含水量	%	应做
9		石膏纯度（CaSO₄·2H₂O）	%	应做
10		CaSO₃·1/2H₂O 含量	%	应做
11		CaCO₃ 含量	%	应做
12		Cl⁻ 含量	%	应做
13		石膏白度	—	选做
14		F⁻ 含量	%	选做
15	FGD 废水品质	废水流量	t/h	应做
16		pH	—	应做
17		化学需氧量 CODcr	mg/L	应做
18		悬浮物 SS	mg/L	应做
19		重金属（如镉、铅、铬、汞等）	mg/L	应做
20	球磨机出力		t/h	选做
21	噪声		dB（A）	选做
22	FGD 系统各处粉尘浓度		mg/m³	选做
23	热损失（保温设备的最大表面温度）		℃	选做
24	HCl 脱除率（原/净烟气 HCl 浓度）		%（mg/m³）	选做
25	HF 脱除率（原/净烟气 HF 浓度）		%（mg/m³）	选做
26	SO₃ 脱除率（原/净烟气 SO₃ 浓度）		%（mg/m³）	选做
27	GGH 泄漏率		%	选做
28	增压风机效率		%	选做
29	泵的效率损失		%	选做

除了表中所列外，压缩空气的消耗量、脱硫添加剂（如有）的消耗量等也得到测量；FGD 系统烟气中的其他成分如 O_2、含湿量等，烟气参数如烟气量、烟气温度、压力，石灰石（粉）品质，工艺水成分，吸收塔浆液成分、浓度、pH 等，煤质成分等在试验中也同时得到测试和分析。需要指出的是，一些合同中规定的指标如 FGD 装置的可用率、装置和材料的使用寿命、烟气挡板的泄漏率等内容，不宜也没必要作为 FGD 性能试验的项目。

第一节　性能试验准备

一、性能试验方案的准备

FGD 性能试验的具体测试项目根据业主与 FGD 合同商签订的合同及相关合同附件和技术要求、设计技术规范等而定，在试验前经有关各方商议同意，内容体现在性能试验方案中。试验方案由试验项目负责人组织编写，一般应包括以下内容：

211

（1）试验目的、依据。

（2）试验计划安排，如日程等。

（3）FGD 系统的描述（主要设计数据、保证值、工艺流程等）。

（4）试验期间 FGD 系统、锅炉及其他辅助设备应具备的条件。

（5）试验工况及要求，包括预定工况判断、工况数量、试验持续时间、间隔时间等。

（6）主要测点布置、测量项目和测试方法。

（7）试验测试仪器，包括测量精度范围和校验情况。

（8）采集样品的分析仪器、分析方法等。

（9）需要记录的参数、记录要求、记录表格等。

（10）相关单位试验人员的组织和分工。

（11）试验期间的质量保证措施和安全措施。

（12）试验数据处理原则。

（13）合同规定或双方达成的其他有关内容。

在方案中，应明确 FGD 装置性能试验主要的修正曲线。因为在 FGD 装置实际性能试验期间，锅炉负荷（烟气量）、烟气温度、烟气中 SO_2 含量等与设计值会有一定的偏差，所以 FGD 装置的一些重要保证值如脱硫率、粉耗、水耗、电耗、系统压损等应逐项换算到设计参数下的值。脱硫厂家在性能试验前，应提供其设计的 FGD 装置的修正曲线等资料，并得到有关各方事先的认可，在性能试验换算时就以此为依据。性能修正曲线至少包括以下几部分：

（1）脱硫效率与 FGD 装置入口烟气量的修正曲线。

（2）脱硫效率与 FGD 装置入口 SO_2 浓度的修正曲线。

（3）脱硫设备电耗与 FGD 装置入口烟气量的修正曲线。

（4）脱硫设备电耗与 FGD 装置入口烟气温度的修正曲线。

（5）脱硫设备电耗与 FGD 装置入口 SO_2 浓度的修正曲线。

（6）脱硫设备水耗与 FGD 装置入口烟气量的修正曲线。

（7）脱硫设备水耗与 FGD 装置入口烟气温度的修正曲线。

（8）脱硫设备吸收剂耗量与 FGD 装置入口烟气量的修正曲线。

（9）脱硫设备吸收剂耗量与 FGD 装置入口 SO_2 浓度的修正曲线。

二、试验现场条件的准备

（1）性能试验所需的现场测点（一般在 FGD 装置安装期间就设计安装完成）、临时设施已装好并通过安全检查。

（2）电厂准备好了充足的、符合试验规定的燃料，试验煤种（或油等）应尽可能接近 FGD 装置设计值，燃料波动应尽可能小，特别是燃料的含硫量、灰分及发热量。当燃料特性改变后，FGD 装置的运行指标也会相应地发生变化。尽管可以通过修正的方法得到燃用非设计煤种时系统的性能指标，但由于性能修正曲线是由脱硫承包商提供的，在以往的实践中出现过性能修正曲线有利于脱硫承包商的情况。因此，应尽可能在试验期间燃用设计煤种。

（3）电厂准备好了充足的、符合设计要求的吸收剂，试验要用到的水、气、汽、电源都已备好，化学分析实验室能正常使用。

（4）所有参与试验的仪表（器）都已进行校验和标定，并在使用有效期内。

（5）试验单位和电厂已准备好足够的数据记录专用表格。

（6）试验所需机组负荷已向电力调度部门申请并批准。

（7）试验负荷与工况的确定。

FGD 装置性能试验的负荷根据合同规定而确定。一般考核指标是在设计工况下，即机组 BMCR 的工况，燃用设计煤种。有的指标在不同的负荷下都要测试，如电耗、水耗等，或者在不同的煤种（主要指含硫量不同）下测试。在实际试验时，FGD 装置的设计工况基本上是达不到的，因为机组不可能在 BMCR 的状态下连续长时间运行，而更多的是在 ECR 状态下运行，因此试验结果需进行修正。

在每个负荷下，至少要进行两次试验，如两次试验结果相差较大，则需进行第三次试验。参照锅炉性能试验的要求，试验前，FGD 装置应连续稳定运行 72h 以上，正式试验前 12h 中，前 9h 系统负荷不低于试验负荷的 75%，后 3h 应维持预定的试验负荷，正式试验时维持预定的试验负荷至少 12h。

判定 FGD 装置的工况是否达到稳定状态，可从以下参数确定：进入 FGD 装置的烟气量（或机组负荷）、FGD 装置入口 SO_2 浓度、FGD 装置入口粉尘浓度、FGD 装置出口温度、粉尘浓度、吸收塔浆液 pH、浆液密度（含固率）、浆液的主要成分、脱硫率等，这些主要参数的波动应在正常范围内，当 FGD 装置运行稳定后方可进行试验，试验时旁路挡板应处于完全关闭状态。在试验过程中，如果运行参数超出了预先确定允许的变化范围，则试验无效。

在试验期间运行参数的波动范围，我国还没有针对性的标准，参考 GB 10184—1988《电站锅炉性能试验规程》和 FGD 装置运行、试验的实践，推荐如表 9-2 所示的运行参数要求。需要说明的是，FGD 装置性能试验的很多测量项目是无需同时进行的，而且不同的测量项目对运行参数的要求也是不同的。例如，测量 GGH 换热能力时，只需烟气量和烟气温度保持稳定，而 SO_2 浓度、pH 等的变化不会影响测量结果。但在测量 GGH 漏风率时，就要求 SO_2 浓度的稳定。

表 9-2　　　　　　　　　　　　试验期间主要运行参数的波动范围

运行参数	允许偏差	针对的试验项目
烟气量（负荷）	±3%	脱硫率、水耗、电耗、脱硫剂消耗、FGD 装置出口烟温、GGH 加热能力、系统阻力
烟气温度	±5℃	FGD 装置出口烟温、GGH 加热能力、水耗
SO_2 浓度	±3%	脱硫率、Ca/S、脱硫剂耗量、GGH 漏风率
pH	小于 0.15 石灰石浆液供给采用 pH 控制方式	脱硫率、Ca/S、脱硫剂耗量、石膏品质
	小于 0.10 石灰石浆液供给采用 Ca/S 控制方式	脱硫率、Ca/S、脱硫剂耗量、石膏品质

三、试验人员和仪器的准备

FGD 装置性能试验要有足够的试验人员和仪器，测试、化学分析人员要有相关资质。所有工作人员应严格执行 GB 26164.1—2010《电业安全工作规程》（热力和机械部分）》，试验人员按要求着装和佩戴个人劳动保护用品，烟道测试人员应穿戴帆布手套等防护用品，防止烫伤；化学分析人员严格遵守分析规定等。试验时，FGD 装置供应商主要起督导作用，电厂需专人配合试验工作。

在试验条件具备后，即可进行试验。试验一般分两个阶段进行，一是预备性试验，二是正式试验。预备性试验的一个主要目的是标定 FGD 装置中的在线仪表数据，确定是否满足正式性能试验的条件，包括 FGD 装置入口原烟气流量、FGD 装置入口/出口 SO_2 浓度、FGD 装置入口/出口 O_2 浓度、FGD 装置入口/出口烟气温度、FGD 装置入口/出口粉尘浓度、FGD 装置入口/出口烟气含水率（如有）、工艺水流量计、浆液 pH 计、密度计、流量计、液位计、石灰石（粉）称重计量装置等。在正式试验时就可以定时采用 DCS 上的各个数据进行计算，当然对重要参数还需多次测量和校验。

第二节 性 能 试 验 内 容

一、试验测点

1. 试验测点要求

流经烟道的烟气成分分布具有不均匀性。在流动烟气的横截面上，由于燃料和送风随时间的微小变化，这种成分不均匀也随时间而变化，因此从烟道中取得有代表性的烟气是保证分析结果准确性的关键。一般地，是通过对烟道横截面上若干个取样点（测点）进行反复多次取样的。多点取样将抵消分层的影响，并取得具有代表性的样品，烟温、流速的测量也在相同的测点上进行。取样点的位置需要认真考虑，一般要求有以下几点：

（1）取样点应尽可能避开有化学反应的位置；不要在有回流、停滞或泄漏处取样，即测点应远离局部阻力件，如弯头、阀门和断面急剧变化的部位（即干扰源）；优先选择气流稳定且分布较均匀的直管段，优先在垂直管道上取样。

（2）取样位置应位于干扰源下游方向不小于 6 倍当量直径和距干扰源上游方向不小于 3 倍当量直径处（6D/3D 原则）。对于矩形烟道，其当量直径 $D=2AB/(A+B)$，式中 A、B 为边长。

（3）在试验现场，往往满足不了上述要求，可灵活处理。但测孔位置距干扰源的距离至少不小于 1.5 倍当量直径，且尽量设置在干扰源上游，并适当增加测点的数量。采样断面的气流速度最好在 5m/s 以上。

（4）测孔位置应避开对测试人员操作有危险的场所，要便于试验仪器的安放和试验人员的操作，并有安全措施。必要时，应设置采样平台，平台面积应不小于 1.5m²，并设有 1.1m 高的护栏，采样孔距平台面为 1.2～1.3m。

2. FGD 系统测试特点

同电站锅炉的烟气测量相比较，FGD 系统的测试有以下的特点：

（1）烟气温度低。

电站锅炉的排烟温度一般在 120℃以上，而带有 GGH 的 FGD 吸收塔的进口温度在 90℃左右，吸收塔出口温度更是低至 50℃左右，而烟囱的入口温度也只有 80℃左右或更低。对于低温烟气的取样，大多数情况下都需要对取样枪和取样管进行加热，否则烟气会产生凝结，被取样物质如 SO_2、SO_3 等吸附于凝结的液滴上，从而极大影响测量的准确性。

（2）烟气湿度大。

烟气在经过吸收塔的洗涤后，水分基本已经达到饱和。即使经过 GGH 加热后，烟气湿度也要比原烟气明显增加。一般地，原烟气的湿度在 5%～8%，而脱硫后洁净烟气的湿度可达 12% 以上。

（3）烟道尺寸大、测点位置普遍不理想。

对于电站锅炉来讲，排烟处的水平烟道均分成左右 2 个甚至是 4 个烟道。即使是 600MW 等级的机组，烟道的深度一般也不会超过 4m。而 FGD 装置进、出口的烟道一般只有 1 个，对于 600MW 等级的机组，烟道面积可达到 60m² 左右，烟道的深度可达到 6～10m。同时，由于 GGH 的设置，使得烟道的布置复杂，烟道直段很短或几乎没有，较难找到理想的测量位置。

（4）温度、浓度场分布不均。

由于吸收塔本身的喷淋特点，吸收塔出口 SO_2 的分布十分不均匀；在 GGH 的出口，这一现象仍然存在。同样，FGD 系统出口的温度在烟道截面上也高低不一。

（5）正压系统。

若增压风机布置在 A 位（即在吸收塔之前，我国的 FGD 系统基本采用这种布置方式），则增压风机出口、吸收塔进口、吸收塔出口处均为正压区，最高处压力可达 5kPa 以上。对于这些位置的测点，必须采取密封措施，以减少测量期间环境的污染。测量人员也需配置相应的防护设备。

3. FGD 系统的测孔和测点

FGD 系统性能试验的全部测孔位置和取样点一般应在 FGD 系统设计、安装阶段就已确定、实施完成，因为吸收塔出口后的烟道测孔需要做防腐处理。DL/T 998—2006 中建议的试验测点布置位置如图 9-1 所示，多达 11 处，实际上没有必要这么多。根据采样要求，各位置处开一排数目不等的测孔，测孔用不锈钢管道连出，内径应不小于 $\phi80mm$，并高出保温层 100mm 左右，不使用时用盖板、管堵或管帽封闭。大部分电厂的烟道为矩形，一般情况下，测孔宜布置在烟道的顶部，但对于尺寸较深的烟道（如烟道深度大于 5m），也可考虑将测孔布置在烟道两侧。

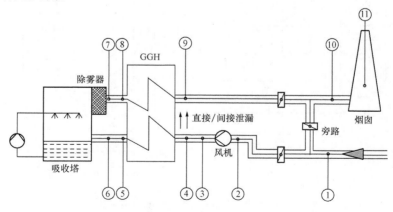

图 9-1　DL/T 998—2006 中建议的试验测点布置

①～⑪—测点

对于 FGD 系统的测孔和测点数量，可参考 GB/T 16157—1996《固定污染源排气中颗粒物测定与气态污染物采样方法》或 GB 10184—1988《电站锅炉性能试验规程》中，按网格法或多代表点法来确定。网格法等截面的划分原则及代表点的确定如下：

对于矩形截面，用经纬线将整个截面分割成若干个等面积的小矩形，各小矩形对角线的交点即为测点，如图 9-2 所示。矩形截面边长 A（或 B）与测孔个数 N 及测点数的规定见表 9-3。例如，500mm×1250mm 的截面，如测孔开在 500mm 的边长上，则需开 3 个测孔，每个测孔的测点数为 5 个，共有 3×5＝15 个测点。对于较大的矩形截面，可适当减少 N 值，但每个小矩形的边长应不超过 1m。测孔应设在包括各测点在内的延长线上。

表 9-3   **矩形截面测孔数和测点数的确定**

边长 A（B）（mm）	≤500	500~1000	>1000~1500	>1500
测孔个数 N	3	4	5	边长每增长 500，N 增加 1
测点个数/测孔	3	4	5	边长每增长 500，测点增加 1

对于圆形截面，可将其划分为 N 个等面积的同心圆环，再将每个圆环分成相等面积的两部分，测点即位于新分成的两个同心圆环的分界线上，如图 9-2 所示。测点距圆形截面中心的位置计算式为

$$r_i = R\sqrt{\frac{2i-1}{2N}}$$

式中 r_i——测点距圆形截面中心的距离，mm；

　　　R——圆形截面半径，mm；

　　　i——从圆形截面中心起算的测点序号；

　　　N——圆形截面所需划分的等面积圆环数。

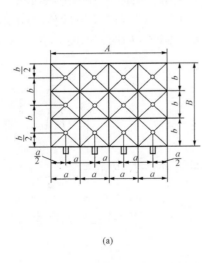

(a)

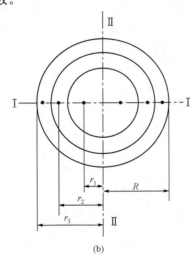

(b)

图 9-2 矩形截面和圆形截面的测点分布示意

实际试验时，换算成测点距烟道内壁的距离，并在取样管上做好标志，表 9-4 给出了圆形截面一条直径上各测点的相对距离，供查用。当测点距烟道内壁距离小于 25mm 时，取 25mm 或取样头内径两者中的较大值。若出现两个相邻点合并为一个点的情况，则在测量及

数据处理时视为两个相连的测点。

表 9-4 测点距烟道内壁的距离（×烟道直径 D%）

测点序号	一条直径上的测点总数（等面积圆环数为测点总数的1/2）											
	2	4	6	8	10	12	14	16	18	20	22	24
1	14.6	6.7	4.4	3.2	2.6	2.1	1.8	1.6	1.4	1.3	1.1	1.1
2	85.4	25.0	14.6	10.5	8.2	6.7	5.7	4.9	4.4	3.9	3.5	3.2
3		75.0	29.6	19.4	14.6	11.8	9.9	8.5	7.5	6.7	6.0	5.5
4		93.3	70.4	32.3	22.6	17.7	14.6	12.5	10.9	9.7	8.7	7.9
5			85.4	67.7	34.2	25.0	20.1	16.9	14.6	12.9	11.6	10.5
6			95.6	80.6	65.8	35.6	26.9	22.0	18.8	16.5	14.6	13.2
7				89.5	77.4	64.4	36.6	28.3	23.6	20.4	18.0	16.1
8				96.8	85.4	75.0	63.4	37.5	29.6	25.0	21.8	19.4
9					91.8	82.3	73.1	62.5	38.2	30.6	26.2	23.0
10					97.4	88.2	79.9	71.7	61.8	38.8	31.5	27.2
11						93.3	85.4	78.0	70.4	61.2	39.3	32.3
12						97.9	90.1	83.1	76.4	69.4	60.7	39.8
13							94.3	87.5	81.2	75.0	68.5	60.2
14							98.2	91.5	85.4	79.6	73.8	67.7
15								95.1	89.1	83.5	78.2	72.8
16								98.4	92.5	87.1	82.0	77.0
17									95.6	90.3	85.4	80.6
18									98.6	93.3	88.4	83.9
19										96.1	91.3	86.8
20										98.7	94.0	89.5
21											96.5	92.1
22											98.9	94.5
23												96.8
24												98.9

当截面直径 D 不超过 400mm 时，可在一条直线上测量；若直径 D 大于 400mm，则应在相互垂直的两条直径上测量。图形截面直径 D 与划分圆环数 N、测点总数的规定见表 9-5。

表 9-5 圆形截面直径 D 与划分圆环数 N 的规定

管道直径 D（mm）	300	400	600	$D>600$ 时，D 每增加 200
等面积圆环数 N	3	4	5	N 增加 1
测点总数	6	8	20	测点数增加 4

上述测点（取样点）的规定是按 GB 10184—1988《电站锅炉性能试验规程》中的要求，在锅炉性能验收试验时，用来测试烟气的速度、温度与 O_2、SO_2、CO_2 等气体成分及飞灰取

样的。但在 GB/T 16157—1996《固定污染源排气中颗粒物测定与气态污染物采样方法》中对测点数的规定有所不同，见表 9-6 和表 9-7，并建议原则上测点不超过 20 个。当烟道布置不能满足前述取样点的一般要求时，应增加采样线和测点。

表 9-6　　　　　　　圆形烟道分环及测点数的确定（GB/T 16157—1996）

烟道直径（m）	等面积圆环数（个）	测量直径数（根）	测点数（个）
<0.3	—	—	1
0.3～0.6	1～2	1～2	2～8
0.6～1.0	2～3	1～2	4～12
1.0～2.0	3～4	1～2	6～16
2.0～4.0	4～5	1～2	8～20
>4.0	5	1～2	10～20

表 9-7　　　　　　矩（方）形烟道的分块和测点数的确定（GB/T 16157—1996）

烟道截面积（m²）	等面积小块长边长度（m）	测点总数（个）
<0.1	<0.32	1
0.1～0.5	<0.35	1～4
0.5～1.0	<0.50	4～6
1.0～4.0	<0.67	6～9
4.0～9.0	<0.75	9～16
>9.0	≤1.0	≤20

二、测试方法

1. 锅炉和脱硫设备主要的运行参数记录

（1）锅炉和脱硫设备的主要运行参数应每隔 10～15min 记录一次，每个测试工况每天至少应进行一次燃煤的工业分析和硫分分析，必要时进行燃煤的元素分析。

（2）主要运行参数在锅炉和脱硫设备的主控室进行记录，典型的运行参数见表 9-8 和表 9-9。

表 9-8　　　　　　　　　　机 组 主 要 运 行 参 数

序号	项　目	单位	数　据	
			时间 1	时间 2
1	机组负荷	MW		
2	锅炉负荷	t/h		
3	主蒸汽压力	MPa		
4	主蒸汽温度	℃		
5	给水压力	MPa		
6	给水温度	℃		
7	甲/乙侧引风机勺管开度	%		
8	甲/乙侧引风机电流	A		
9	甲/乙侧送风机勺管开度	%		

序号	项　目	单位	数据	
			时间 1	时间 2
10	甲/乙侧送风机电流	A		
11	排烟温度	℃		
12	排烟氧量	%		
13	锅炉热效率	%		
14	当日大气压力	MPa		

表 9-9　　　　　　　　　　典型湿法脱硫系统的主要运行参数

序号	项　目		单位	数据	
				时间 1	时间 2
1	机组负荷		MW		
2	燃煤量		t/h		
3	燃煤收到基硫分		%		
4	进/出口烟气 SO_2 体积浓度		10^{-6}		
5	进/出口烟气 NO_x 体积浓度		10^{-6}		
6	进/出口烟气 O_2		%		
7	进/出口烟气温度		℃		
8	新鲜浆液	质量流量	t/h		
9		固体质量分数	%		
10	循环浆液	质量流量	t/h		
11		固体质量分数	%		
12		pH	—		
13	循环氧化槽	浆液液位	m		
14		排浆质量流量	t/h		
15		固体质量分数	%		
16	氧化空气体积流量		m^3/h		
17	系统压力降		Pa		
18	除雾器压力降		Pa		
19	脱硫石膏生成质量流量		t/h		
20	脱硫废水生成质量流量		t/h		
21	固态吸收剂质量消耗量		t/h		
22	水质量消耗		t/h		
23	钙硫比				
24	液气比				
25	电能消耗		kW·h		
26	其他				

2. 烟气参数测量

（1）烟气参数的测量以精度等级高于在线测量的移动式测试仪器为主，以脱硫设备自身配置并经过校验的监控仪表为辅。

（2）测试位置：脱硫设备进、出口烟道和其他需要测量的烟道或位置，选择测量断面如图 9-1 所示。

（3）测试和计算参数：烟气的温度、水分含量、CO_2 浓度、O_2 浓度、烟气密度、动压、静压、流速、流量、阻力和大气压力。

3. 测试方法

（1）烟气温度、水分含量、CO_2 浓度、O_2 浓度、烟气密度、动压、静压、流速、流量和大气压力的测试和计算参照 GB/T 16157—1996《固定污染源排气中颗粒物测定与气态污染物采样方法》执行。其中，CO_2 浓度、O_2 浓度一般采用仪器法测量。性能验收试验时，净烟气排放温度、CO_2 浓度、O_2 浓度应采用多点测量后计算平均值，采样点数目按照 GB/T 16157—1996《固定污染源排气中颗粒物测定与气态污染物采样方法》中 4.2 执行。

（2）进行若干天的稳定运行性能测试时，也可用上述测量烟气量的方法先标定脱硫设备配置在线烟气量测量仪表，并在测试期间通过 DCS 或人工定时记录这些仪表的数值，统计平均值后作为测试期间的平均烟气量。

（3）SO_2 浓度。

脱硫效率表示 FGD 设备脱除 SO_2 的能力，某种物质如 SO_2 的脱除率应是被脱除的 SO_2 质量流量占 FGD 装置进口的 SO_2 质量流量的百分数，但目前的脱硫工程合同中则是以进出口的浓度来计算的，实际测试时按合同的要求进行。

根据式（9-1）计算出 FGD 装置的脱硫效率

$$\eta = \frac{C_{rawgas} - C_{cleangas}}{C_{rawgas}} \times 100\% \tag{9-1}$$

式中 C_{rawgas} ——折算到标准状态、干态、6%O_2 下的原烟气中 SO_2 浓度，mg/m^3；

$C_{cleangas}$ ——折算到标准状态、干态、6%O_2 下的净烟气中 SO_2 浓度，mg/m^3。

烟气中 SO_2 浓度（标准状态，干基，过剩空气系数 1.4）按式（9-2）计算，实测过量空气系数按式（9-3）计算

$$C_{SO_2} = C'_{SO_2} \times \alpha'/1.4 \tag{9-2}$$
$$\alpha' = 21/(21 - C_{O_2}) \tag{9-3}$$

式中 C_{SO_2} ——烟气中 SO_2 浓度（标准状态，干基，过剩空气系数 1.4），mg/m^3；

α' ——实测过量空气系数；

C_{O_2} ——烟气中 O_2 的体积百分数，%。

烟气中其他的成分如 HCl 脱除率、HF 脱除率、SO_3 脱除率、烟尘脱除率等的计算也可套用上述公式，只要将 SO_2 用其他成分替代就可以了。

SO_2 浓度的测试方法很多，手工分析的方法有碘量法、分光光度法等，仪器分析方法有定电位电解法、紫外荧光法、溶液电导法、非分散红外线吸收法等，其中碘量法或自动滴定碘量法由于设备简单、操作方便，测定范围和准确度能满足监测要求而成为最常用的方法。另外，红外吸收法由于测量方便、快速，也有广泛的应用，若各方认可，也可采用红外吸收法的仪器直接测量 SO_2，但测试前应对仪器进行标定。

（4）SO_3 浓度。

采用化学法采样和分析方法，每个测量面的测量数不少于 2 点，每个测点最少测量

3次。

1）采样流程见图9-3。

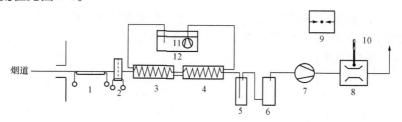

图9-3 采样流程
1—电伴热管；2—加热的石英丝毛过滤网；3、4—二级玻璃蛇形吸收管；
5—吸收容器；6—液滴分离器；7—真空泵；8—流量计；9—大气压力计；
10—温度计；11—水力循环泵；12—水浴

2）试验试剂。

a. 试验用水为去离子水，试验所用试剂纯度高于分析纯。

b. 溴酚蓝指示剂：称取0.5g溴酚蓝于1L 20％乙醇溶液中（称取0.025g溴酚蓝于50ml 20％乙醇溶液中）。

c. 混合指示剂：称取1g溴甲酚绿溶于14mL NaOH（0.1mol/L）溶液中，可用平头玻璃棒研磨并溶于1L水中。另取1g甲基红溶于37mL NaOH（0.1mol/L）溶液中，再溶于1L水中，使用时两种溶液等体积混合；称取0.05g溴甲酚绿溶于0.7mL NaOH（0.1mol/L）溶液中，可用平头玻璃棒研磨并溶于50mL水中，另取0.050g甲基红溶于2mLNaOH（0.1mol/L）溶液中，再溶于50mL水中，使用时两种溶液等体积混合。

d. 5％异丙醇溶液（V/V）：量取25mL异丙醇于475mL水中，储存于玻璃瓶中。

e. 3％ H_2O_2溶液：量取50mL 30％ H_2O_2于450mL水中，储存于塑料瓶中。

f. 0.1mol/L NaOH标准溶液：称取2g NaOH试剂溶于500mL水（煮沸并冷却后）中，充分混匀后储存于聚乙烯瓶中，用苯二甲酸铋钾标定：准确称取预先在约120℃干燥1h的苯二甲酸氢钾基准试剂0.1g于300mL烧杯中，加入已煮沸5min并经中和、自然冷却的去离子水150mL，然后加入，酚酞指示剂2～3滴，以0.1 mol/L NaOH标准溶液滴定至微红色（消耗体积为V_1），滴定度：$T_{SO_3} = 40.03m/（0.2042V_1）$。

g. 0.5mol/L NaOH标准溶液：称取10g NaOH试剂溶于500mL水（煮沸并冷却后）中，充分混匀后储存于聚乙烯瓶中，用苯二甲酸氢钾标定准确称取预先在约120℃干燥1h的苯二甲酸氢钾基准试剂0.1g（m）于300mL烧杯中，加入已煮沸5min并经中和、放冷的水150mL，加入酚酞指示剂2～3滴，以NaOH标准溶液滴定至微红色（消耗体积为V_1），滴定度：$T_{SO_3} = 40.03m/（0.2042V_1）$。

3）测量过程。

a. 取样前准备：保证玻璃蛇形收集管和玻璃滤板清洁、干燥（用丙酮清洗，在空气中干燥），若玻璃滤板上有难于清洗的固体异物可用重铬酸钾处理后清洗干净；确保连接处密封（可用硅油密封）。

b. 取样时，SO_3收集管内水浴温度不宜低于60℃。

c. SO_3洗液用量的选取：预先估计烟气中SO_3含量，由烟气流量来确定试剂用量的适当值（烟气流量一般取 5～6L/min），以确保既采到足够的 SO_3 的量，又使误差减小到适当的范围。

d. 三氧化硫的测定：试样取完后，移开 SO_3 收集管，用 80mL 洗液冲洗，定溶于 100mL 容量瓶中，然后吸取适量该溶液于 100mL 烧杯中，添加水至溶液总量为 50mL，再用 NaOH 标准溶液进行滴定。

4）计算。

$$C_{SO_3} = T_{SO_3} \times V_{NaOH}/V_g \tag{9-4}$$

式中　　C_{SO_3}——烟气中 SO_3 含量，mg/m^3；

　　　　V_{NaOH}——消耗 NaOH 标准溶液的体积，mL；

　　　　T_{SO_3}——NaOH 标准溶液对 SO_3 滴定度，mg/mL；

　　　　V_g——所抽取的干燥烟气的体积，m^3。

（5）HCl 浓度。

采用化学法采样和分析的方法，去烟道测量断面的中心点作为采样点。采样方法按 GB/T 16157 执行。两级吸收液均为 100mL 蒸馏水，抽取烟气的速度不大于 3L/min，抽取的烟气量应满足分析的要求。吸收液中 HCl 含量的测定按 GB 6905.1 和 GB 6905.2 执行。最后将吸收液中 HCl 含量换算到烟气中 HCl 浓度。

（6）HF 浓度。

采用化学法采样和分析的方法，去烟道测量断面的中心点作为采样点。采样方法按 GB/T 16157 执行。两级吸收液均为 70mL 氢氧化钠溶液[$c(NaOH)=0.1mol/L$]和 15mL 过氢氧化氢溶液 $c(H_2O_2)=3\%$ 的混合溶液。抽取烟气的速度不大于 3L/min，抽取的烟气量应满足分析的要求。吸收液中 HF 含量的测定按 GB 7484 执行。最后将吸收液中 HF 含量换算到烟气中 HF 浓度。

（7）吸收剂消耗量和钙硫摩尔比的测试和计算方法（以石灰石-石膏法为例）。

在整个测试期间，采集净烟气、原烟气中 SO_2 和 O_2 的浓度，求得平均值。取石灰石样进行石灰石纯度和水分含量分析，取石膏样进行 $CaSO_4 \cdot 2H_2O$、$CaSO_3 \cdot 1/2H_2O$ 和 $CaCO_3$ 的分析，由钙硫摩尔比和 SO_2 脱除量计算石灰石消耗量。按式（9-5）计算

$$W_1 = \frac{V \times (C_{rawgas} - C_{cleargas})}{10^6} \times \frac{M_{CaCO_3}}{M_{SO_2}} \times \frac{100}{F_p} \times S_t \times \frac{100}{100 - F_w} C'_{SO_2} \times \alpha'/1.4 \tag{9-5}$$

式中　　W_1——石灰石（干）耗量，kg/h；

　　　　V——折算到标准状态干烟气和过剩空气系数为 1.4 时脱硫设备入口烟气流量，m^3/h；

　　　　C_{rawgas}——折算到标准状态干烟气和过剩空气系数为 1.4 状态下原烟气中 SO_2 浓度，mg/m^3；

　　　　$C_{cleargas}$——折算到标准状态干烟气和过剩空气系数为 1.4 状态下净烟气中 SO_2 浓度，mg/m^3；

　　　　M_{CaCO_3}——$CaCO_3$ 摩尔质量，100.09 kg/kmol；

　　　　M_{SO_2}——SO_2 摩尔质量，64.06kg/kmol；

　　　　F_p——石灰石纯度（干基 $CaCO_3$ 的质量百分比），%；

F_w——石灰石附着水,%;

S_t——钙硫摩尔比。

S_t 按式（9-6）计算

$$S_t = 1 + \frac{\dfrac{x_1}{M_1}}{\dfrac{x_2}{M_2} + \dfrac{x_3}{M_3}}$$
　　　　　　　　　　　　　　　　　　　　　　　　　　　　　　　　　　　（9-6）

式中　x_1——石膏中 $CaCO_3$ 质量含量,%;

M_1——石膏中 $CaCO_3$ 摩尔质量, 100.09kg/kmol;

x_2——石膏中 $CaSO_4 \cdot 2H_2O$ 质量含量,%;

M_2——石膏中 $CaSO_4 \cdot 2H_2O$ 摩尔质量, 172.18kg/kmol;

x_3——石膏中 $CaSO_3 \cdot 1/2H_2O$ 质量含量,%;

M_3——石膏中 $CaSO_3 \cdot 1/2H_2O$ 摩尔质量, 129.15kg/kmol。

（8）电能消耗量。

测试位置在集中供电脱硫设备的高压开关柜处,分散供电脱硫设备的各动力柜处。采用便携式电能分析仪或在线电能计量表测定。当脱硫设备不单独设脱硫风机时,宜不计入风机的电能消耗。

（9）水消耗。

测试位置在水量消耗在脱硫设备供水管道处。采用供水管道上的在线流量计或超声波流量计测量。

（10）蒸汽消耗量。

测试位置在蒸汽消耗量在脱硫设备供汽管道处。采用供气官道上的在线流量计或超声波流量计测量。

（11）液滴。

三、试验报告

1. 数据处理

测试数据和信息的处理应采用计算机技术及时准确地处理,并通过质量保证体系保证各种测试数据和信息的准确性和统一性。

对于性能验收试验,当脱硫设备的实际运行工况与设计工况存在偏差,则所有的数据应换算到设计工况。换算的依据是脱硫设备供货商在供货合同中提供的性能修正曲线。修正曲线应得到测试其他方的确认。

性能修正曲线至少包括以下几点:

（1）脱硫效率与入口烟气量的修正曲线。

（2）脱硫效率与入口 SO_2 浓度的修正曲线。

（3）脱硫设备电耗与入口烟气量的修正曲线。

（4）脱硫设备电耗与入口烟气温度的修正曲线。

（5）脱硫设备电耗与入口 SO_2 浓度的修正曲线。

（6）脱硫设备水耗与入口烟气量的修正曲线。

（7）脱硫设备水耗与入口烟气温度的修正曲线。

（8）脱硫设备吸收剂耗量与入口烟气量的修正曲线。

（9）脱硫设备吸收剂耗量与入口 SO_2 浓度的修正曲线。

（10）脱硫效率与吸收剂成分的修正曲线。

2. 报告内容

应根据测试的过程和结果编制完整的测试报告，测试报告的内容至少包括以下章节：概述、目的、内容、测点布置、方法、条件、结果、结论和分析、附件。

（1）试验概述：介绍项目的由来、脱硫设备的建设状况、主要设计参数、工艺参数及主要设备的参数等。

（2）试验目的：包括脱硫设备的设计指标和试验应达到的目标和目的。

（3）试验内容：包括所有的测试工况和需要试验的参数。

（4）测点布设：包括测点布置位置图、截面测量中的测量网格分布。

（5）试验方法：包括测试采用的标准或规范、试验步骤、试验过程、测量仪器的型号和使用药剂的名称等。

（6）测试条件：包括锅炉、燃煤、吸收剂和脱硫设备等在测试期间的实际情况。

（7）试验结果：包括试验原始数据、计算公式、转换方法、修正到合同或设计文件规定条件下的最终测试结果。

（8）结论和分析：采用分项对照法，将欲评价的指标和测试结果逐项进行比较。对于性能验收试验，达到合同或设计文件规定保证值的，判为合格；没有达到合同或设计文件规定保证值的，判为不合格。对不合格的项目要进行分析和讨论。

（9）附件：包括脱硫设备流程图、测试位置和测点布置图、有关测试的原始数据和表格、修正曲线、运行图表等。

第十章

选择性催化还原法（SCR）脱硝系统性能试验

SCR 系统性能试验的目的是在供货合同或设计文件规定的时间内，由具有资质的第三方对 SCR 系统进行测试，以考核 SCR 系统的各项技术、经济、环保指标是否达到合同及设计的保证值，污染物的排放是否满足国家和地方环保法规的标准。性能试验一般在 SCR 系统完成 168h 满负荷试运行、移交试生产后 3～6 个月内完成，由建设单位（业主）或脱硝工程总承包公司组织，具体的试验工作由招标确定的试验单位负责。

不同的 SCR 系统及合同要求考核的性能指标略有不同，表 10-1 中所列的各项指标在实际考核中有所增减。这些指标大致可分为三类：

（1）技术性能指标：如脱硝率、SO_2/SO_3 转化率等。

（2）经济性能指标：如系统压损、电耗、还原剂消耗量、压缩空气消耗量、蒸汽消耗量等，这直接影响 SCR 系统投运后的运行费用。

（3）环保性能指标：如 SCR 出口 NO_x 浓度、氨逃逸、噪声等，需满足环保标准的要求。

典型的选择性催化还原法（SCR）脱硝系统性能主要考核的指标如表 10-1 所示。可以根据烟气脱硝装置具体的工艺、技术协议要求和现场试验条件选择试验项目。

表 10-1   **选择性催化还原法（SCR）脱硝系统性能试验主要考核指标**

序号	测试项目	单位	备注
1	脱硝效率（原/净烟气 SO_2 浓度）	%（mg/m^3）	应做
2	烟气温度	℃	应做
3	烟气流量	Nm^3/h	应做
4	烟尘浓度	mg/m^3	应做
5	氨逃逸浓度	ppm	应做
6	SO_2/SO_3 转化率	—	应做
7	还原剂消耗量	kg/h	应做
8	氨氮摩尔比	—	应做
9	烟气脱硝系统压力降	Pa	应做
10	电能消耗量	kW	选做
11	噪声	dB（A）	选做
12	水消耗量	t/h	选做
13	压缩空气消耗量	kg/h	选做
14	蒸汽消耗量	kg/h	选做
15	保温设备表面温度	℃	选做

2012 年 4 月 6 日，国家能源局发布了 DL/T 260—2012《燃煤电厂烟气脱硝装置性能验收试验规范》，并于 2012 年 7 月 1 日实施，上述规范可作为烟气脱硫装置性能试验的指导性标准。

第一节　性 能 试 验 准 备

一、试验时间
（1）性能验收试验期间烟气脱硝装置应处于稳定运行状态，性能验收试验应在烟气脱硝装置 168h 运行移交生产后进行。

（2）性能验收试验应在设计工况额定负荷下至少连续运行 72h。

二、对燃料和烟气脱硝装置进口烟气状态的要求
试验过程中应燃用设计煤种，尽可能把烟气流量、烟气温度、烟尘浓度、酸性气体浓度和其他成分调整到设计值内。应在试验开始前由烟气脱硝装置供货方在合同或技术协议中提供实际运行工况偏离设计工况的修正曲线。

三、对还原剂的要求
（1）SCR 脱硝工艺宜采用氨气作为还原剂，还原剂氨气可由液氨、氨水或尿素等原料制得。

（2）采用液氨作为氨气来源时，液氨的品质应符合 GB 536 的要求；采用尿素作为氨气来源时，尿素应符合 GB 2440 的要求；采用氨水作为氨气来源时，氨水浓度宜为 20%～30%。

四、对烟气排放连续监测系统（CEMS）的要求
性能验收试验开始前，设备供货方应对 CEMS 在线仪表进行标定。

五、测点布置
烟气脱硝装置不宜设置 SCR 反应器烟气旁路。如果设有 SCR 反应器烟气旁路，SCR 出口测点应设在旁路后的混合烟道处，试验期间 SCR 反应器烟气旁路应处于完全关闭状态。

（1）在燃煤电厂中的 SCR 反应器有三种布置方式：位于锅炉后部省煤器与空气预热器之间的高尘布置；位于电除尘后空气预热器之前的低尘布置；位于烟气脱硫除尘之后的尾部布置。烟气脱硝工艺宜选用高尘布置方案，三种典型烟气脱硝装置测点布置见 DL/T 260—2012《典型烟气脱硝装置测点布置》附录 A 中的图 A.1～图 A.3。

（2）烟气脱硝装置试验测点可以布置在 SCR 反应器的入口和出口，试验测点的数量根据机组大小和现场情况而定，以期能正确反映烟气脱硝装置烟气、污染物等参数，试验测点的确定执行 GB/T 16157 的规定。

（3）烟气脱硝装置测点推荐的试验项目见 DL/T 260—2012 附录 A.2 中的表 A.1。

第二节　性 能 试 验 内 容

一、烟气参数试验
（1）试验位置：试验位置为 SCR 反应器入口、出口烟道。

（2）试验参数：试验参数包据烟气温度、水分含量、烟气密度、静压、动压、流速、流量、烟气脱硝系统压降和大气压力。

（3）试验方法：

1）烟气静压、动压、流速、流量应采用网格法进行测试。

2）SCR 反应器中烟气温度分布不均匀，应测量每个测孔的烟气温度。

3）烟气温度、烟气水分含量、烟气密度、静压、动压、流速、流量和大气压力的试验方法执行 GB/T 16157 的规定。

4）烟气脱硝系统压力降 Δp 按式（10-1）计算

$$\Delta p = (p_{si} - p_{so}) + (p_{di} - p_{do}) + (\rho_i Z_i - \rho_o Z_o) \times g \tag{10-1}$$

式中　Δp——烟气脱硝系统压降（绝对压强），Pa；

p_{si}, p_{so}——烟气脱硝系统进、出口测量断面处的烟气静压（绝对压强），Pa；

p_{di}, p_{do}——烟气脱硝系统进、出口测量断面处的烟气动压（绝对压强），Pa；

ρ_i, ρ_o——烟气脱硝系统进、出口测量断面处的烟气密度，kg/m³；

Z_i, Z_o——烟气脱硝系统进、出口测量断面处的水平标高，m。

二、氮氧化物 NO_x 及脱硝效率试验

（1）试验位置：试验位置为 SCR 反应器入口、出口烟道。

（2）采样方法：氮氧化物 NO_x 的采样方法执行 GB/T 16157 和 HJ/T 47 的规定。

（3）试验参数：试验参数包括烟气中一氧化氮浓度、二氧化氮浓度和氧含量。

（4）试验方法：

1）烟气中氮氧化物和氧量的测定方法见表 10-2。

表 10-2　　　　　　　　　　　　　氮氧化物和氧量的测定方法

序号	分析项目	测定方法	标准编号
1	NO_x	紫外分光光度法	HJ/T 42
		盐酸萘乙二胺分光光度法	HJ/T 43
2	O_2	顺磁法	DL/T 986

2）烟气中 NO_x 浓度（标准状态，干基）按式（10-2）计算

$$C'_{NO_x} = C'_{NO} \times 1.53 + C'_{NO_2} \tag{10-2}$$

式中　C'_{NO_x}——烟气中 NO_x 浓度（标准状态，干基），mg/m³；

C'_{NO}——烟气中 NO 浓度（标准状态，干基），mg/m³；

1.53——NO_2 与 NO 摩尔质量之比；

C'_{NO_2}——烟气中 NO_2 浓度（标准状态，干基），mg/m³。

3）烟气中 NO_x 浓度（标准状态，干基，过剩空气系数 1.4）按式（10-3）计算，实测过量空气系数按式（10-4）计算

$$C_{NO_x} = C'_{NO_x} \times \alpha'/1.4 \tag{10-3}$$

$$\alpha' = 21/(21 - C_{O_2}) \tag{10-4}$$

式中　C_{NO_x}——烟气中 NO_x 浓度（标准状态，干基，过剩空气系数 1.4），mg/m³；

α'——实测过量空气系数；

C_{O_2}——烟气中 O_2 的体积百分数，%。

4）脱硝效率按式（10-5）计算

$$\eta_{NO_x} = \frac{C_{NO_x i} - C_{NO_x o}}{C_{NO_x i}} \times 100 \tag{10-5}$$

式中 η_{NO_x} ——脱硝效率,%;

         $C_{NO_x i}$ ——SCR 反应器入口烟气中 NO_x 浓度(标准状态,干基,过剩空气系数 1.4),mg/m^3;

         $C_{NO_x o}$ ——SCR 反应器出口烟气中 NO_x 浓度(标准状态,干基,过剩空气系数 1.4),mg/m^3。

三、烟尘浓度试验

(1)试验位置:试验位置为 SCR 反应器入口烟道。

(2)采样方法:烟尘浓度的采样方法执行 GB/T 16157 和 HJ/T 48 的规定。

(3)试验方法:烟尘浓度应采用网格法进行测试,网格布置和试验方法执行 GB/T 16157 的规定。

四、氨逃逸浓度试验

(1)试验位置:试验位置为 SCR 反应器出口烟道。

(2)采样方法:氨逃逸浓度的采样方法见 DL/T 260—2012 附录 B。

(3)试验方法:氨的测定方法见表 10-3,氨逃逸浓度的试验方法推荐采用靛酚蓝分光光度法,见 DL/T 260—2012 附录 B。

表 10-3   氨逃逸浓度的测定方法

序号	测定方法	标准编号
1	靛酚蓝分光光度法	GB/T 18204.25
2	次氯酸钠-水杨酸分光光度法	HJ 534
3	离子色谱法	YC/T 377
4	离子选择电极法	GB/T 14669

五、SO_2/SO_3 转化率试验

(1)试验位置:试验位置为 SCR 反应器入口、出口烟道。

(2)采样方法:烟气中 SO_2 的采样方法执行 GB/T 16157 和 HJ/T 47 的规定,烟气中 SO_3 的采样方法参照执行 DL/T 998 附录 A 的规定。

(3)试验参数:烟气中 SO_2 和 SO_3 浓度。

(4)试验方法。

1)SO_2 的测定方法见表 10-4。

表 10-4   二氧化硫的测定方法

序号	测定方法	标准编号
1	紫外荧光法	DL/T 986
2	碘量法	HJ/T 56
3	定电位电解法	HJ/T 57

2)SO_3 的测定方法执行 DL/T 998 附录 A 的规定。

3)烟气脱硝系统 SO_2/SO_3 转化率按式(10-6)计算

$$X = \frac{M_{SO_2}}{M_{SO_3}} \times \frac{C_{SO_3 o} - C_{SO_3 i}}{C_{SO_2 i}} \times 100 \tag{10-6}$$

式中　X——烟气脱硝系统 SO_2/SO_3 转化率，%；

$\quad M_{SO_2}$——SO_2 的摩尔质量，g/mol；

$\quad M_{SO_3}$——SO_3 的摩尔质量，g/mol；

$\quad C_{SO_3o}$——SCR 反应器出口烟气中 SO_3 浓度（标准状态，干基，过剩空气系数 1.4），mg/m^3；

$\quad C_{SO_3i}$——SCR 反应器入口烟气中 SO_3 浓度（标准状态，干基，过剩空气系数 1.4），mg/m^3；

$\quad C_{SO_2i}$——SCR 反应器入口烟气中 SO_2 浓度（标准状态，干基，过剩空气系数 1.4），mg/m^3。

六、还原剂耗量和氨氮摩尔比计算

还原剂耗量按式（10-7）计算，氨氮摩尔比 NH_3/NO_x 按式（10-8）计算

$$G_{NH_3} = Q \times \frac{C_{NO_x}}{M_{NO_2}} \times n \times M_{NH_3} \times 10^{-6} \tag{10-7}$$

$$n = \frac{M_{NO_2}}{M_{NH_3}} \times \frac{C_{slipNH_3}}{C_{NO_x}} + \frac{\eta_{NO_x}}{100} \tag{10-8}$$

式中　G_{NH_3}——还原剂耗量，kg/h；

$\quad Q$——SCR 反应器入口烟气流量（标准状态，干基，过剩空气系数 1.4），m^3/h；

$\quad C_{NO_x}$——SCR 反应器入口烟气中 NO_x 浓度（标准状态，干基，过剩空气系数 1.4，以 NO_2 计），mg/m^3；

$\quad M_{NO_2}$——NO_2 的摩尔质量，g/mol；

$\quad M_{NH_3}$——NH_3 的摩尔质量，g/mol；

$\quad n$——氨氮摩尔比 NH_3/NO_x；

$\quad C_{slipNH_3}$——氨逃逸浓度（标准状态，干基，过剩空气系数 1.4），mg/m^3；

$\quad \eta_{NO_x}$——脱硝效率，%。

七、电能消耗量试验

试验位置在供电脱硝设备的各动力柜处。电能消耗量试验主要采用便携式电能分析仪或在线电能计量表测量。

八、水消耗量试验

要计算整个烟气脱硝系统的水消耗量，采用供水或排水管道上的在线流量计或超声波流量计测量。

九、压缩空气消耗量试验

试验位置在脱硝系统供气管道处，压缩空气包括仪用压缩空气和吹灰用压缩空气等，可通过计算或采用流量计测量。

十、蒸汽消耗量试验

试验位置脱硝系统供汽管道处，蒸汽主要用于液氨蒸发器的加热和 SCR 反应器蒸汽吹灰等，宜综合考虑液氨蒸发器的加热、SCR 反应器蒸汽吹灰及必要的热损失等确定额定蒸汽消耗量，可用孔板流量计测量或用平衡计算。

十一、噪声试验

距产生噪声设备 1m 处，执行 GB 12349 的相关规定。

十二、质量保证措施

（1）烟气参数和气态污染物的测量以精度高于在线测量的试验仪器为主，以烟气脱硝装置自身配置并经过校验的监测仪表为辅。

（2）试验期间，试验仪器应采用合格标气进行标定，至少在每天试验前标定一次。

（3）采样前，应对采样系统进行气密性检查，不得漏气。采样系统气密性检查执行 HJ/T 47 和 HJ/T 48 的规定。

（4）在计算浓度时，应用式（10-9）将采样体积换算成标准状态下的体积

$$V_{nd} = V \times \frac{273}{273+t} \times \frac{B_a + p_j}{p_0} \tag{10-9}$$

式中　V_{nd}——所采气样标准体积（101.325kPa，273K），L；

　　　　V——采样体积，L；

　　　　t——流量计前的温度，℃；

　　　　B_a——大气压力，kPa；

　　　　p_j——流量计前的压力，kPa；

　　　　p_0——标准状态下的大气压力（101.325kPa），kPa。

第三节　试　验　报　告

一、记录

（1）应进行机组主要运行参数和烟气脱硝装置主要运行参数记录，烟气脱硝装置主要运行参数每个试验工况每隔 10～15min 记录一次。机组主要运行参数见表 10-5，烟气脱硝装置主要运行参数见表 10-6。

表 10-5　　　　　　　　　　　　　　机 组 主 要 运 行 参 数

序号	项　目	单位	数据	
			时间 1	时间 2
1	机组负荷	MW		
2	锅炉蒸发量	t/h		
3	主蒸汽压力	MPa		
4	主蒸汽温度	℃		
5	给水压力	MPa		
6	给水温度	℃		
7	甲/乙侧引风机挡板开度	%		
8	甲/乙侧引风机电流	A		
9	甲/乙侧送风机挡板开度	%		
10	甲/乙侧送风机电流	A		
11	甲/乙侧排烟温度	℃		
12	甲/乙侧排烟氧量	%		
13	燃煤量	t/h		

表 10-6　　　　　　　　　　　　典型烟气脱硝装置主要运行参数

序号	项　　目	单位	数据	
			时间 1	时间 2
1	机组负荷	MW		
2	SCR 反应器入口烟气流量	m^3/h		
3	SCR 反应器入口烟气温度	℃		
4	SCR 反应器出口烟气温度	℃		
5	SCR 反应器入口烟气中 NO_x 浓度	mg/m^3		
6	SCR 反应器出口烟气中 NO_x 浓度	mg/m^3		
7	SCR 反应器入口烟气中 O_2 含量	%		
8	SCR 反应器出口烟气中 O_2 含量	%		
9	脱硝效率	%		
10	SCR 反应器入口还原剂流量	kg/h 或 m^3/h		
11	SCR 反应器入口压力	Pa		
12	SCR 反应器出口压力	Pa		
13	SCR 反应器压力降	Pa		
14	SCR 出口氨逃逸浓度	mg/m^3		

（2）每个试验工况每天至少应进行一次燃煤的工业分析，必要时可进行燃煤的元素分析。燃煤工业分析见表 10-7，燃煤元素分析见表 10-8。

表 10-7　　　　　　　　　　　　　燃 煤 工 业 分 析

序号	项目	符号	单位	数据
1	全水分	Mt	%	
2	空气干燥基水分	Mad	%	
3	收到基灰分	Aar	%	
4	收到基挥发分	Var	%	
5	可燃基挥发分	Vdaf	%	
6	收到基固定碳	FCar	%	
7	收到基全硫分	St，ar	%	
8	高位发热量	Qgr，d	MJ/kg	
9	低位发热量	Qnet，ar	MJ/kg	

表 10-8　　　　　　　　　　　　　燃 煤 元 素 分 析

序号	项目	符号	单位	数据
1	氢	H	%	
2	氧	O	%	
3	氮	N	%	
4	碳	C	%	
5	硫	S	%	

（3）采样时，应对采样日期、时间、地点、数量、布点方式及采样者签字等做出详细记录。

（4）检验时，应对检验日期、样品编号、试验方法、检验依据、原始数据、试验人、校核人等做出详细记录。

二、数据处理

（1）试验数据和信息应及时准确地处理，并通过质量保证体系保证各种试验数据和信息的准确性和统一性。

（2）若烟气脱硝装置的实际运行工况与设计工况存在偏差，则主要的数据应换算到设计工况。换算的依据是烟气脱硝装置供货方在合同或技术协议中提供的性能修正曲线。

（3）修正曲线可包括以下几种：

1）脱硝效率与 SCR 入口 NO_x 浓度的修正曲线。

2）脱硝效率与 SCR 入口烟气流量的修正曲线。

3）脱硝效率与 SCR 入口烟气温度的修正曲线。

4）SO_2/SO_3 转化率与 SCR 入口烟气流量的修正曲线。

5）SO_2/SO_3 转化率与 SCR 入口烟气温度的修正曲线。

6）氨逃逸浓度与 SCR 入口烟气流量的修正曲线。

7）氨逃逸浓度与 SCR 入口 NO_x 浓度的修正曲线。

8）氨耗量与 SCR 入口 NO_x 浓度的修正曲线。

9）氨耗量与 SCR 入口烟气流量的修正曲线。

10）烟气脱硝系统压降与 SCR 入口烟气流量的修正曲线。

三、报告内容

应根据试验的过程和结果编制完整的试验报告，试验报告的内容至少包括以下部分：

（1）试验概述：介绍项目的由来、烟气脱硝装置的建设状况、主要设计参数、工艺参数及主要设备参数等。

（2）试验目的：包括烟气脱硝装置试验应达到的目的。

（3）试验内容：包括所有试验工况和需要试验的参数。

（4）试验测点布置：包括测点截面测量中的网格分布或测点布置说明。

（5）试验方法：包括试验采用的标准或规范、试验仪器型号和化学分析方法等。

（6）试验条件：包括机组、燃煤、还原剂和烟气脱硝装置等在试验期间的实际情况。

（7）试验结果：包括试验原始数据、计算公式、计算结果、修正到合同或技术协议规定条件下的最终试验结果。

（8）结论和分析：采用分项对照法，将欲评价的指标和试验结果进行比较，达到合同或技术协议规定保证值的，判为合格；没有达到合同或技术协议规定保证值的，判为不合格。

（9）附件：包括烟气脱硝装置简易流程图、试验位置或测点布置图、有关试验的原始数据和计算结果表格、修正曲线等。

参 考 文 献

［1］ 河南省电力公司. 火电工程调试技术手册(综合卷)［M］. 北京：中国电力出版社，2005.

［2］ 河南省电力公司. 火电工程调试技术手册(锅炉卷)［M］. 北京：中国电力出版社，2005.

［3］ 曾庭华，杨华，廖永进，等. 湿法烟气脱硫系统的调试、试验及运行［M］. 北京：中国电力出版社，2008.

［4］ 全国环保产品标准化技术委员会环境保护机械分技术委员会、武汉凯迪电力环保有限公司. 燃煤烟气湿法脱硫设备［M］. 北京：中国电力出版社，2013.

［5］ 王志轩，潘荔，毛专建，等. 火电厂烟气脱硫装置运行检修岗位培训教材［M］. 北京：中国电力出版社，2012.

［6］ 杜雅琴，刘雪伟，张卷怀，等. 脱硫设备运行与检修技术［M］. 北京：中国电力出版社，2012.

［7］ 北京博奇电力技术有限公司. 湿法脱硫系统安全运行与节能降耗［M］. 北京：中国电力出版社，2010.

［8］ 西安热工研究院. 火电厂 SCR 烟气脱硝技术［M］. 北京：中国电力出版社，2013.

［9］ 广东电网公司电力科学研究院. 环境保护［M］. 北京：中国电力出版社，2011.

［10］ 段传和，夏怀祥，等. 选择性非催化还原法(SNCR)烟气脱硝［M］. 北京：中国电力出版社，2012.

［11］ 中国大唐集团公司. 火电厂烟气脱硝系统安全质量管理手册［M］. 北京：中国电力出版社，2013.